Ce livre appartient à:

....

Si vous avez apprécié ce livre, veuillez envisager de laisser un commentaire

1.

49	+		=	95		20	-		=	11		
		+				+		+				
			-		=			23	-		=	4
		=		-		=		=		+		
		78		4		36		32				
				=						=		
		20	+		=	32			+	45	=	73
		+						-				
			+		=	75			+	32	=	59
+		=		+				=		+		
21		56			÷	27	=	1				
=				=						=		
46	+		=	66						62		

Temps: Score:

2.

	+	22	=	67			+	26	=	45		
-						-				-		+
	+	38	=	49		5		47	-		=	6
=		+				=				=		=
34			-		=	14			×		=	28
		=		+				+				
		66			+		=	35				43
				=		-		=		+		+
				37			+	42	=	44		
						=				=		=
			-	4	=	10			+	51	=	85

Temps: Score:

3.

	+		=	24					+		=	
+										+		+
	+		=	81			+	27	=	53		42
=		+				÷				=		=
50		32	-		=	26		21	+		=	78
		=		+		=		+				
	+		=	79		1			-		=	16
+				=				=		×		
32			+	85	=	89		40		33		
=		×								=		
45		10					×	11	=	99		
		=										
		40										

Temps: Score:

4.

	+	2	=						-		=	17
		+		+				+				
					+	17	=	34				
		=		=				=				+
	+		=	50			+	84	=	98		9
+						+						=
8			+	9	=	23			-	24	=	19
=		+				=		+		+		
25					+	37	=	55				
		=		+				=		=		
	-	39	=	8				98		71		
				=								
			+	26	=	55						

Temps: Score:

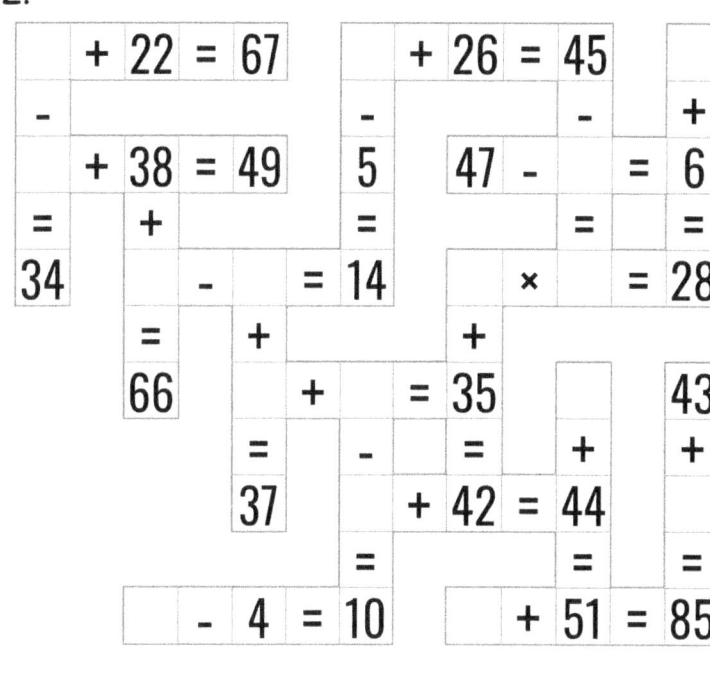

5.

	-		=	9								
		+										
			-		=	44						33
		=		+								+
		59		44	÷		=					
				=		+		+				=
	+		=	48					+		=	78
+		+				=		=		-		
18		16			+		=	40		45		
=		=		+						=		+
50	+		=	82					×	4	=	64
				=								=
49	×		=	98					+	44	=	66

Temps: Score:

6.

	+	37	=	78					-		=	7
		+						×		-		
			-	37	=	11				18		
		=		-				=		=		
		85			×		=	98		24		
				=		+						-
	-	17	=	30			+	31	=	37		12
-						=		+				=
4			×		=	20			-	11	=	11
=		+		+				=				
43			-	14	=	6		53				
		=		=								
			-	19	=	5						

Temps: Score:

7.

	+		=	66			-		=	14		17
		-				-		-				+
		10	+		=	27			+	45	=	
		=		+		=		=		-		=
		17		4	+		=	8				71
				=						=		
			+	21	=				+	29	=	43
		+				+		-				
			-		=	14		10		7		
		=				=		=		+		
15	+		=	74		76	÷		=			
										=		
										26		

Temps: Score:

8.

	÷	10	=	5					+		=	38
		+				+		×				
			-	9	=	25			×		=	84
		=		+		=		=		+		
		44			+		=	72		41		
				=						=		
10			+	53	=	62			+	55	=	57
+		+				+		+				
			-	9	=				+	38	=	69
=		=		+		=		=				
	+	44	=			88		33				
				=								
				77								

Temps: Score:

9.

	-	9	=				-	22	=			
-				+		×				+		+
	+		=	40			×	25	=	50		45
=		+		=		=				=		=
11			+	62	=	98			+	77	=	94
		=										
	+		=									
-				-		+						
	+		=	39		20						
=		-		=		=						
15			+	43	=	55						
		=										
	+	16	=	63								

Temps: Score:

10.

	-	12	=									
-				+								
	+	38	=	47								
=		+		=								
	+		=	69						42		
		=								-		
	+	82	=	86								
×				-						=		
	+		=			14	-		=	10		
=		-		=		+		+				×
36			+	58	=			49	-		=	7
		=				=		=				=
	-	1	=	8			-	53	=	37		56

Temps: Score:

11.

	-	22	=	21					+		=	47
-										+		+
	+	30	=	42			-		=	37		
=		+				-				=		=
31			-		=	16			+	73	=	75
		=		+		=		×				
	+		=	79		24			+		=	37
-				=				=		+		
11			+	85	=	95		12		16		
=		-								=		
16		4								47		
		=										
41	+		=	47								

Temps: Score:

12.

	+	8	=									
+				+						+		
	×		=	60			+		=	22		20
=		÷		=		+				=		+
22			+	85	=	87		17	+		=	
		=				=						=
	÷	6	=			92			+	37	=	85
-				+								
	+		=	10								
=		×		=		+						
42			+	18	=	24						
		=				=						
	+	24	=	26		45						

Temps: Score:

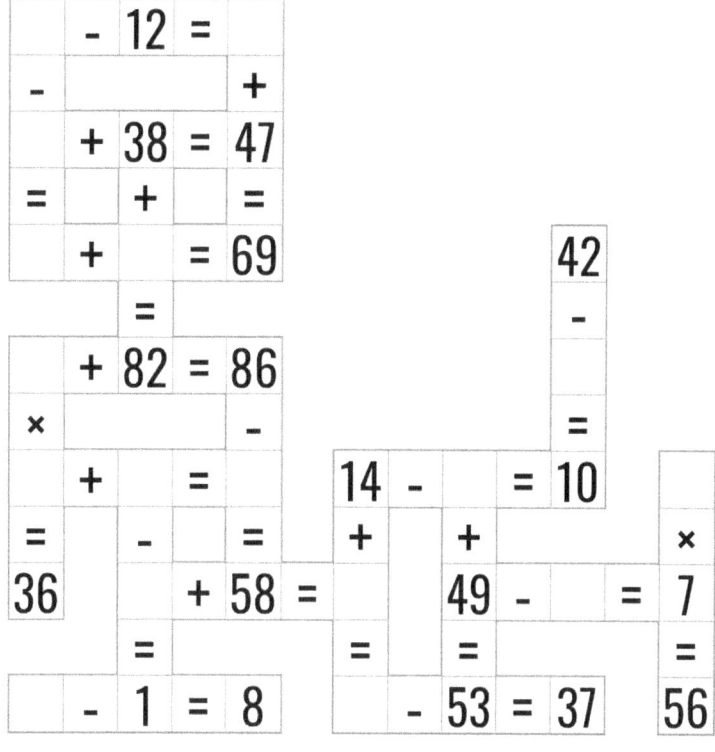

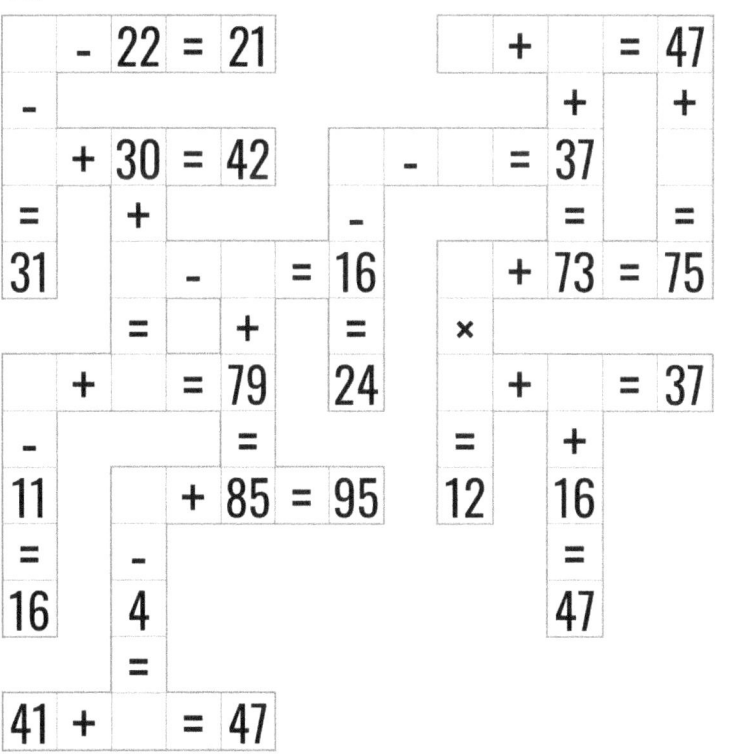

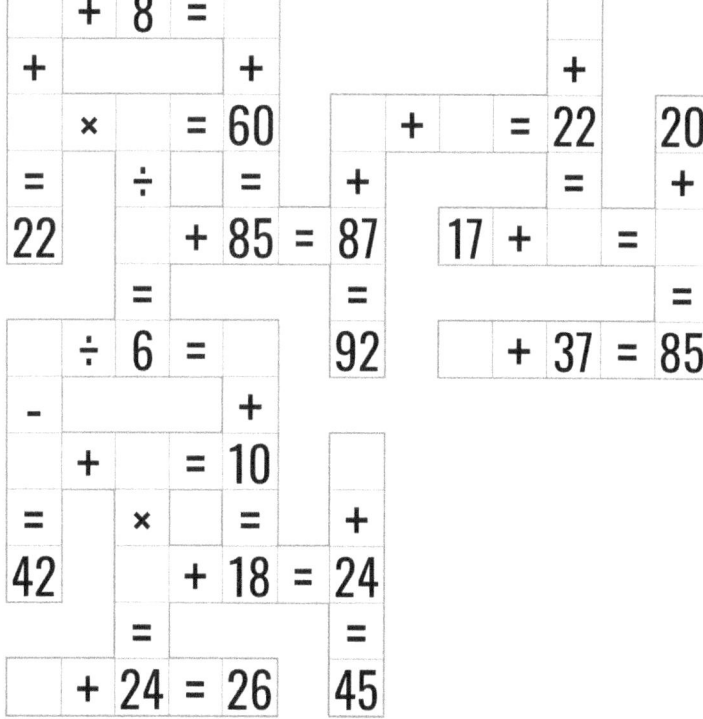

13.

39	-		=	31					+	21	=	23
		+		+				+				
		20			+	29	=	46				
		=		=				=		+		
	+	28	=	48			+	48	=	55		
-										=		
	+		=	52			×	49	=	98		
=		-				×						
16			+		=	20		17				
		=		+		=		+		+		
		41			+	40	=			43		
				=				=		=		
				29			+	73	=	89		

Temps: Score:

14.

22	÷		=	1			+	37	=	58		
		+				-		+				
			-		=	17			+		=	44
		=		-		=		=		+		
		64		14	×		=	56		28		
				=						=		+
	-		=	11				11	+		=	64
+		+										=
17			+		=	84		45	+		=	91
=		=		+						-		
61		76		25			+	37	=	43		
				=						=		
				66						3		

Temps: Score:

15.

	-	5	=	30								
-				+						-		
	+		=				+	23	=	25		
=		+		=		+				=		
3			+	79	=	97			-	14	=	19
		=				=		-				
	÷	35	=			99		15				
+				+				=				
16	+		=	44			-		=	28		
=		+		=		×						
51			-	45	=	2						
		=				=						
	+	75	=	85		92						

Temps: Score:

16.

	-	16	=	24			-	13	=			
		+								×		
10					-		=	15		8		
+		=		+		+				=		
	+		=	78			×	4	=	72		
=				=		=		×				+
	+	46	=	95		20			-		=	10
		+						=		+		=
			+	22	=	53		96		7		23
		=		-						=		
		77							+	21	=	54
				=								
		8	×		=	48						

Temps: Score:

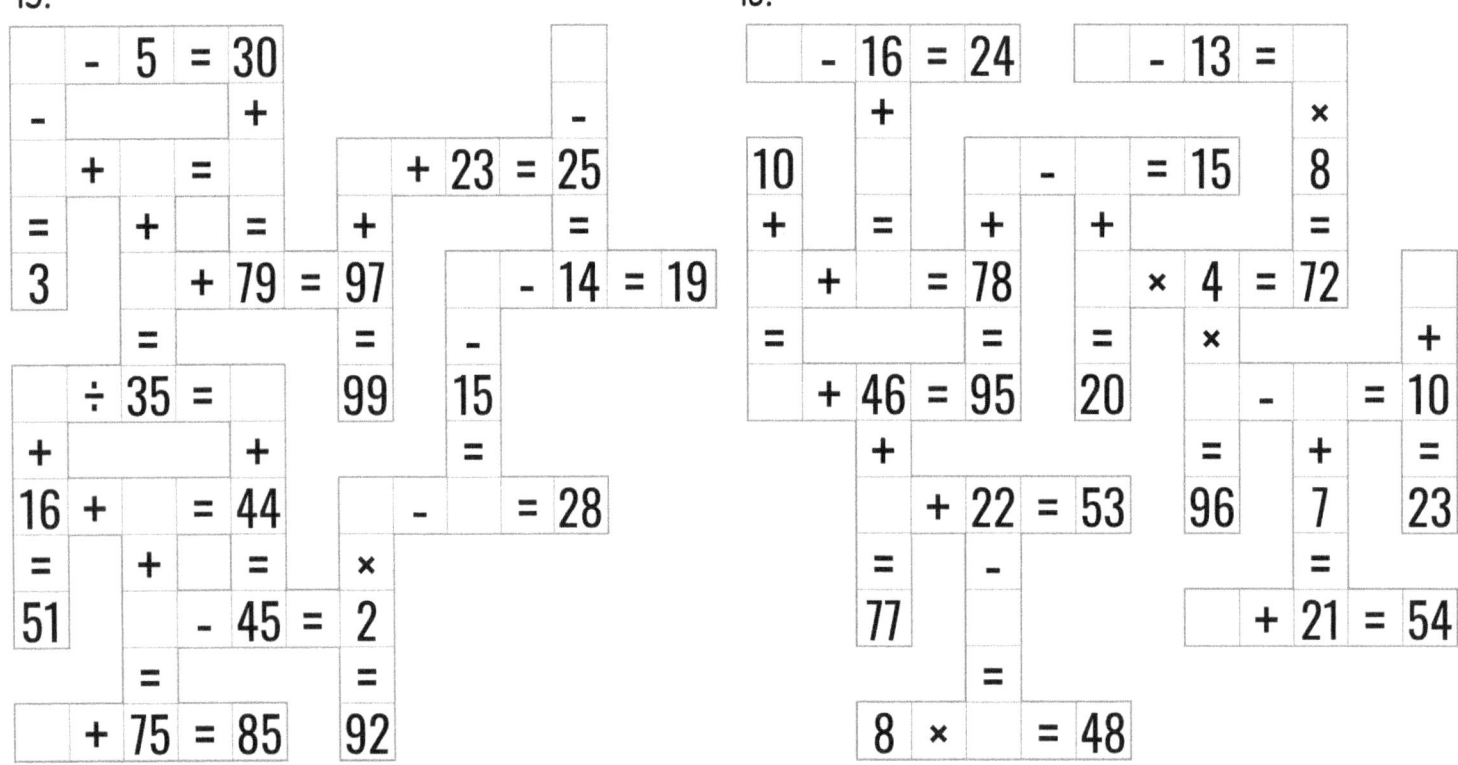

17.

	+		=			50						
+				+		+						
32	+		=	45			+		=	68		
=				=		=		-				
34			+		=	99			+		=	36
		-						=		+		+
44	÷		=				-		=	15		
		=		+		+				=		=
24	+		=	38		50			+	49	=	54
+				=		=						
	+	42	=	60		82						
=												
42												

Temps: Score:

18.

22	-		=	12			+	49	=	84		
		+				+						+
			+		=	35			+	23	=	26
		=		+		=		+				=
		13			+	70	=					43
				=				=				
					+		=	83		40		
						+				+		
32	-		=				×		=			
+				+		=		+		=		
					+	51	=	69		60		
=				=				=				
35					+	36	=	71				

Temps: Score:

19.

	+	12	=	52			+		=	23		
		+				+		+				+
			-		=	29			+	48	=	95
		=		+		=		=				=
		60			+	45	=	54				99
				=								
			+	28	=	57			-		=	
		-				÷		+				+
			-		=				+	37	=	86
		=		+		=		=				=
		1		12	+		=	69				99
				=								
				39								

Temps: Score:

20.

	-		=	10								
+		-										
	-	4	=					37	-		=	
=		=		+								+
43	+		=	50			+	49	=	67		44
				=		+		+				=
			+		=	75			+		=	70
+		+				=		=		+		
	+	16	=	45		93		95				
=		=		-						=		
	-	23	=							39		
				=								
17	+		=	26								

Temps: Score:

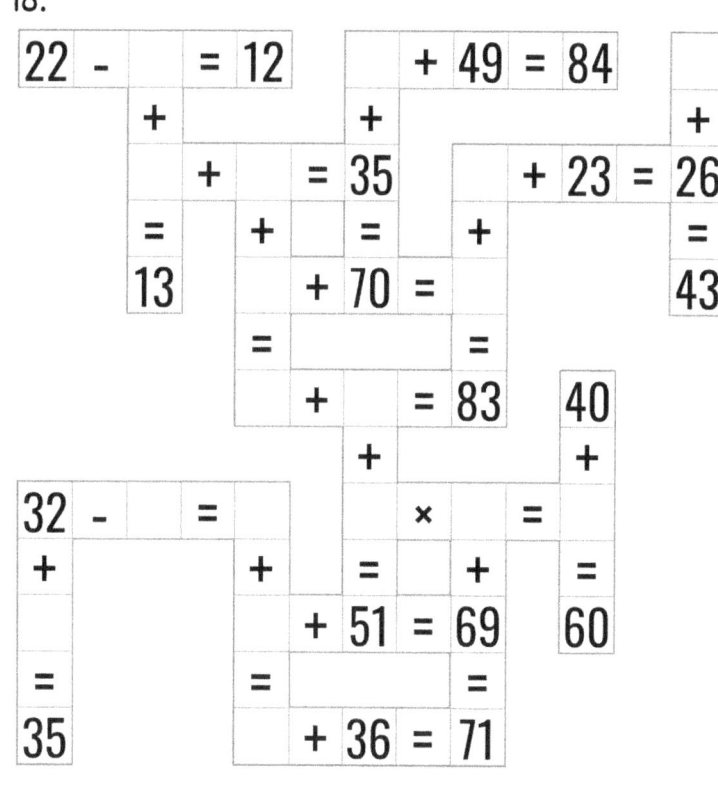

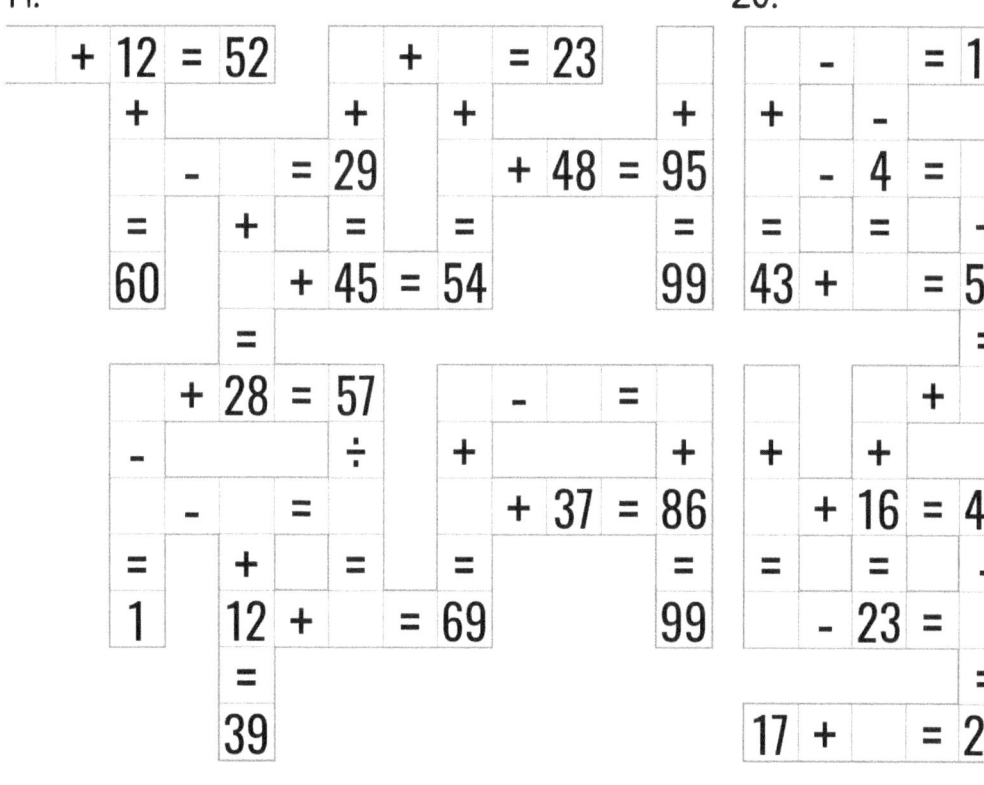

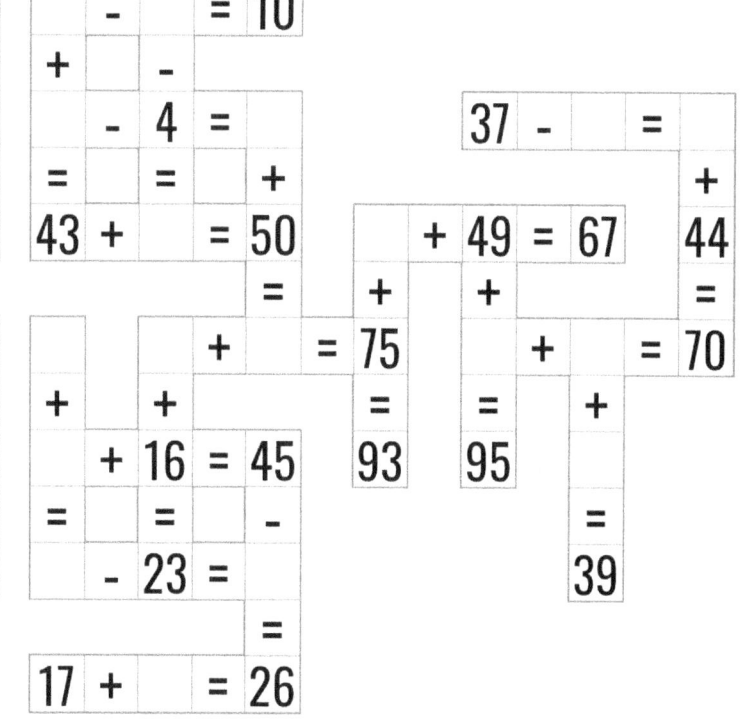

21.

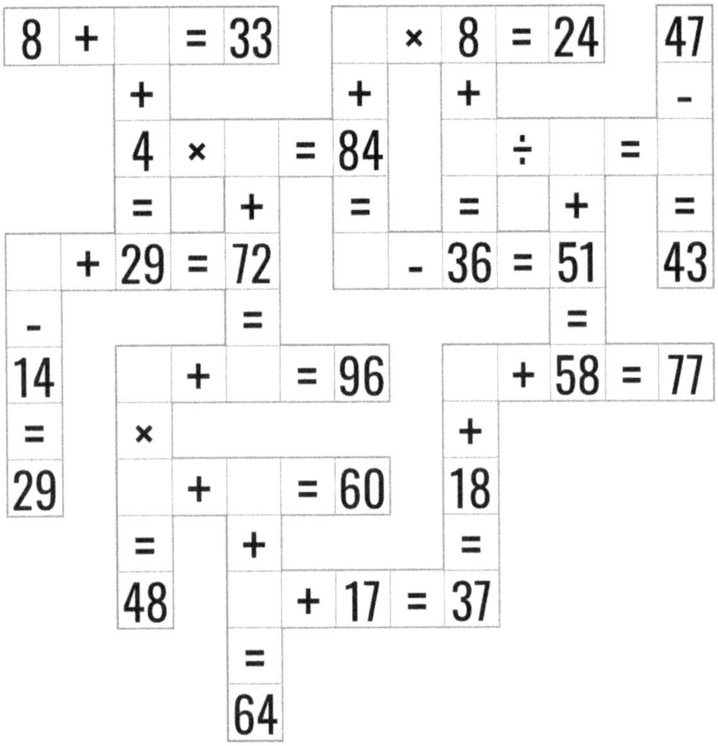

Temps: Score:

22.

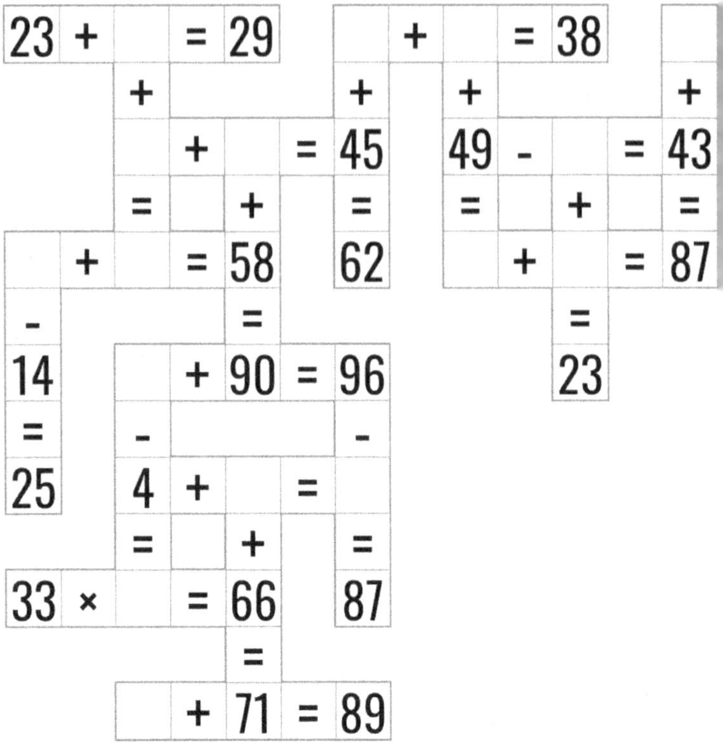

Temps: Score:

23.

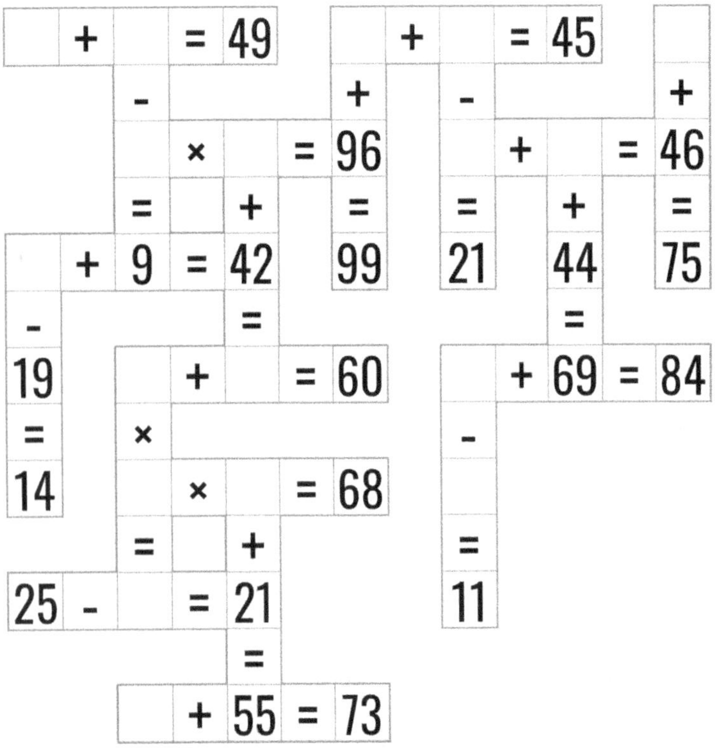

Temps: Score:

24.

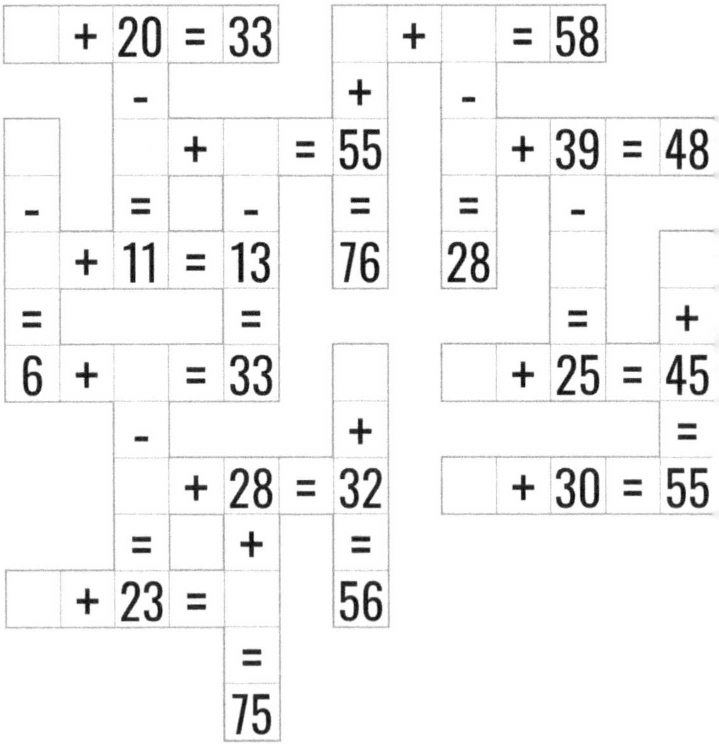

Temps: Score:

25.

	-		=	2			+		=	60		
		+				-		+				+
		11	+		=	37			+		=	65
		=		+		=		=		-		=
			-	29	=	8		42		7		83
				=						=		
			+	55	=	90			+	31	=	
		-						+				-
									+		=	34
		=						=		+		=
3	×		=	36			+	28	=	64		19
										=		
										92		

Temps: Score:

26.

	+	39	=	74								
-		-										
4	×		=	76								
=		=		-								
	+	20	=									
				=								
	+	16	=	25		43				5		
+						-				+		
	+		=				+		=			10
=		+		+		=		-		=		+
33		26	-		=	5			+	78	=	
		=		=				=				=
	+	55	=	74		50	-		=	24		97

Temps: Score:

27.

	+		=	52			-		=	14		
		-				-		+				+
		9	×		=	36			+	40	=	56
		=		+		=		=				=
	-	2	=	35			+	49	=	60		72
-				=								
24		27	+		=	66						
=		÷						+				
13					-	34	=	10				
		=		+		+		=				
	+	3	=	18				49				
				=		=						
		16	+		=	78						

Temps: Score:

28.

	+	21	=	56								
÷												
	-	33	=	2			+	37	=	70		
=		-		+		+		+				-
1			+		=				+	16	=	23
		=		=		=		=		+		=
16	+		=	29			-	44	=			18
-										=		
	+		=	56			+	48	=	52		
=		+						-				
10												
		=						=				
	+	55	=	68				22				

Temps: Score:

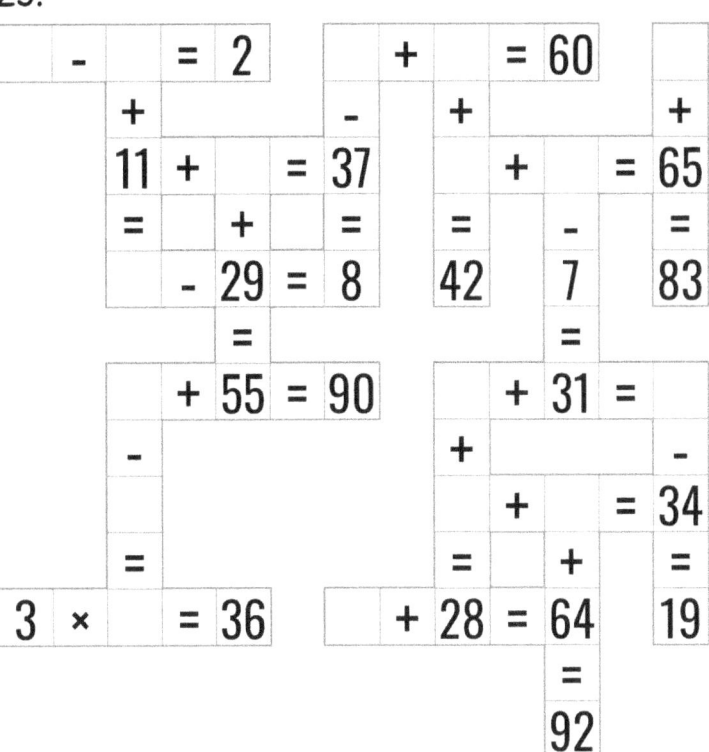

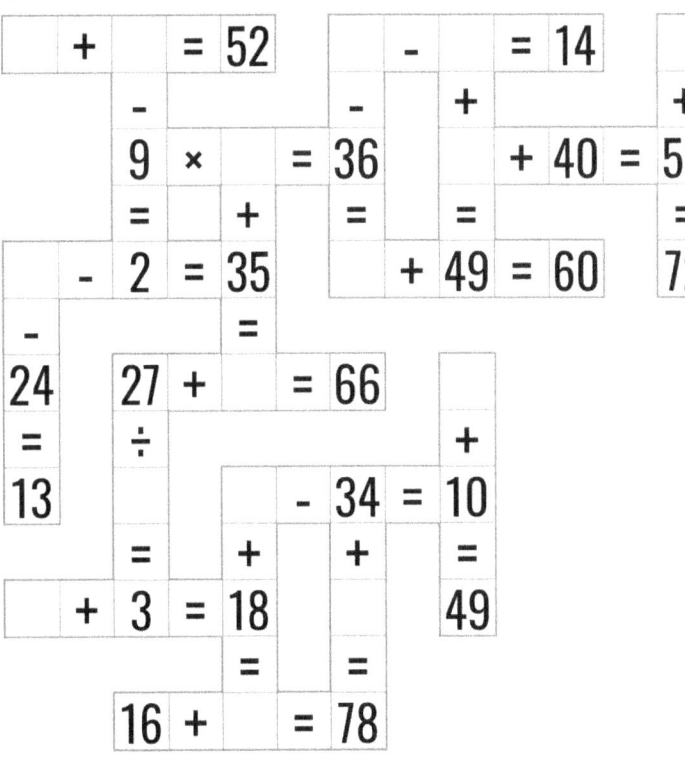

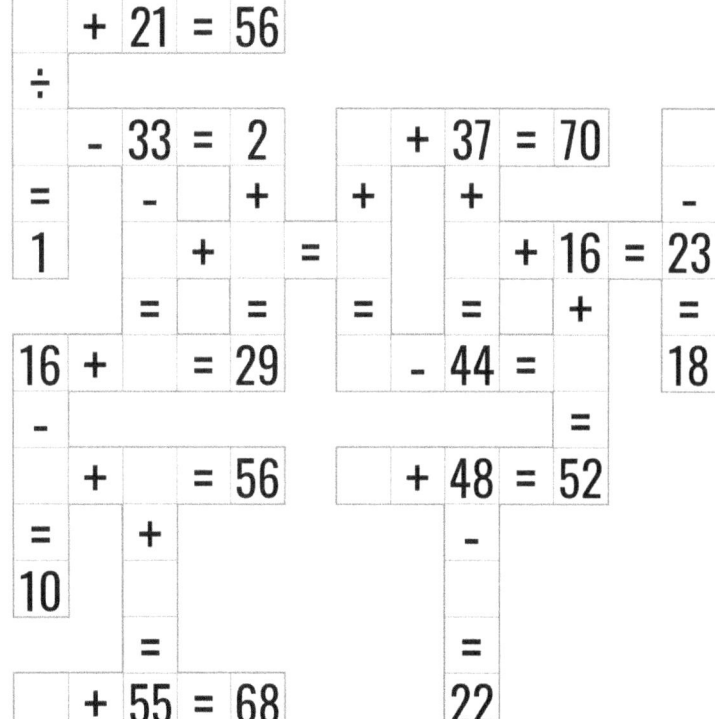

29.

	×	16	=	80					+	5	=	24
		+				+						+
			-		=	3			+		=	
		=				=		+		+		=
		56		31	+		=	47		12		76
								=		=		
		44			+	50	=	74		37		
+		-		+								
10					+		=	61		28		
=		=		=		-				-		
32	+		=	35			-		=			
						=				=		
					+	22	=	69		4		

Temps: Score:

30.

	+	9	=	47			+		=			
+						-				-		
38	+		=	48		3	+		=	50		16
=		+				=		-		=		+
76			-		=	7			+	6	=	
		=		-				=				=
		39		17	+		=	28				41
				=		+						
30	-		=	5		21						
+		+				=						
			+	11	=	32						
=		=										
	+	46	=	88								

Temps: Score:

31.

	+	5	=	46						
+										+
	+		=				+		=	51
=		+		+		-				=
59		47			+	10	=			87
		=		=		=		-		
	+	85	=	94			+	27	=	34
÷								=		+
	-	4	=	5			+	21	=	
=		×				+				=
1			+	13	=	15				98
		=				=				
			+	50	=	58				

Temps: Score:

32.

	+		=	40			+	49	=	79		
		-				+		-				+
			-	9	=				+		=	50
		=		+		=		=		+		=
	+	1	=			51	-		=	45		77
+				=						=		
	+		=	34					+	52	=	85
=		-						+				
38		3		6				13				
		=		+				=				
	+	17	=					46				
				=								
41	+		=	46								

Temps: Score:

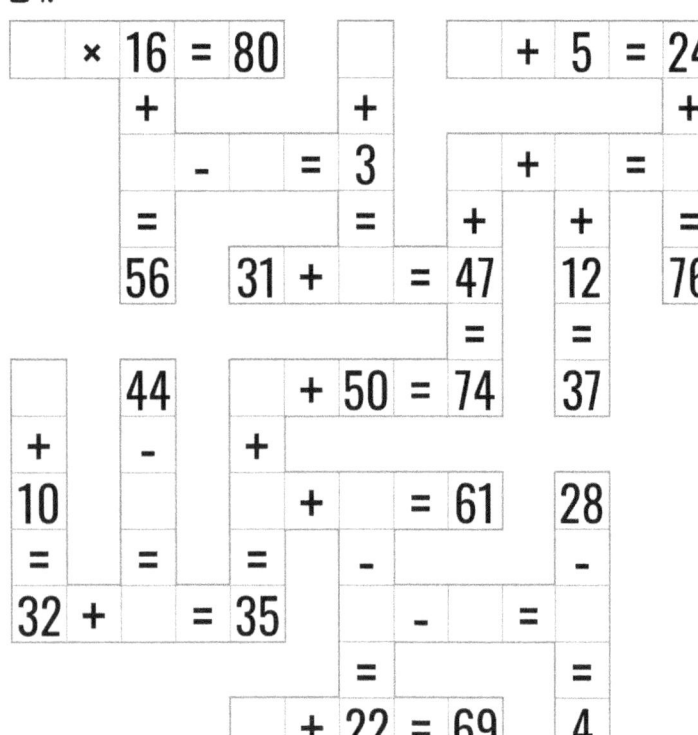

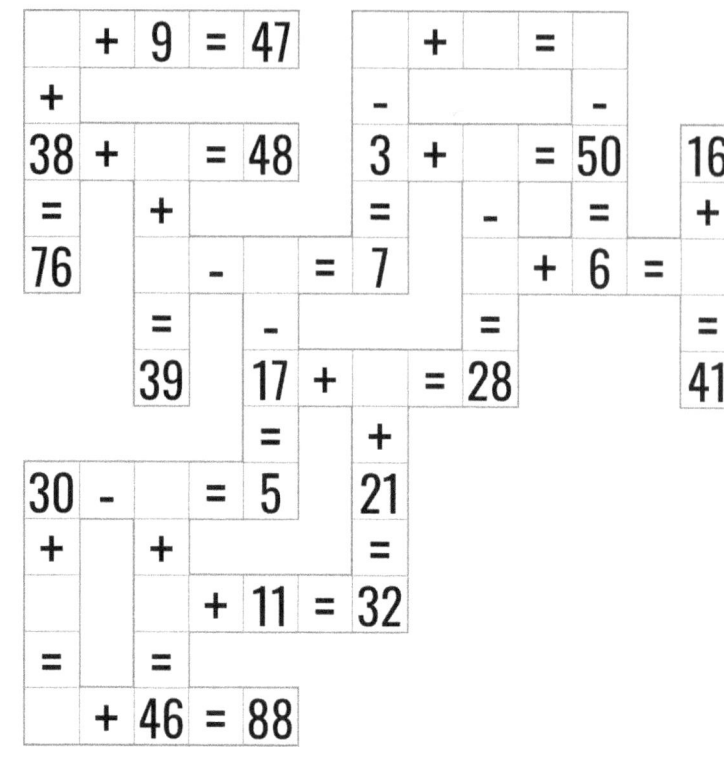

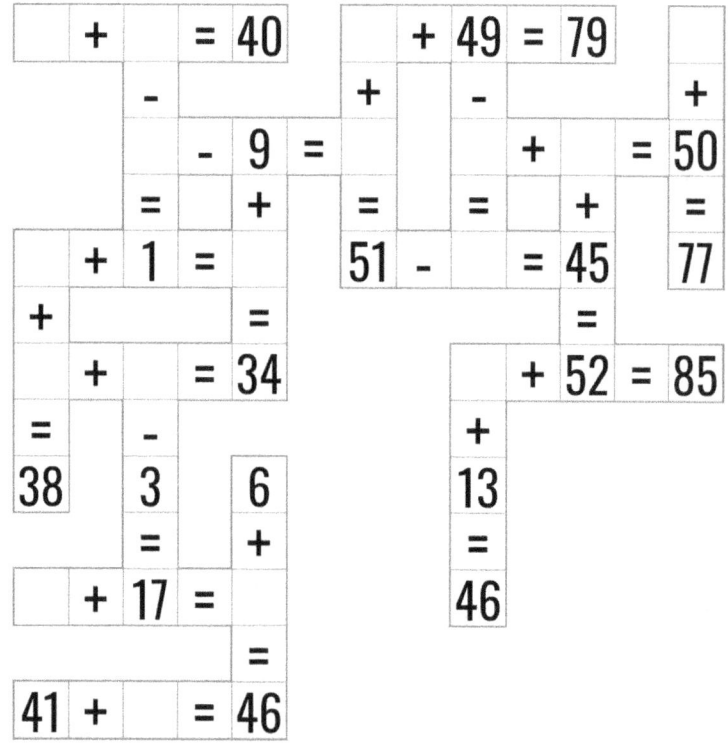

33.

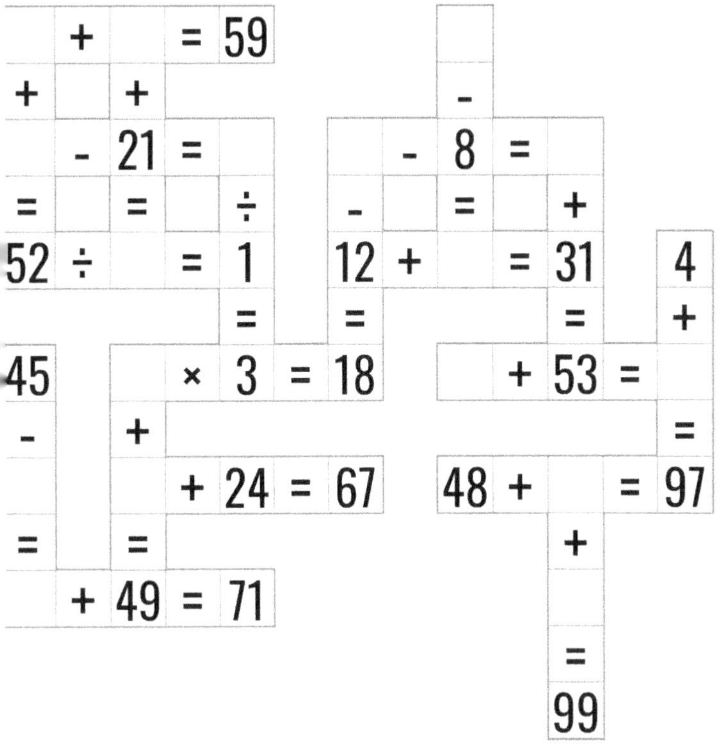

Temps: Score:

34.

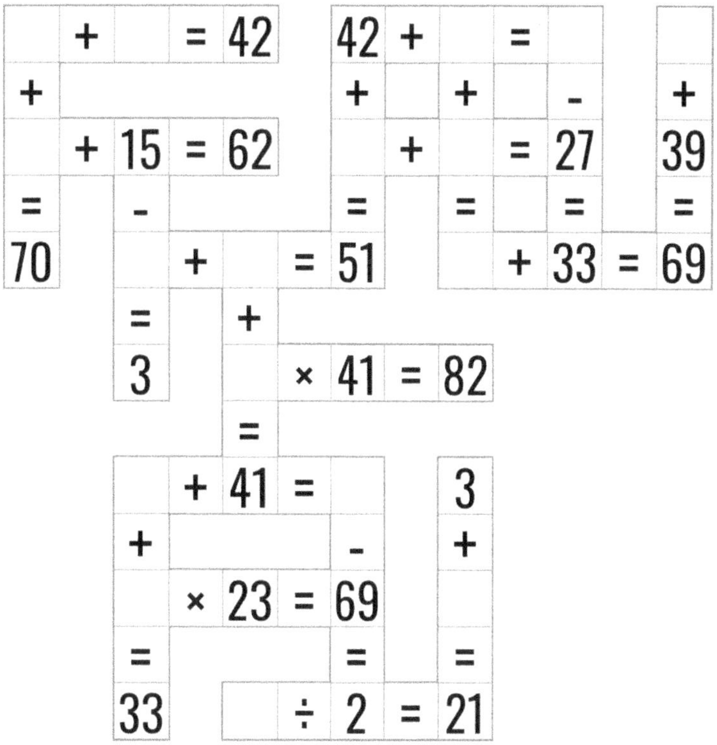

Temps: Score:

35.

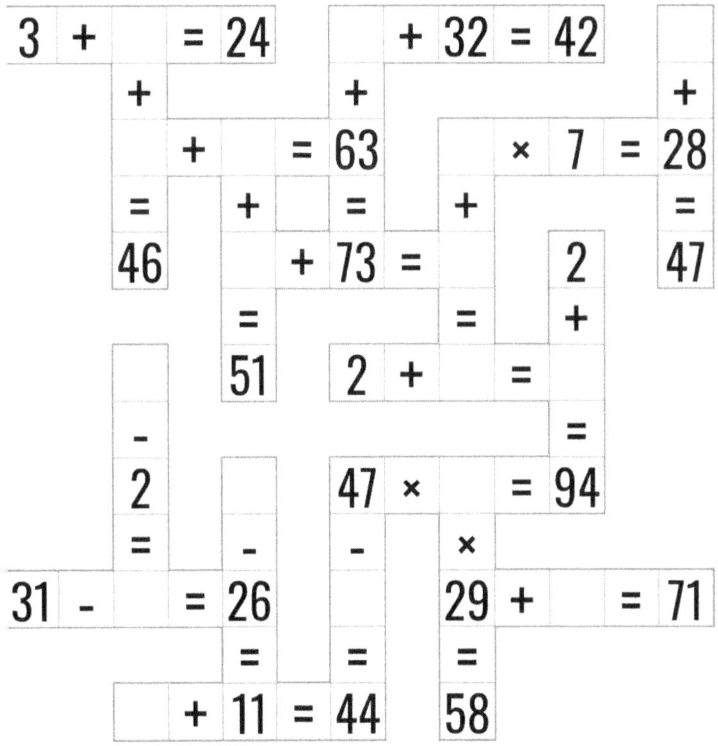

Temps: Score:

36.

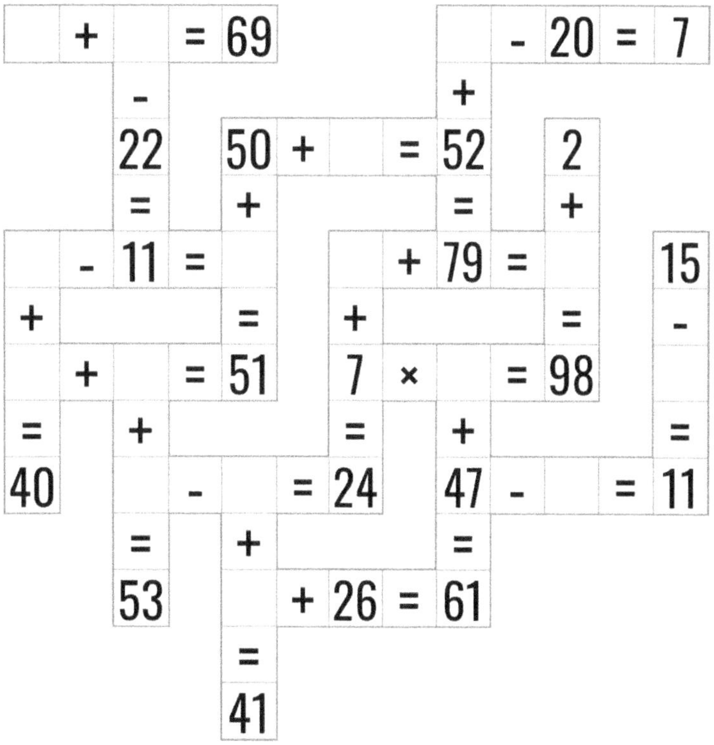

Temps: Score:

37.

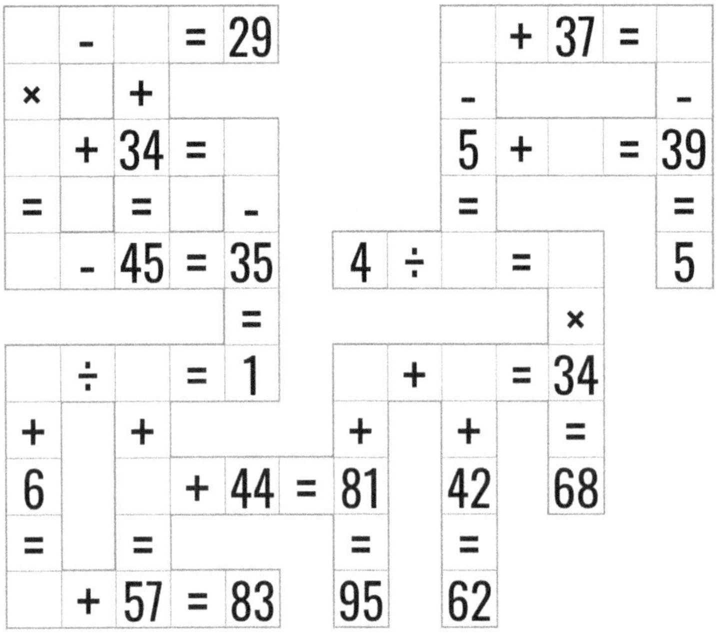

Temps: Score:

38.

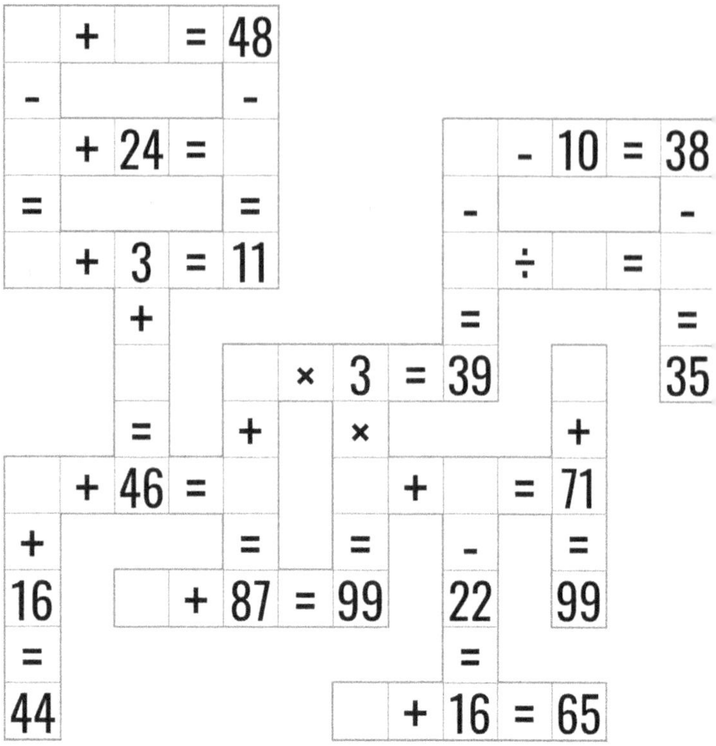

Temps: Score:

39.

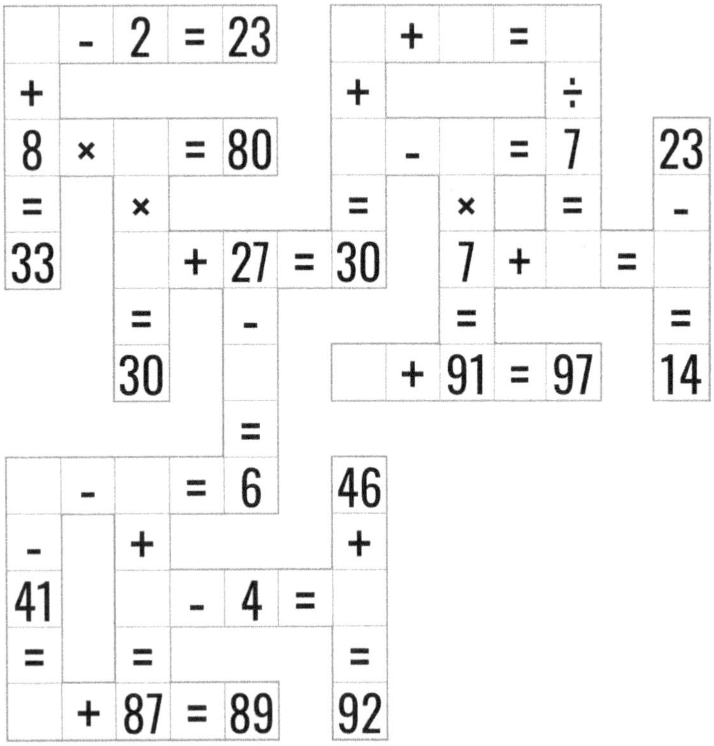

Temps: Score:

40.

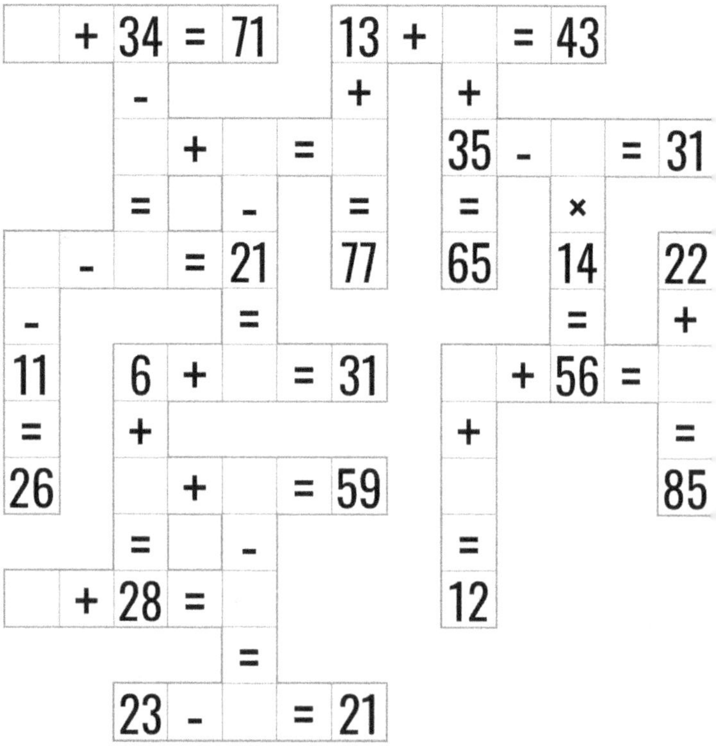

Temps: Score:

41.

	-		=	2			+		=	46		
		+				+		+				
		19	+		=	42		23				
		=		+		=		=		+		
	-	28	=	13			-	37	=	37		
-				=						=		
24			+	36	=				+	63	=	93
=		+				-		-				
17			+		=	39						
		=		-		=		=				
	+	19	=	23		5		15				
				=								
			-	5	=	1						

Temps: Score:

42.

	+		=	73					÷	2	=	
+		-						÷				+
	+	43	=			46			+		=	17
=		=		-		-		=		-		=
	-	3	=	58			÷		=	4		26
				=		=				=		
20			×	19	=	38				4		
÷		×										
			+	7	=	50						
=		=		+								
	+	86	=									
				=								
49	+		=	98								

Temps: Score:

43.

	+		=	55			+	28	=	34		
+		+								+		
	-		=				+		=			
=		=		+		×				=		
92	-		=	54		33	+		=	82		
				=		=		+				+
		24	+		=	99			+	37	=	83
		-						=		-		=
			+	8	=	27		95				92
		=		+						=		
		5						3	+		=	33
				=								
				23								

Temps: Score:

44.

	+	46	=						+	3	=	27
+				-								-
	+		=	58		16	+		=	39		
=		+		=		+		-		+		=
46			+	5	=				-		=	6
		=				=		=		=		
	+	64	=	98			-	9	=	47		
+				-								
	×		=									
=		×		=								
	-	47	=	24								
		=										
		94										

Temps: Score:

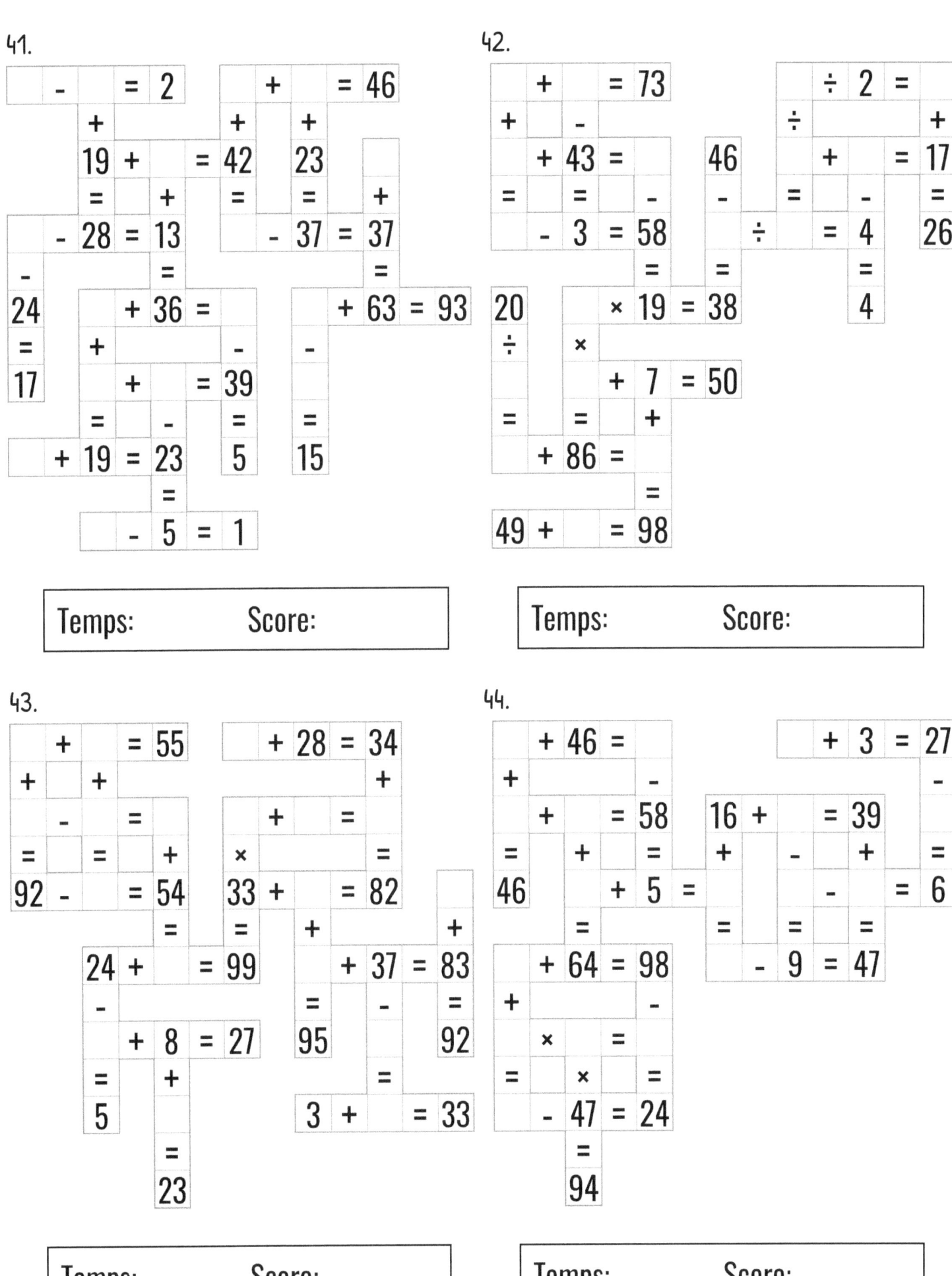

45.

	+		=	79			+	44	=	67		
		-				+		+				
			÷		=				+		=	48
		=		+		=		=		+		
	-	11	=	19		30		85		8		
-				=						=		+
			+	24	=	47			+	15	=	37
=		+						+				=
2		4			+	12	=					59
		=						=		+		
		27					+	63	=	89		
										=		
							×	11	=	99		

Temps: Score:

46.

	+	32	=	79				2	×		=	12
+						-		+		+		
	×		=	84		6	+		=	43		
=		+				=		=		=		
68		17	+		=	26			+	49	=	88
		=		+								
		21		26	+		=	57				
				=		+						
		18	+		=	53						
÷		+				=		+				
8					+	84	=	88				
=		=						=				
2	+		=	30				98				

Temps: Score:

47.

	+		=				-		=	5		
		-		-		+		+				+
			+	38	=	56		7	×		=	35
		=		=		=		=		+		=
	+	17	=	27			-	34	=	54		42
										=		
						46	+		=	59		
								+				
					-		=	27		4		
						+		=		+		+
							+	40	=			42
						=				=		=
						38			+	67	=	78

Temps: Score:

48.

	-	11	=				+	38	=	44		
+				÷		-						
	-		=	5			×	14	=	28		50
=		×		=		=		+				-
42		4	×		=	4			-	17	=	
		=						=				=
		84		10	+		=	40				41
				+		+				+		
						3	+		=	25		
				=		=		+		=		
4	+		=	26		33			+		=	64
								=				
								59				

Temps: Score:

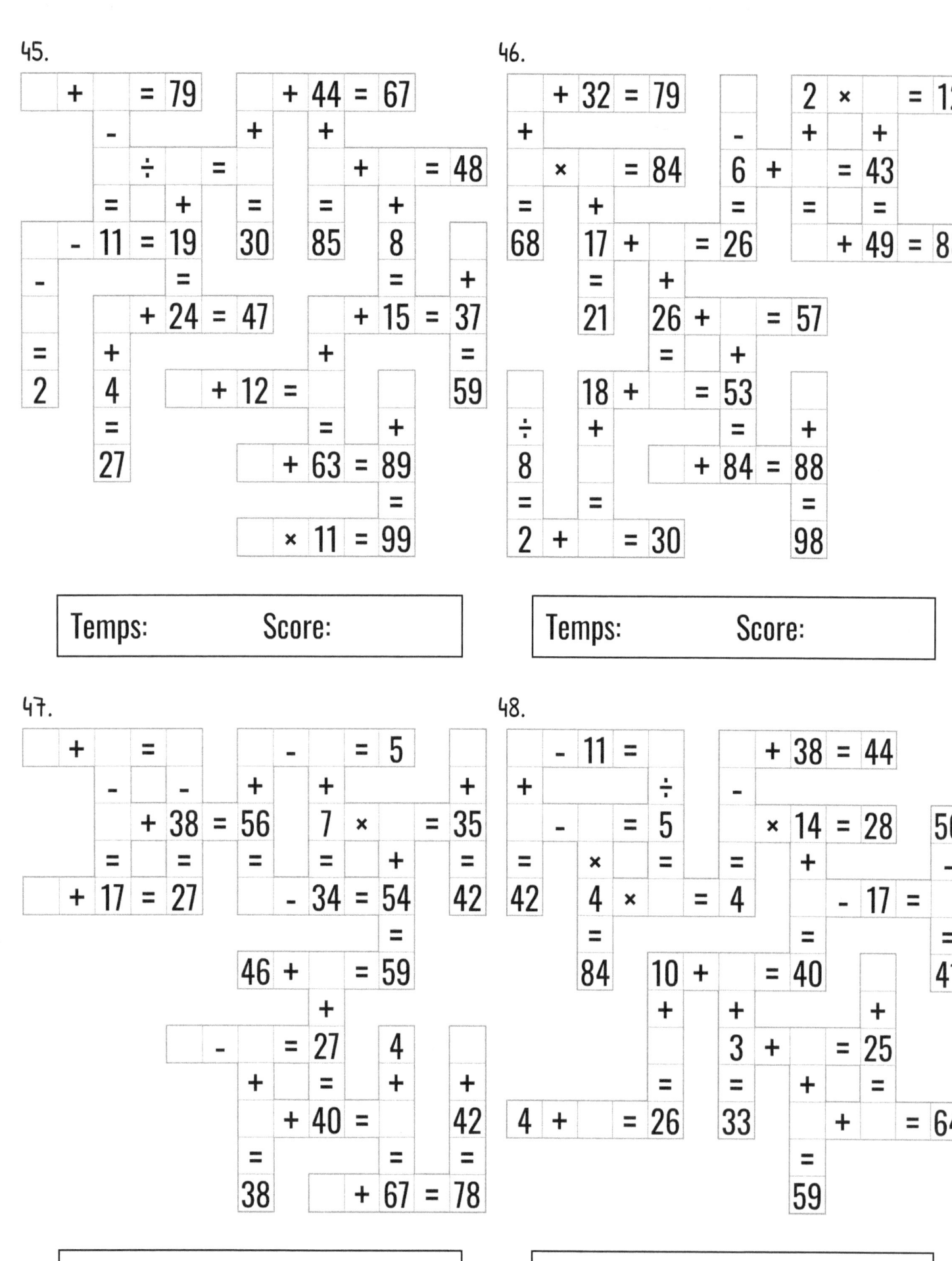

49.

	+	22	=									24
+				+								÷
	-		=	21								
=		+		=								=
	+	6	=	52					-		=	12
		=						-				
	-	22	=			30	+		=			
+				+				=		-		
34	+		=	45			÷	8	=	3		
=		-		=		+				=		
67			+	56	=					38		
		=				=						
		3		4	+		=	92				

Temps: Score:

50.

	-	38	=	1			-		=			
-						+				+		
	×		=	72			+	22	=	51		
=		÷				=				=		
21			×		=	72				85		
		=		-								+
		2		25	-		=	13				7
				=		+						=
			+	11	=				+		=	43
		-				=		+		+		
				34	+		=	91				
		=						=		=		
		6							-	79	=	18

Temps: Score:

51.

29	+		=	31		26	+		=	65
		+				+		-		
		39	+		=			15		
		=				=		=		-
	+		=	70		95		24		43
+				-						=
	+	50	=				-	10	=	7
=				=		+				
45			×	4	=	48		6		
		×				=		+		+
		6		2	+		=			50
		=						=		=
	+	72	=	94		26	+		=	99

Temps: Score:

52.

40	-		=	31			×		=	64		
		-				+		+				-
			+		=	13			+	35	=	39
		=		×		=		=				=
	-		=	4		15			-		=	4
+				=						+		
11			+	44	=	75				15		
=		+				-				=		+
22			+	44	=			18	+		=	65
		=				=						=
	+	45	=	51		17						84

Temps: Score:

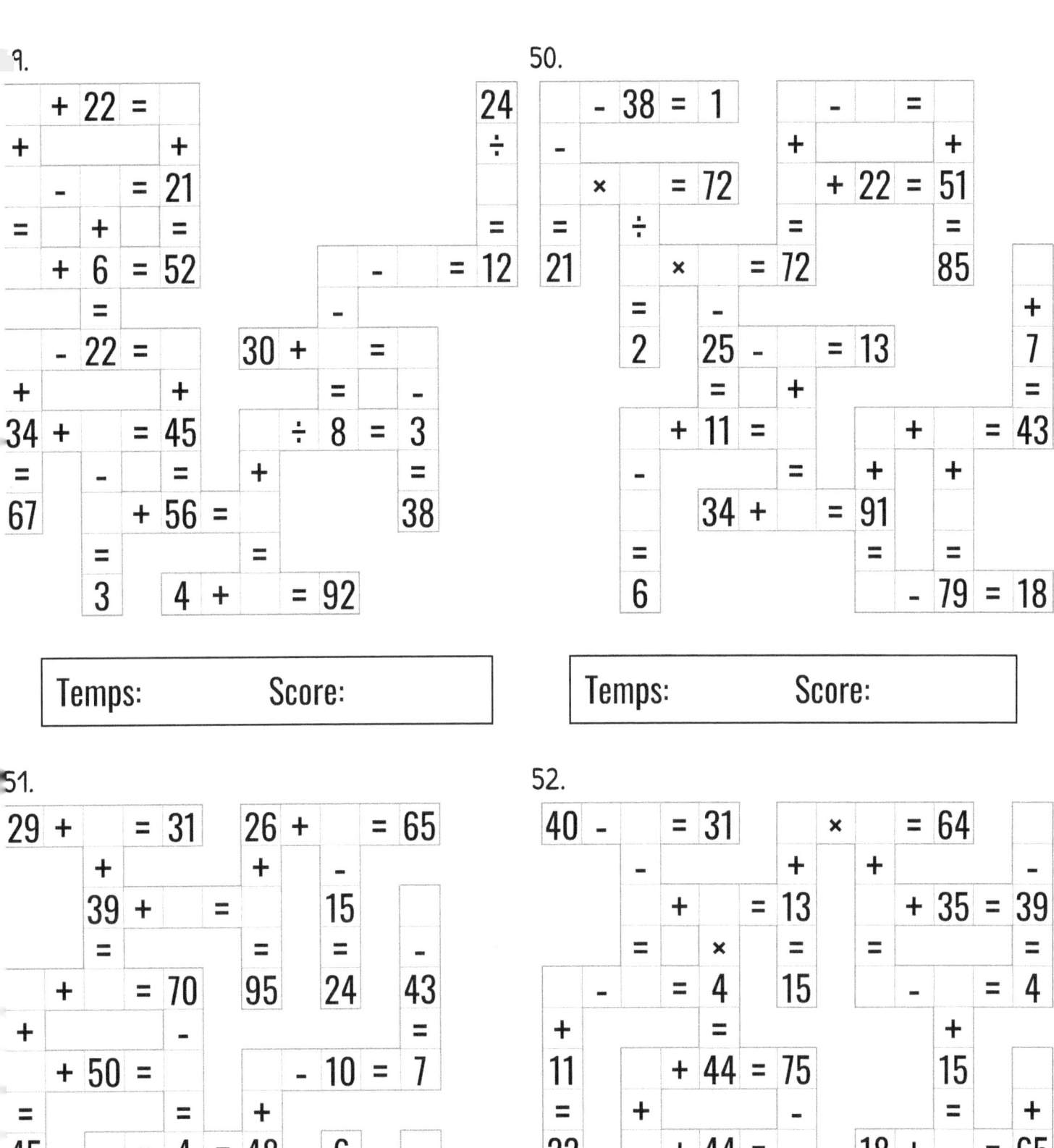

53.

3	+		=	43			+		=	25		
		-				+		×				
		3	×		=	42			÷		=	5
		=				=		=		×		
	+	37	=	44		64		75		14		
×										=		
	×		=	88		9				70		
=		+				×						
28			÷		=							
		=		+		=		+		+		
		67			+	45	=	52		47		
				=				=		=		
3	+		=	16		7	+		=	96		

Temps: Score:

54.

	+		=	31		42				48
+						+				+
49	+		=	85			+		=	
=		+				=		+		=
75			+	50	=	90				99
		=						=		
	+	76	=	88			+		=	
+						×				+
	÷		=	10			+		=	38
=		+				=		+		=
42		38			+	54	=	59		64
		=						=		
33	+		=	74				91		

Temps: Score:

55.

49	-		=	31					+	8	=	38
		÷										-
			×		=	54			+	4	=	
+		=		+				+				=
2		3		32	+		=	50				12
=				=				=				
	+		=	41			+	72	=	87		
		×				+						
		2			-		=	9				
		=		+		=		+		+		
		40			+	32	=			50		
				=				=		=		
				72			+	87	=	93		

Temps: Score:

56.

48	-		=	26			+		=	63		
		+				+		+				
		48	÷		=	16			-		=	23
		=		+		=		=		+		
	+		=	94		36		68		15		20
+				=						=		-
24			+		=	99			-	17	=	
=		+				÷						=
48		37	÷		=							7
		=		+		=						
	+	39	=	62		99						
				=								
50	+		=	99								

Temps: Score:

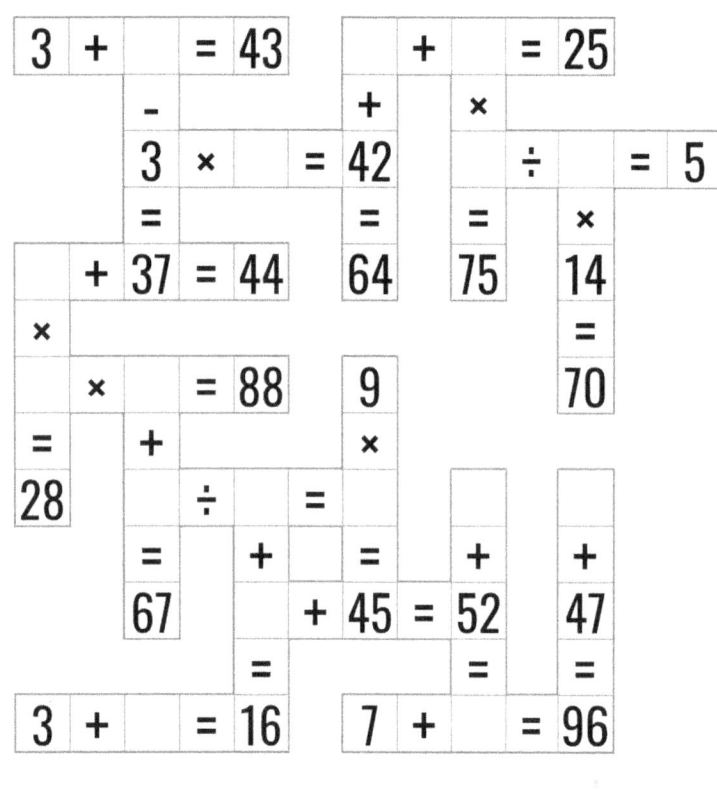

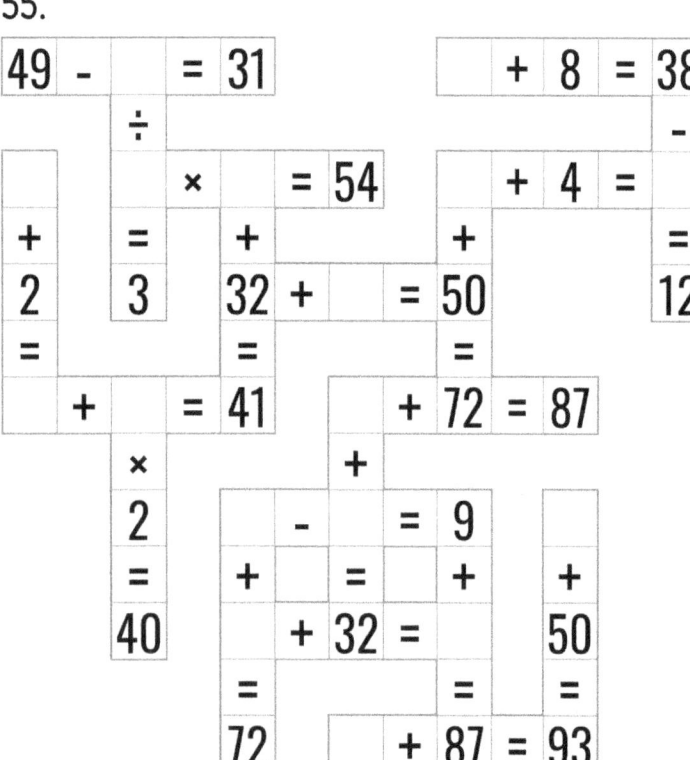

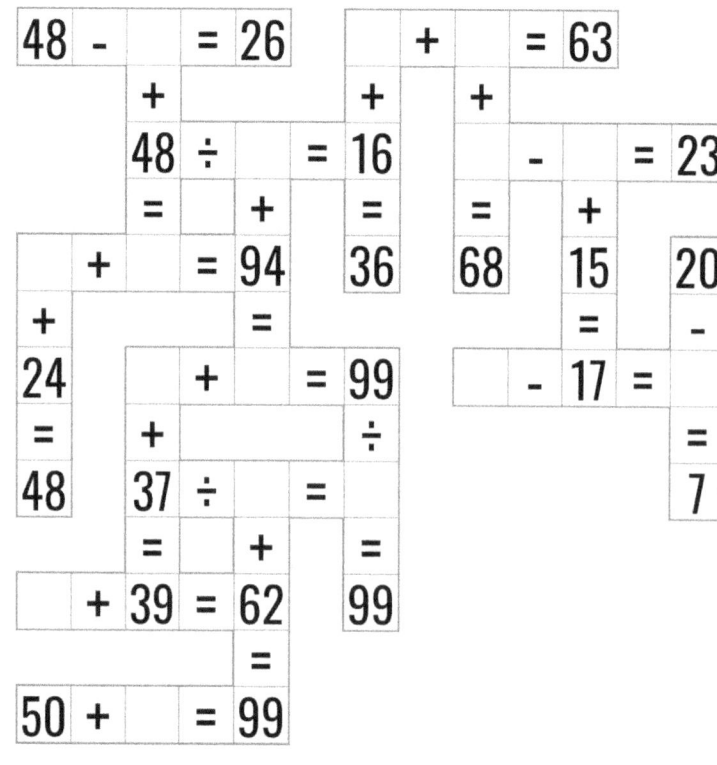

57.

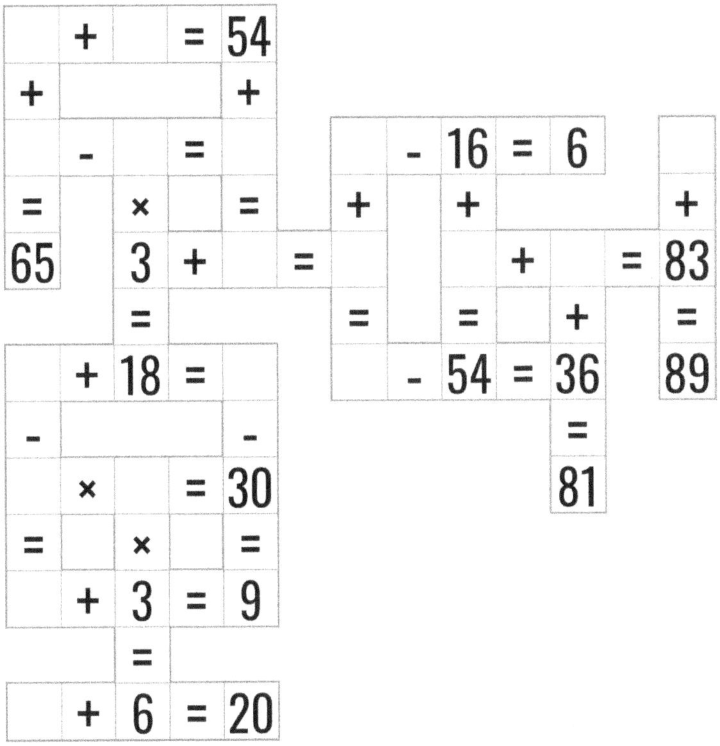

Temps: Score:

58.

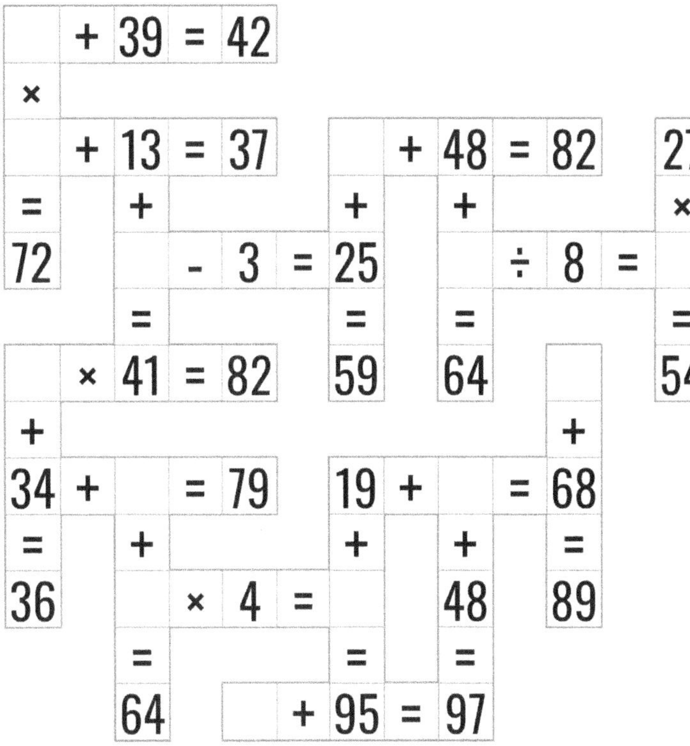

Temps: Score:

59.

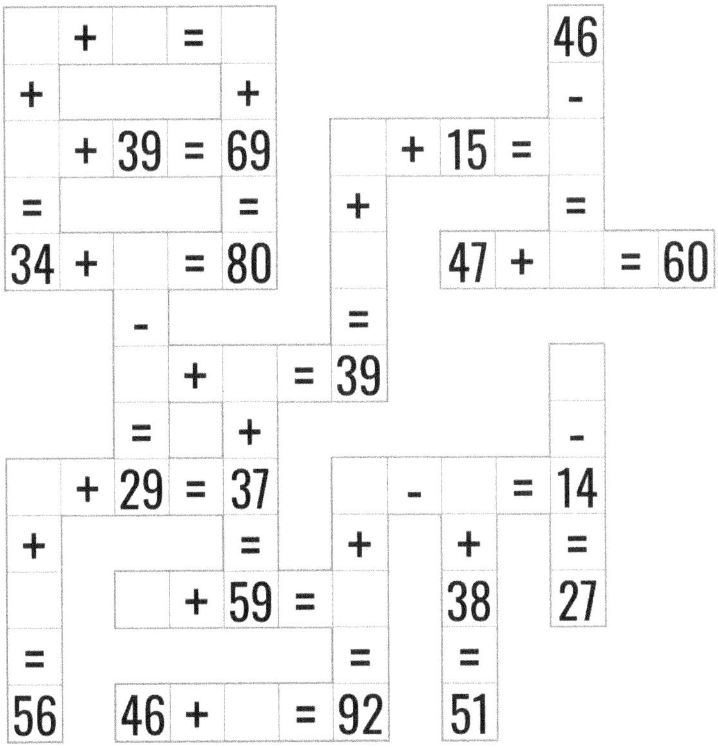

Temps: Score:

60.

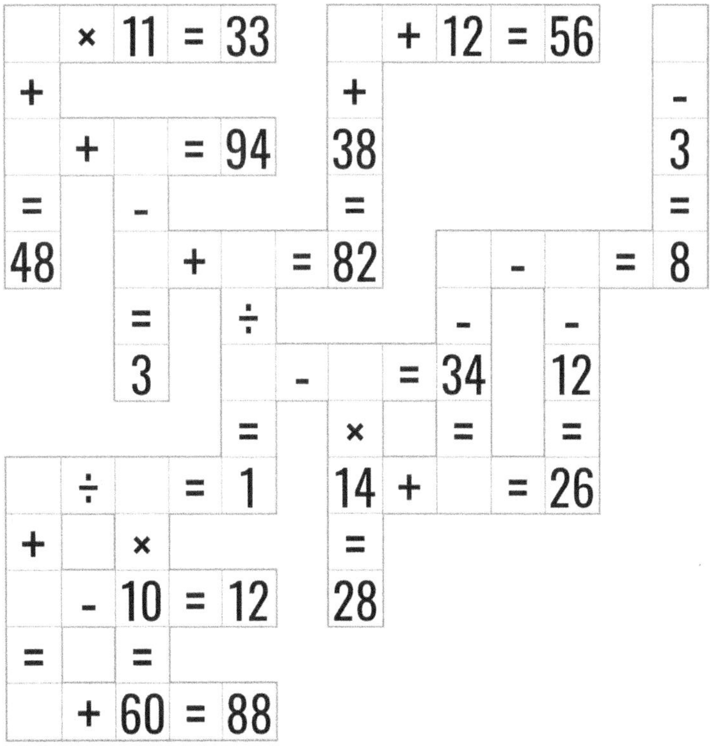

Temps: Score:

61.

	+	44	=	50			-	14	=			23
×						+				-		-
	×		=	18			-		=	5		
=		×				=		+		=		=
36			×		=	60			-	23	=	15
		=		+				=				
		36		14		15	+		=	66		
				=								
	-		=	19								
÷		+				+						
11			+	28	=	64						
=		=				=						
	+	61	=	65		97						

Temps: Score:

62.

	+		=	55								
		-										+
		34	-		=	15		15	+		=	22
-		=		+				+				=
12		7			+		=			3		70
=				=		÷		=		+		
	×		=	32			+	70	=			
		×				=				=		+
		23					×	47	=	94		7
		=						+				=
	+	92	=	99					+	42	=	57
								=				
					+	13	=	62				

Temps: Score:

63.

	+	49	=	66								
+												
	-		=				+		=	58		
=		+		-		-		+				
50		18		12	-		=	8				
		=		=		=		=		+		
	-		=	1		35	-		=	8		
-										=		+
8	×		=	16				14	+		=	72
=		×				+						=
31		49	+		=	95		43	+		=	79
		=				=						
		98				97						

Temps: Score:

64.

	×	19	=						+	13	=	31
		+		+		-		+				
				34	+		=	79				
		=		=		=		=				
	+	55	=	72			+	97	=	99		
+												
	×		=	75								
=		×								+		
22		4			×		=			22		
		=		+		-		+		=		
	+	60	=	96			+	27	=	36		
				=		=		=				
				98	÷		=	49				

Temps: Score:

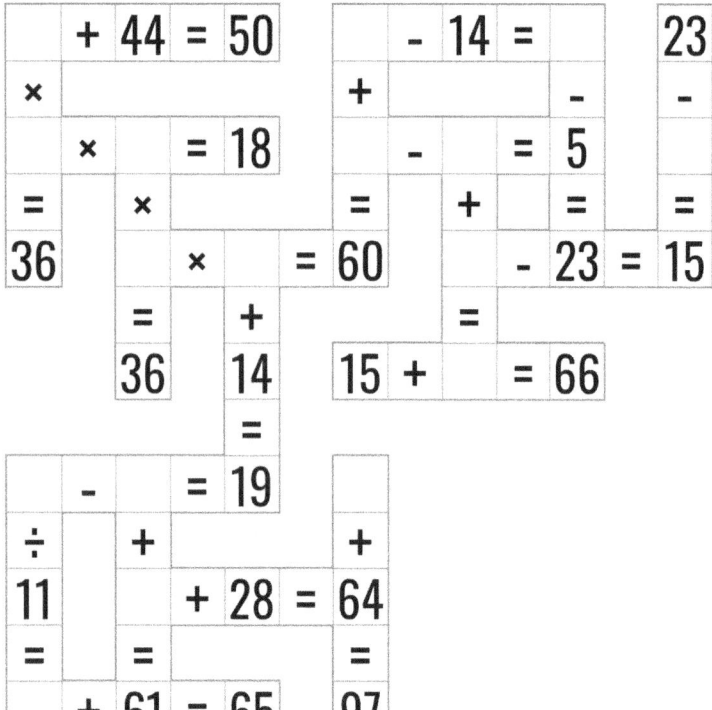

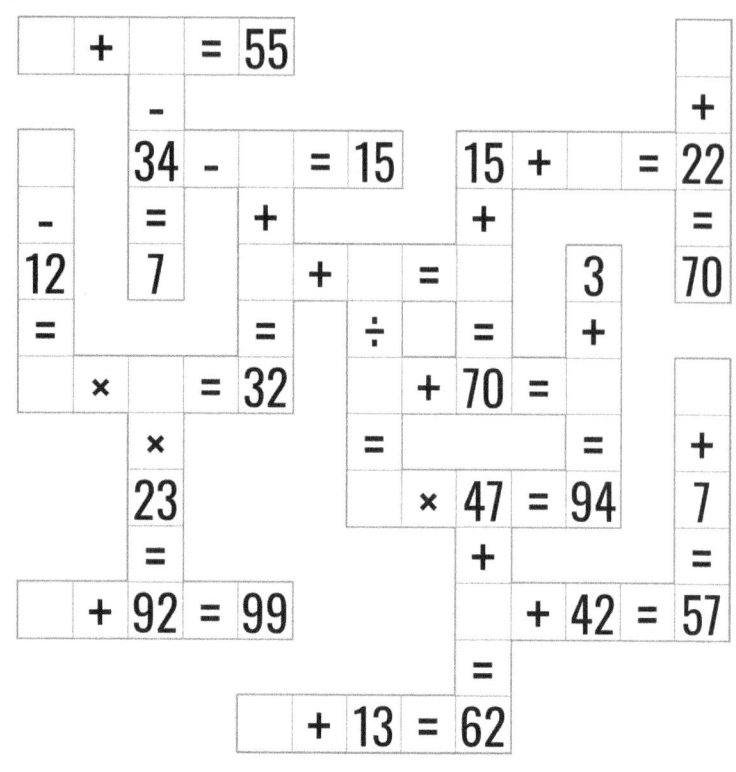

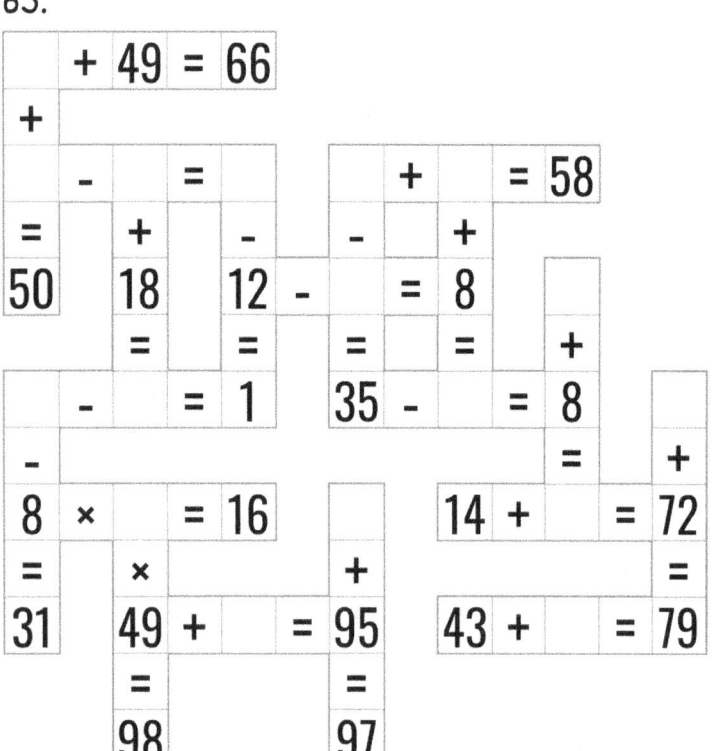

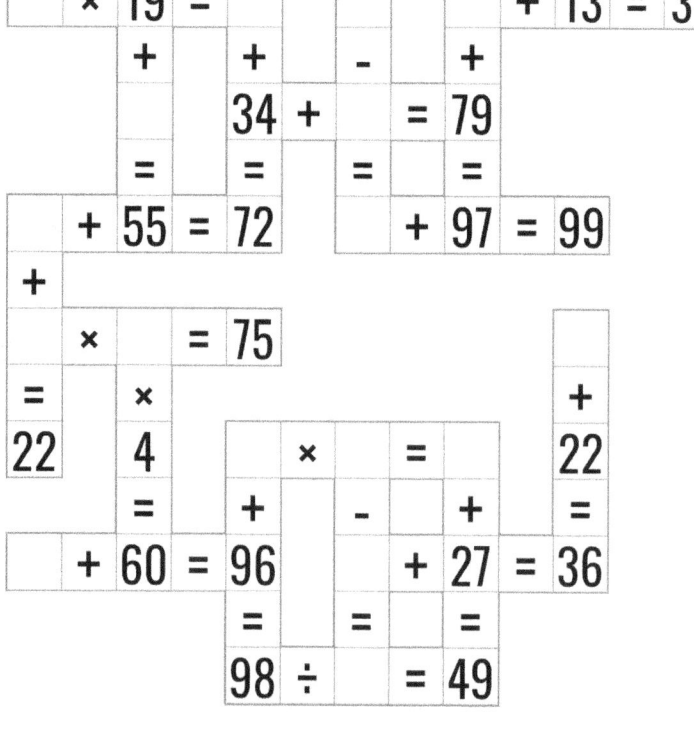

65.

	+	7	=	37					+		=	64
-								-		÷		
	+		=	64			-		=	4		
=		-				+		=		=		+
15			+		=	53		15	+		=	19
		=		+		=						=
	-	41	=	3		90						61
+				=								
			+		=	87						
=		+				-						
69			+	35	=							
		=				=						
4	+		=	93		2						

Temps: Score:

66.

	+		=	77								
+												
	-	33	=	13			+	3	=	7		
=		+								+		
83			+	13	=							
		=		+		+				=		
	+		=				-		=	9		13
+				=		=		+				+
19			+	77	=	86		24	+		=	
=		-						=		+		=
23		8					+	61	=			65
		=								=		
	+	1	=	5						97		

Temps: Score:

67.

	-		=	6			-		=			
		+				+		+		+		+
		6	+		=	46			+	30	=	46
		=		×		=		=		=		=
	÷	14	=				-	23	=	60		96
+				=								
			+		=	55						
=		+				+						
45			+		=							
		=		+		=						
		50	+		=	99						
				=								
			+	58	=	72						

Temps: Score:

68.

	+	33	=	41		6						
+						+						
29	+		=	60								
=		+				=		+				
37			+		=	43		46	-		=	7
		=		+				=				
		65			+		=	68		10		
				=		+				+		+
	+	36	=	54			+	39	=			50
+		-				=				=		=
21			+		=	71		2	+		=	99
=		=										
39	-		=	34								

Temps: Score:

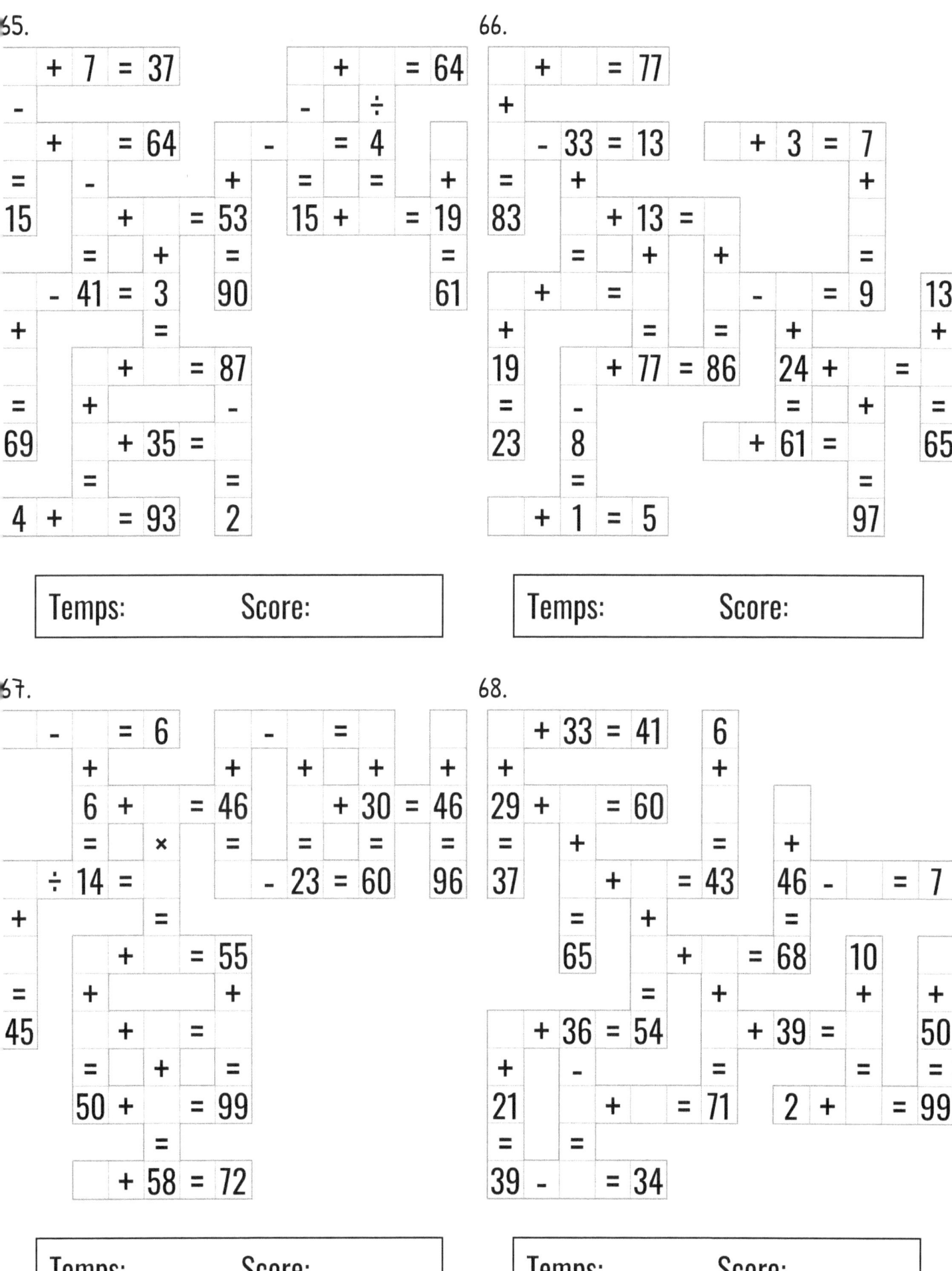

69.

	+	28	=									
-				-						+		+
	+		=	39			-		=	21		26
=				=		+				=		=
12			+	23	=	32			+	36	=	76
						=		+				
		37	+		=	55						
				+				=		+		
	-		=				+		=	90		
+				=		×				=		
14		49	÷		=	1				92		
=						=						
48					+	41	=	90				

Temps:	Score:

70.

	-		=	8						
+		×								
39	-		=	34			+	7	=	
=		=		+				+		+
50	+		=							31
				=				=		=
	×		=	99			+		=	62
×						-				
	+		=	25		11		48		
=		+		+		=		+		
54		12			-	18	=			
		=		=				=		
	+	31	=	58			+	63	=	92

Temps:	Score:

71.

	-		=	20								
+						-						
15	+		=	33		9						
=		+				=						+
46			÷		=	2			+	30	=	64
		=		-				+				=
		58			+	7	=	16				95
				=		×		=		+		
32	-		=	11			+	50	=	62		
+		+				=				=		
	+		=	43		84			+	75	=	82
=		=										
	-	26	=	44								

Temps:	Score:

72.

	÷		=	4			+		=	56		12
		+				+		+				+
			+	14	=	16			×	16	=	
		=				=		=				=
	÷	9	=	3			-	36	=	2		44
+												
	-		=	5				44				
=		+						-				
64		9		39						20		
		=		+		+		=		+		
	+	41	=				+	19	=			
				=		=				=		
		12	+		=	95				84		

Temps:	Score:

73.

37	+		=	52					-		=	
		+				-				+		+
			+		=	35			+		=	70
		=				=		+		=		=
		33			×	13	=	26		85		75
+								=				
3					+		=	48				
=				-		+						+
12	÷		=			18			+	4	=	24
				=		=		+				=
					+	61	=	64				62
								=				
							+	84	=	86		

Temps: Score:

74.

	+		=	64		9	×		=	45		
		÷				×		+				+
			+	2	=				×		=	60
		=		×		=		=		+		=
	-	2	=				-	9	=	81		71
+				=						=		
39			+		=	72				96		
=		+				-						
65			×		=							
		=		+		=						
10	+		=	55		30						
				=								
			+	57	=	88						

Temps: Score:

75.

	×		=	64				10	+		=	
		+						÷				-
		44	+		=	69			+	17	=	22
-		=		+				=				=
8		48			-	4	=	2				7
=				=		+				-		
	-		=	31			÷		=	11		
		+				=		×		=		
		26			+	26	=	35		8		
		=		+				=				
	+	28	=	41				70				
				=								
10	×		=	50								

Temps: Score:

76.

36	-		=	18		3		32	-		=	
		+				+						+
			+		=				+		=	31
		=				=		+		-		=
		36		22	+		=	70		8		54
								=		=		
		39			+	49	=	84		9		
-		-		+		+						
	-		=				+		=	53		
=		=		=		=		+				
3	×		=	60		57		8				
								=				
						11	+		=	64		

Temps: Score:

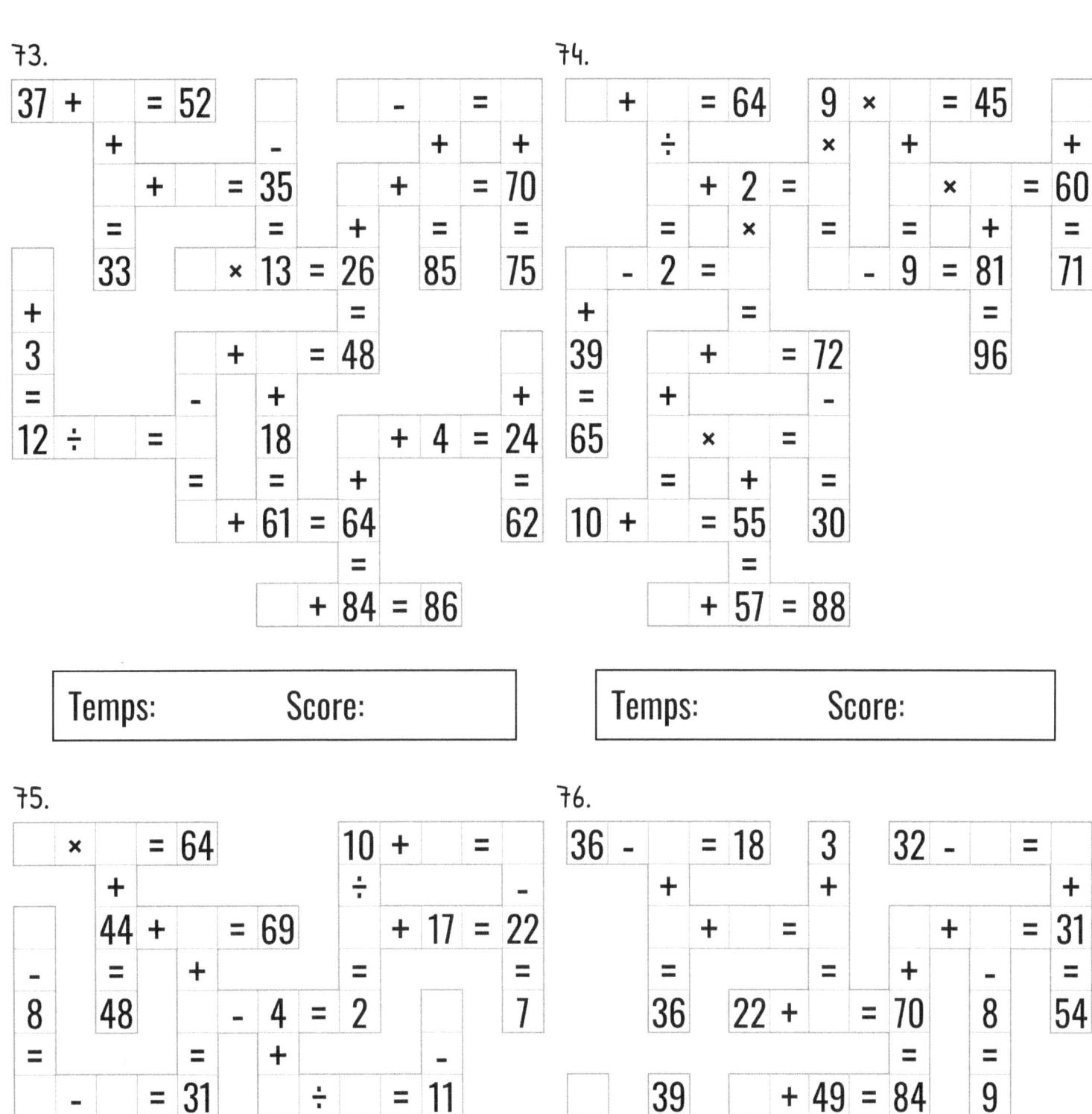

77.

	×	25	=	75			+		=	44		
		+				+		+				+
			+	42	=	47		46	-		=	41
		=		+		=		=		+		=
			+		=	73		64		21		59
				=						=		
			+		=			4	+		=	30
		÷				-		+				
			×		=	33						
		=		+		=		=				
	×	4	=	32		64		45				
				=								
			+	43	=	91						

Temps: Score:

78.

9	+		=	38			×		=	80		3
		+				+		+				+
			+	48	=	84			+	26	=	
		=		+		=		=		+		=
		65					-	27	=			48
				=						=		
			+	59	=	80			+	93	=	95
		+						+				
					+		=	54				
		=		+		+		=				
	+	55	=	82		49		56				
				=		=						
		11	+		=	98						

Temps: Score:

79.

	-		=	7					-	6	=	32
		×						-				
			+	19	=	23						
		=		+				=		+		+
		36					-		=	13		40
				=		+				=		=
			+	36	=	64			+	49	=	74
						=		-				
			+		=	82			+	18	=	27
		-		+				=		-		
		7		8	+		=	16				
		=		=						=		
25	+		=	54						10		

Temps: Score:

80.

	-	5	=				-		=			
+				+		+		+		+		+
19	+		=	57		50	-		=	40		47
=				=		=		=		=		=
57			+		=	97			+	45	=	97
		+										
		2	×		=	30		8				
		=		+				+				
		9			+	48	=					
				=		+		=				
	-	24	=	26			+	67	=	74		
						=						
						55						

Temps: Score:

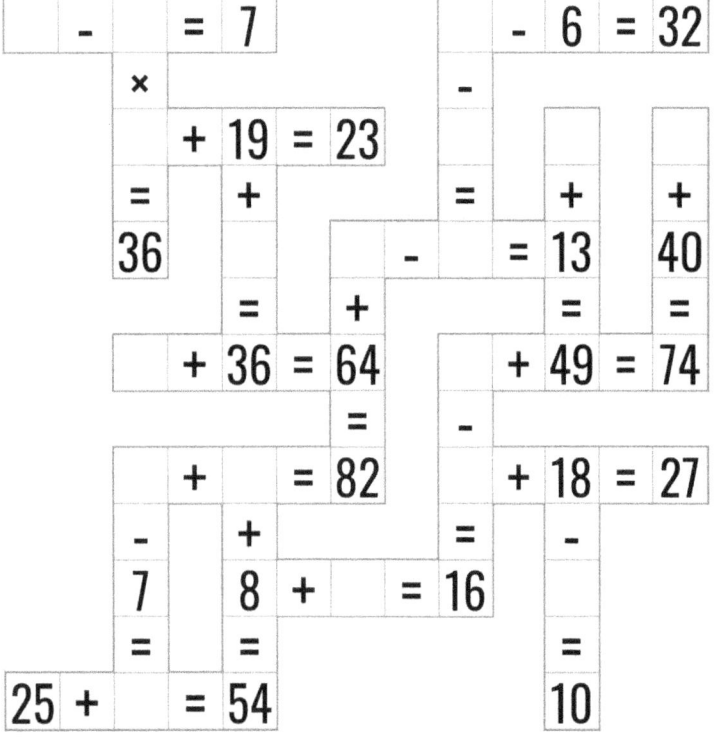

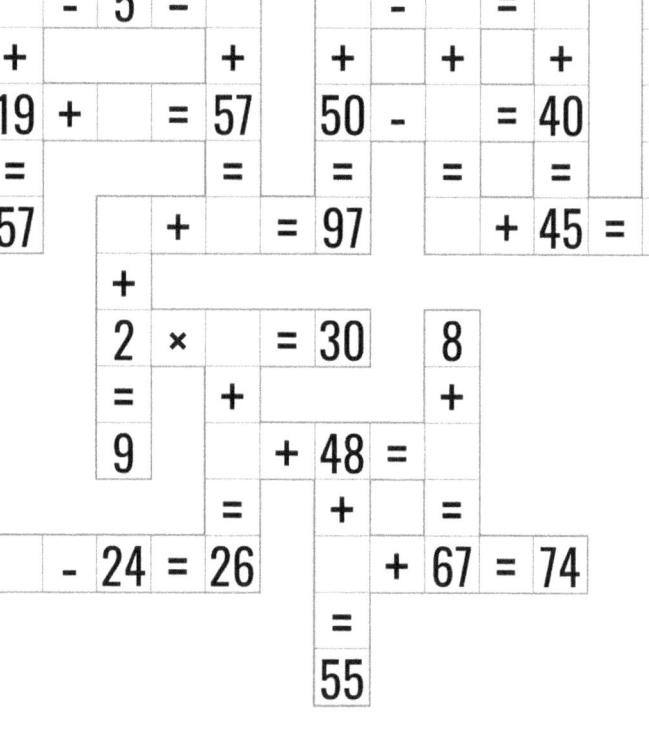

81.

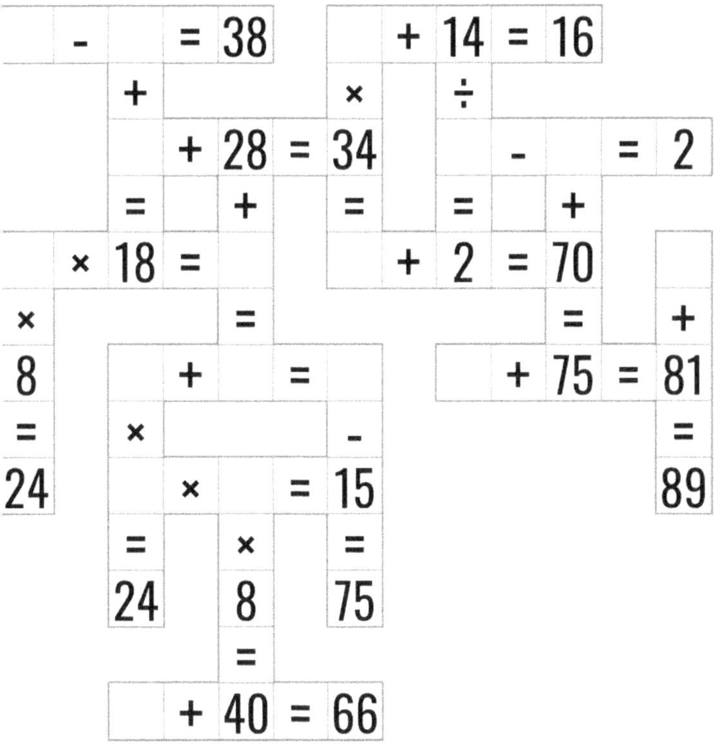

Temps: Score:

82.

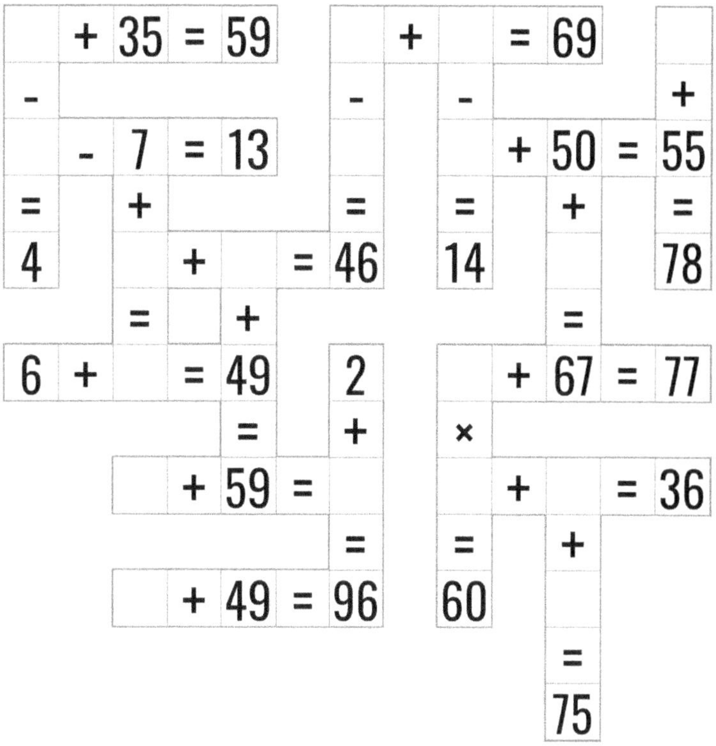

Temps: Score:

83.

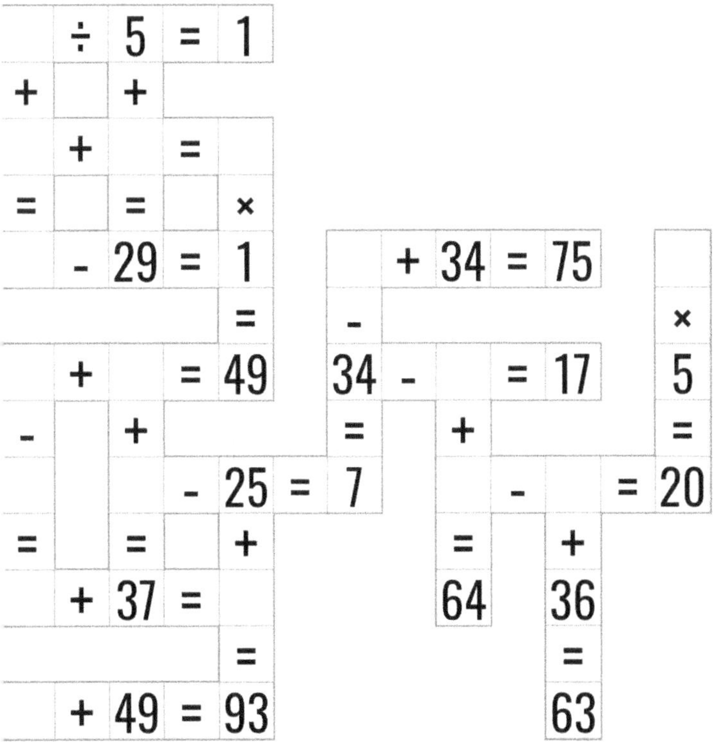

Temps: Score:

84.

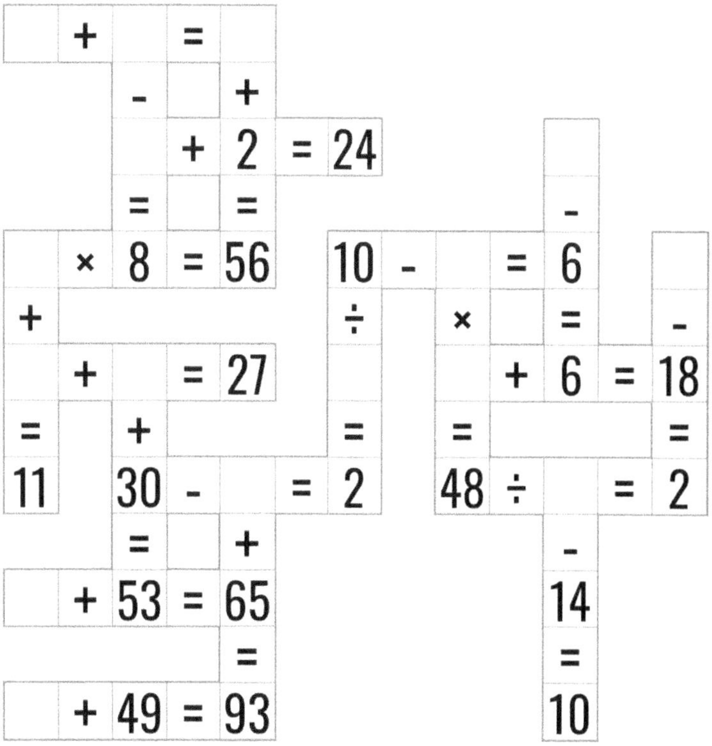

Temps: Score:

85.

45	÷		=									
		+		+				+				
			+	44	=	85		12				
		=		=				=		+		
7	+		=	53			-	25	=	7		
+						+				=		
	+		=	62		23	-		=	13		
=		-				=		+				
30			+		=	55		17	×		=	51
		=		-				=		+		
8	+		=	25				27		6		
				=						=		
			+	8	=	58				9		

Temps: Score:

86.

	+		=	57								
×		+										
	+		=									
=		=		+								
	-	59	=	29								
				=				+				
	+		=	50				11				
+		-						=				
3	×		=				-	15	=			
=		=		-		+				+		+
	+	25	=	30			+	18	=	29		50
				=		=				=		=
			+	39	=	58			+	61	=	99

Temps: Score:

87.

	+	41	=	87			-	25	=	2		35
+						+						-
	+		=	59			+		=	25		
=		+				=		+				=
69			+	14	=	37			+		=	33
		=		×				=		-		
		59				29	-		=	3		
				=						=		
	+	48	=	98			-	19	=	19		
-						+		+				
31						2						
=						=		=				
19			+	26	=	40		31				

Temps: Score:

88.

	+		=	75		26	-		=	2		
+				-						×		
35	+		=				+		=			
=				=		+		-		=		
69			+	16	=	60		7		60		
						=		=				
31			+	35	=	79		4				
+		-								+		
	+		=				×		=	56		
=		=		-		×				=		
36	÷		=	9		11				66		
				=		=						
		8	+		=	44						

Temps: Score:

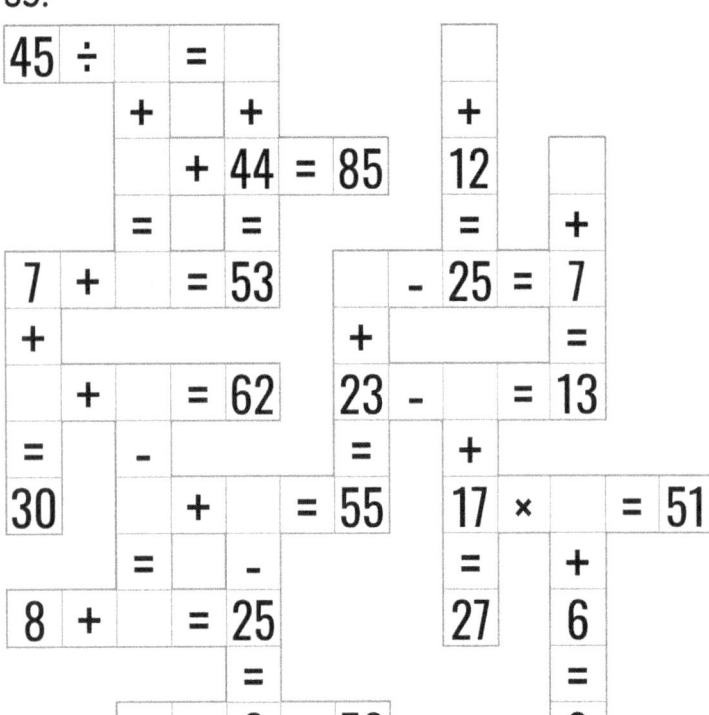

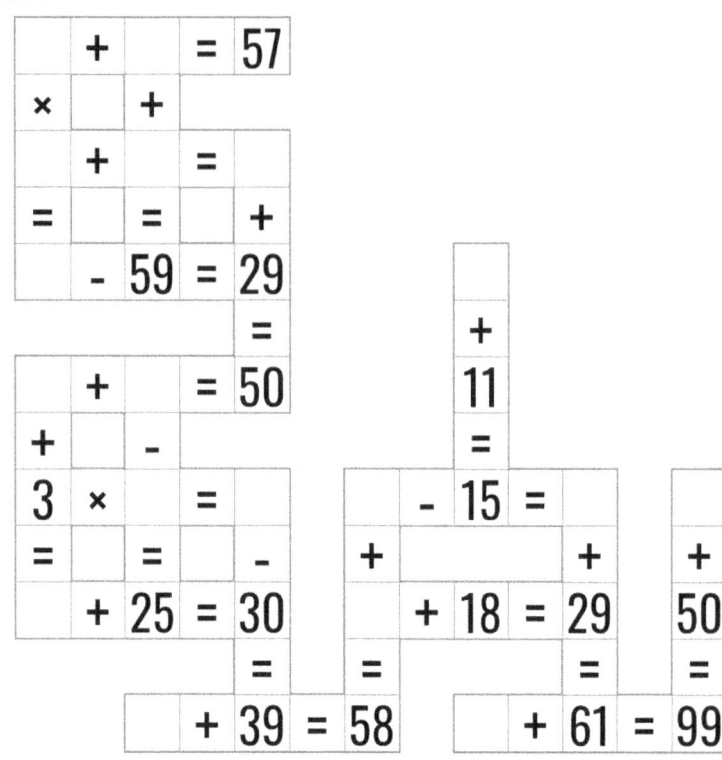

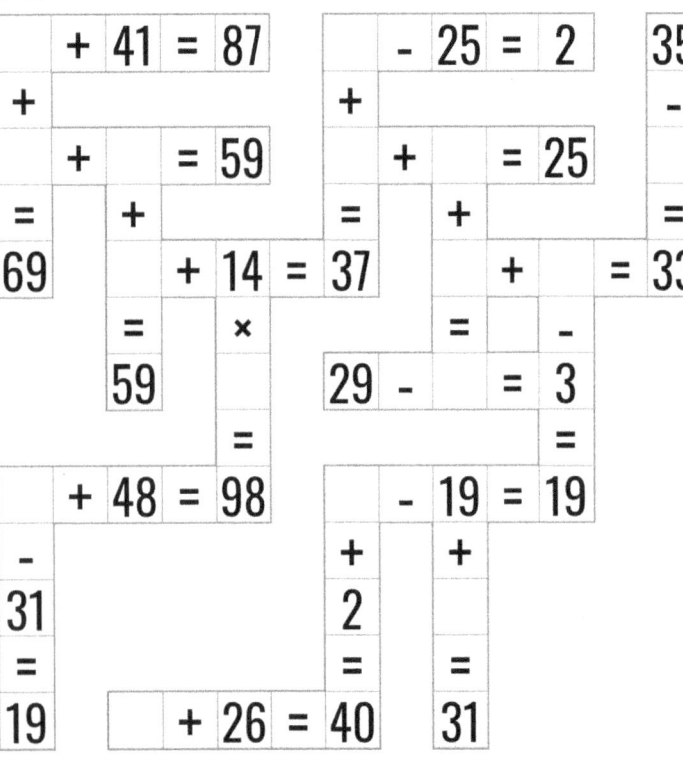

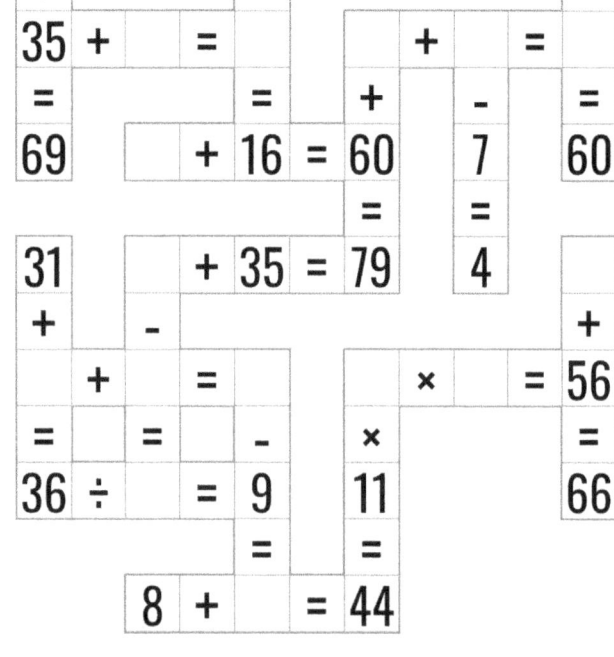

89.

33	-		=	26								
+												
	+	6	=	35		9	×		=	18		
=		+				+		×				+
62			+		=			47	-		=	22
		=		+		=		=		+		=
		49			+	77	=	94		49		47
				=						=		
22	+		=	42					+	74	=	91
+		-				-						
			÷	5	=	1						
=		=				=						
	+	15	=	54		47						

Temps: Score:

90.

	-	29	=	14			-		=	18		
		-				-		+				
			+		=	29			+		=	65
		=		×		=		=		+		
	-	19	=	4			+	48	=	55		
-				=						=		
18			+	76	=	81		14		90		
=		+						×				
5		34		10	-		=					
		=		+		×		=				
	+	39	=					28				
				=		=						
	+	49	=	98		32						

Temps: Score:

91.

	-		=	38				44	+		=	
		×										+
			+		=	63			×		=	45
		=		+				+		+		=
		56			+		=			31		92
				=		+		=		=		
			+	59	=	74			+	34	=	96
		+				=						
					+	97	=			48		
		=		+				-		+		
		35			-	7	=	22				
				=				=		=		
				31			+	77	=	91		

Temps: Score:

92.

	+	25	=	64		39						
-						-						+
22	-		=	9			+	26	=	31		22
=		+				=		-				=
17			-		=	34			×		=	52
		=						=		+		
	+	63	=	86			+	13	=	26		
-										=		
	-	5	=	12			-		=	30		
=		×				+		+				
6			+	39	=	41						
		=				=		=				
		10				89		56				

Temps: Score:

93.

21	-		=	8		6						
+						+				÷		+
	+	50	=	75			-		=	22		13
=		+				=		+		=		=
46			+	25	=	34			+	1	=	27
		=						=				
	+		=	66			-	32	=	1		
+												
	+		=	20								
=		-				×		+				
13		11	÷		=	1		19				
		=				=		=				
		3			+	49	=	58				

Temps: Score:

94.

	+		=	57			+	23	=	26		
		-				+		-				
			+	42	=	63						2
		=				=		=		+		×
	+	18	=				+	5	=	71		
+				+						=		=
	+		=	30					+		=	94
=		+		=		+		+				
44		48		79		35			+	24	=	51
		=				=		=				
13	+		=	78			+	42	=	79		

Temps: Score:

95.

	-		=	15			+		=	36		
		÷				+		+				+
			×		=	33			-		=	8
		=		+		=		=		×		=
	+	7	=	40		66			+	35	=	48
+				=						=		
			+		=	88			+	70	=	78
=		+				-		+				
64		36	+		=							
		=				=		=				
4	+		=	77		16		30				

Temps: Score:

96.

	-	25	=	21					+		=	36
-								+		-		
15	-		=	6			+		=	20		
=		×				+		=		=		+
31			+		=			16	+		=	30
		=		+		=						=
	-	27	=			31			+		=	60
+				=				+		+		
25			-	40	=	9		24		13		
=								=		=		
70					+	17	=	34		63		

Temps: Score:

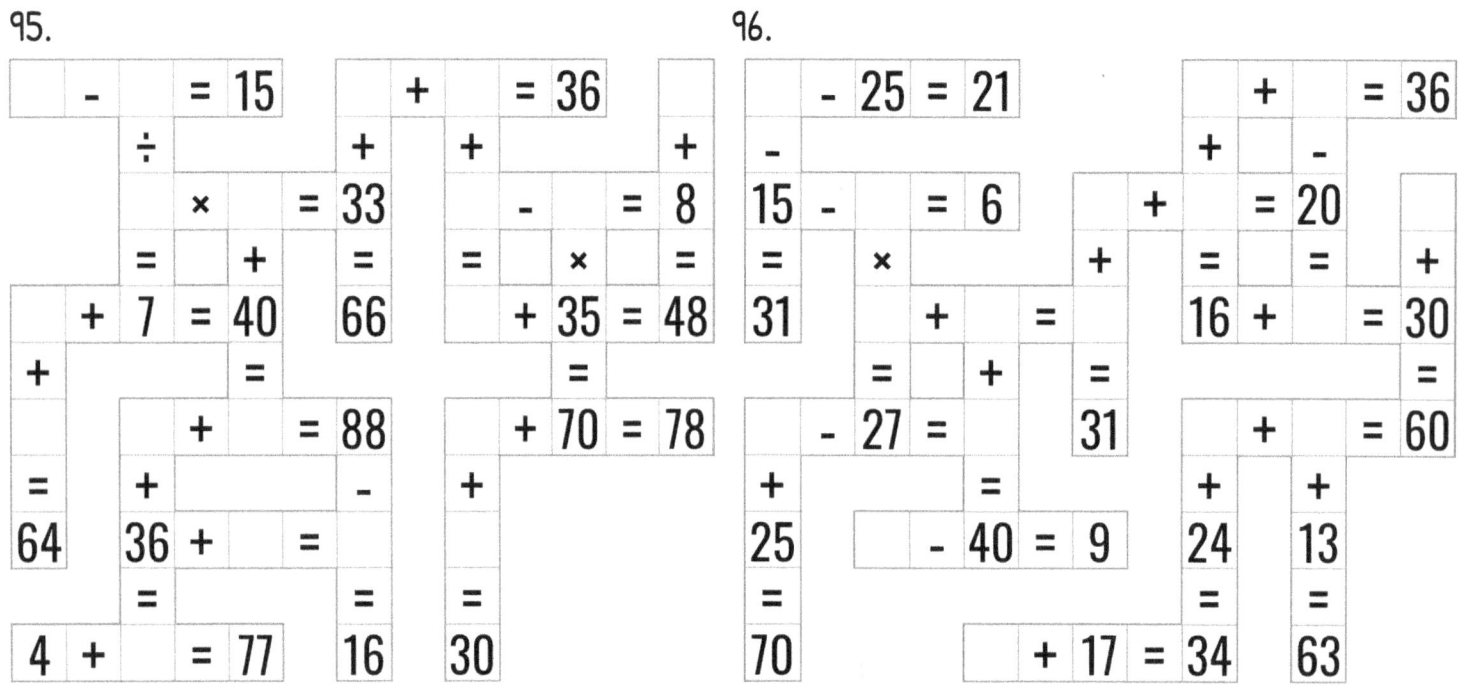

97.

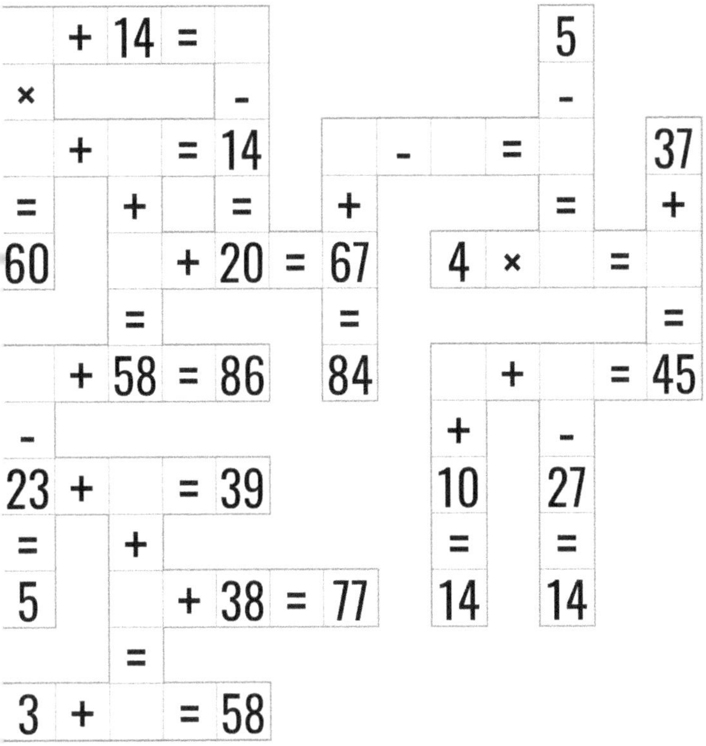

Temps: Score:

98.

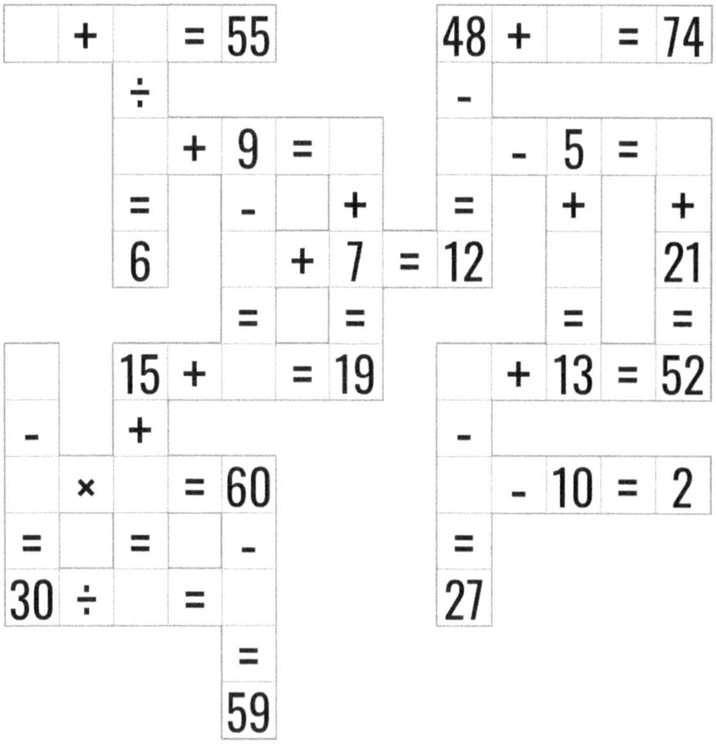

Temps: Score:

99.

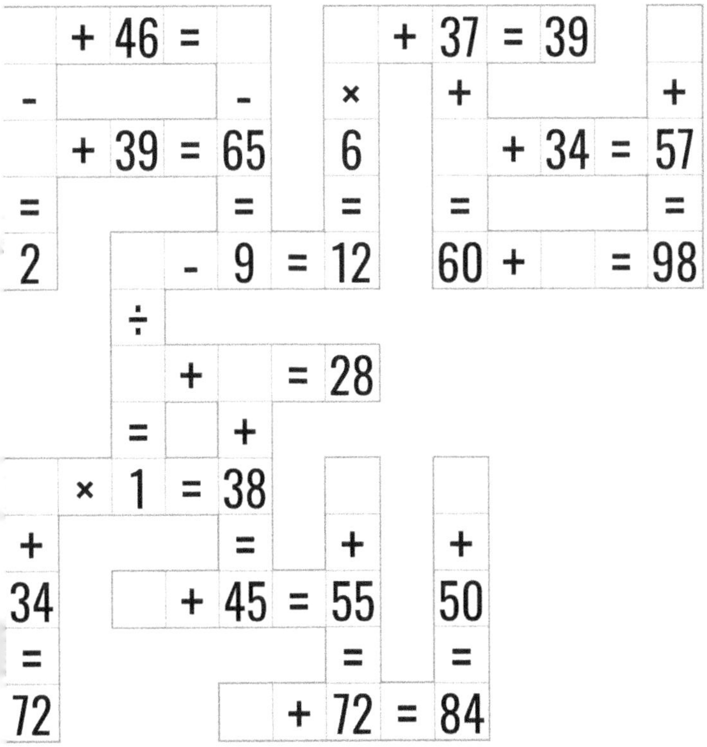

Temps: Score:

100.

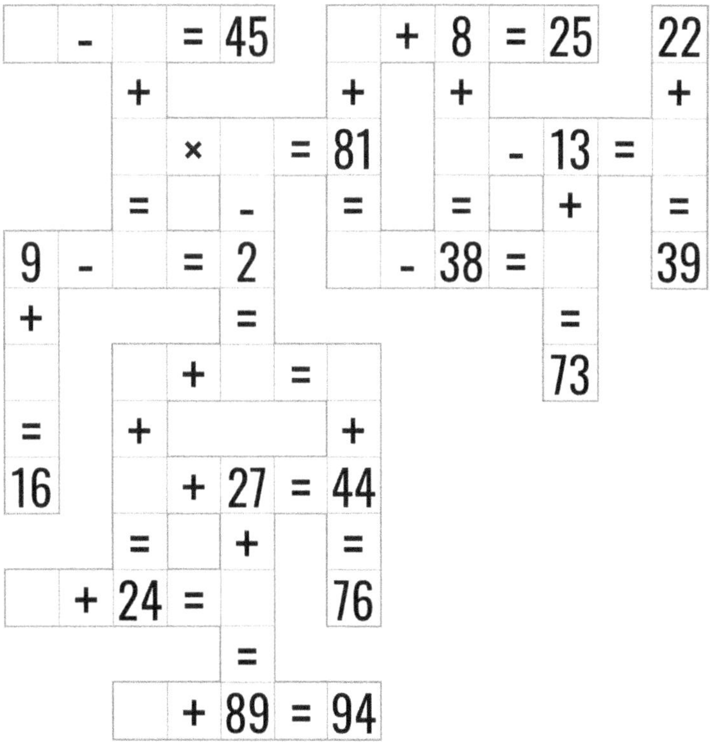

Temps: Score:

101.

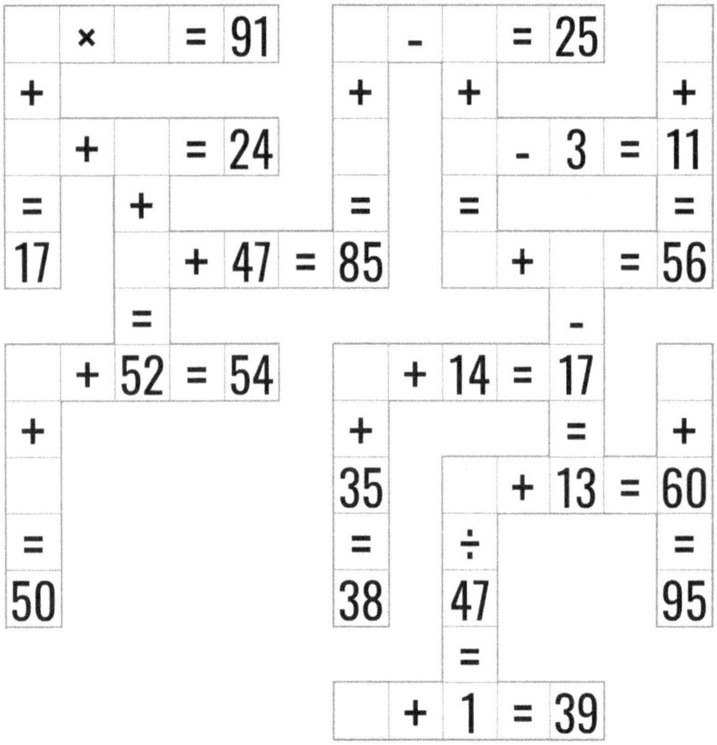

Temps: Score:

102.

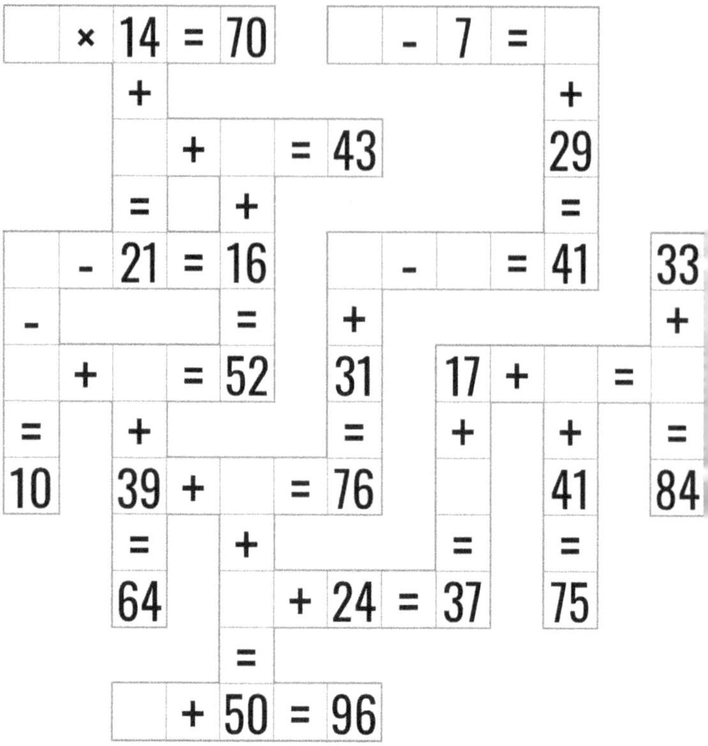

Temps: Score:

103.

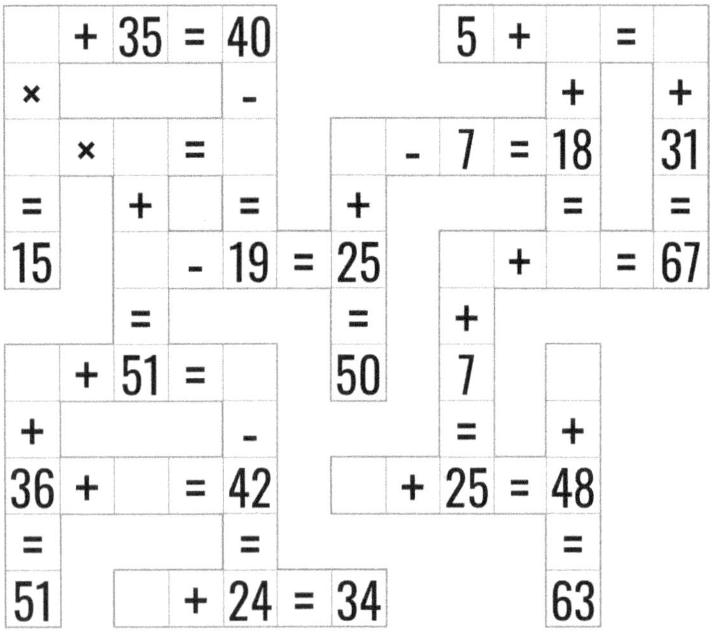

Temps: Score:

104.

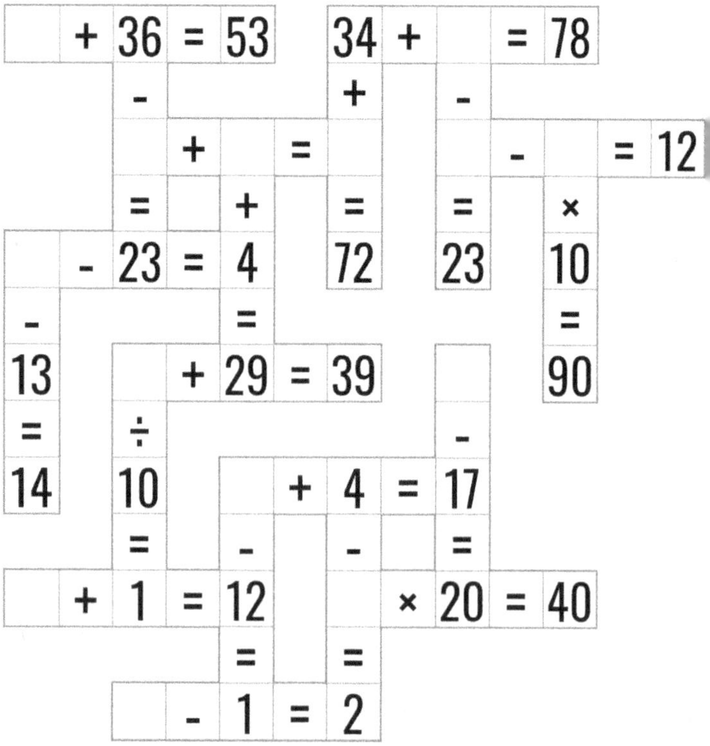

Temps: Score:

105.

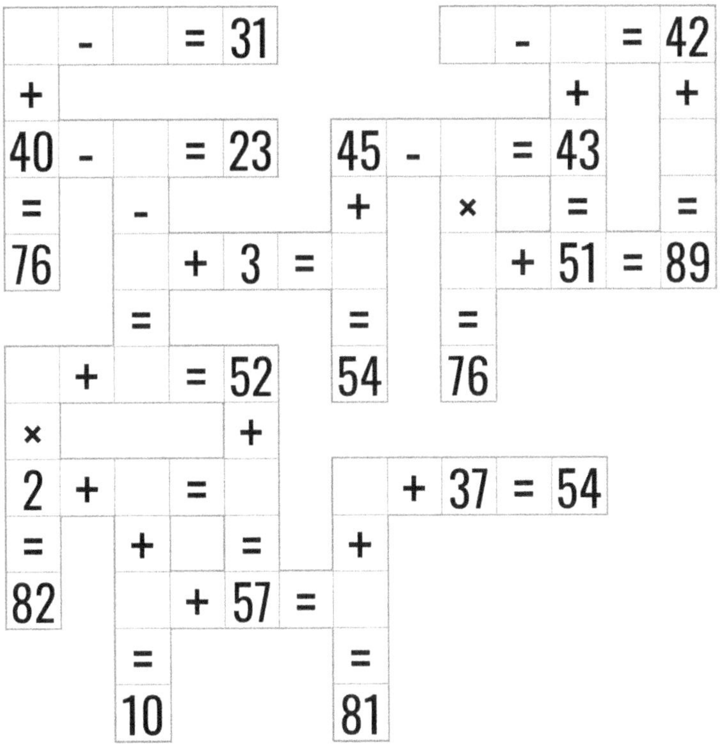

Temps: Score:

106.

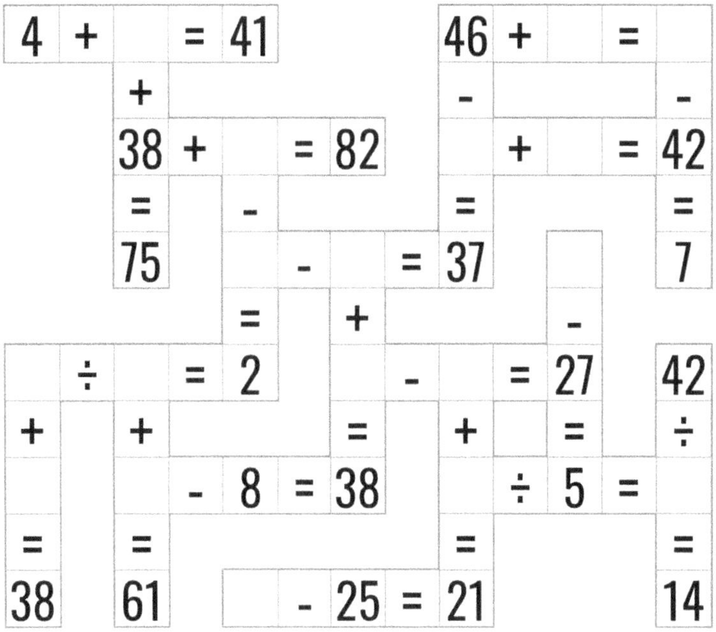

Temps: Score:

107.

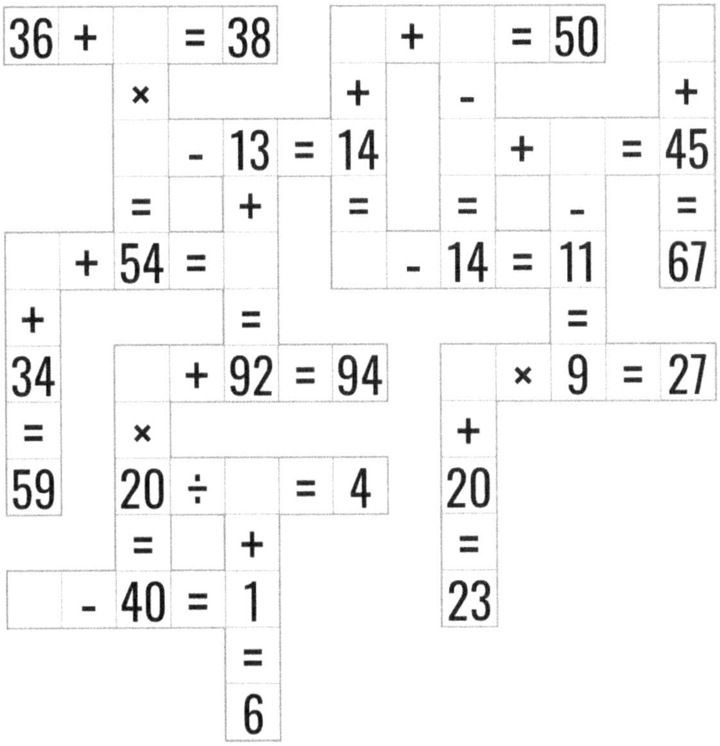

Temps: Score:

108.

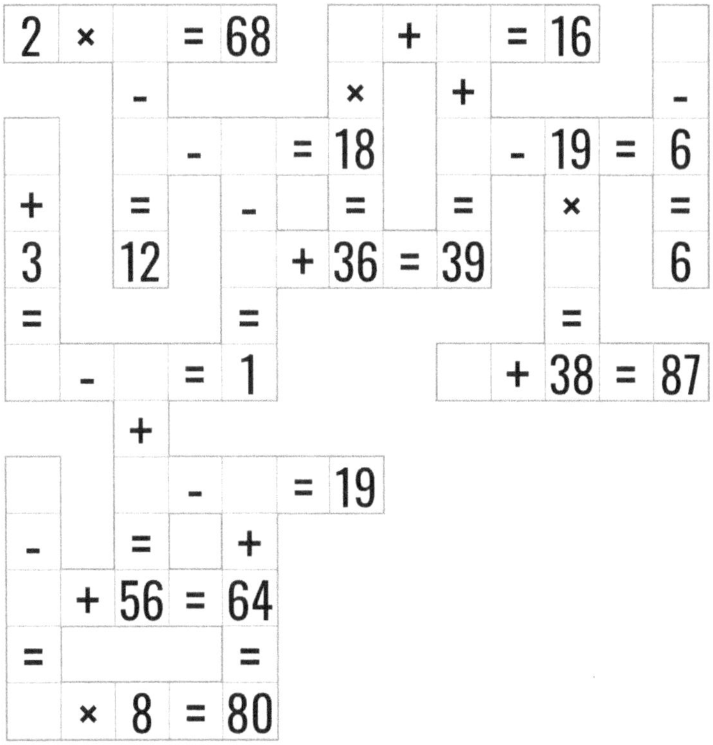

Temps: Score:

109.

9	-		=	3			+		=	17		
		+				+		×				+
			+		=			2	+		=	52
		=		-		=		=		-		=
		56		16		89		20				56
				=						=		
			+	16	=	24			-		=	7
		+						+				
		10			+	2	=	50				
		=		+				=		+		
48	-		=			5	+		=	96		
				=						=		
		13	+		=	91				98		

Temps: Score:

110.

14	+		=				-	21	=	
×				+		+				+
	×		=	63			-	42	=	7
=		+		=		=		-		=
42			+	90	=	95				32
		=						=		
	+	26	=	36			-		=	
+						÷				-
	-	42	=	2		28	-		=	3
=		-				=				=
54			÷	17	=	1				4
		=								
		25								

Temps: Score:

111.

	+		=	43								
×		+										
7	+		=							16		
=		=		+						+		
91	-		=	13								
				=						=		
	+		=	68					-	22	=	
		+										+
46			+		=	64			-	15	=	27
-		=		+				-		-		=
		63		46	÷		=					51
=				=				=		=		
	+	38	=	65			-	19	=	1		

Temps: Score:

112.

	-	22	=	18			-		=			
-						-				+		+
	+		=	42		17	+		=	26		48
=		+				=				=		=
6			-	9	=	10			+	44	=	93
		=		+								
	+	27	=			5						
-				=		+						
			+	59	=							
=		-				=		+				
13		2		7	+		=	93				
		=						=				
40	-		=	20				98				

Temps: Score:

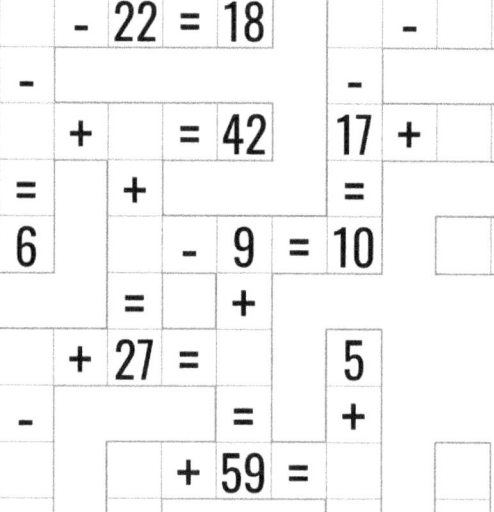

113.

	-	11	=	6		49	-		=	33		
+						+		-				+
	-	14	=	18					×		=	90
=		+				=		=		+		=
49			+		=	58		1		4		99
		=		+						=		
	+	39	=	65					+		=	
				=				+				+
	×		=	98					+	34	=	48
+								=				=
	+	25	=	50				31				75
=												
32												

Temps: Score:

114.

	-	2	=									
×				+								
	+		=	39								47
=		+		=								+
	+	21	=	41								
		=						-				=
	+		=	92					+	23	=	62
+						×		=		×		
	+		=	91		5	÷		=			
=		+		-		=				=		
82			+		=	30		41	-		=	18
		=		=								
	+	56	=	71								

Temps: Score:

115.

	+		=	41			+	19	=	34		
		+								-		
			+		=							
		=		÷		-				=		
	÷	11	=	2			-		=	29		49
+				=		=		+				-
33			-	19	=	3			+		=	
=		÷						=		-		=
55			+		=	60			-	4	=	13
		=		+						=		
		1		9		16	+		=	27		
				=								
				47								

Temps: Score:

116.

	-	14	=	3			-		=	15		8
		+				+		+				+
			-	4	=				+	24	=	
		=		+		=		=				=
		61				86	-		=			61
				=						+		
		8	+		=	54				28		
		×								=		
	-		=	2			+	17	=	57		
+		=		+		+						
47	+		=									
=				=		=						
51			+	65	=	69						

Temps: Score:

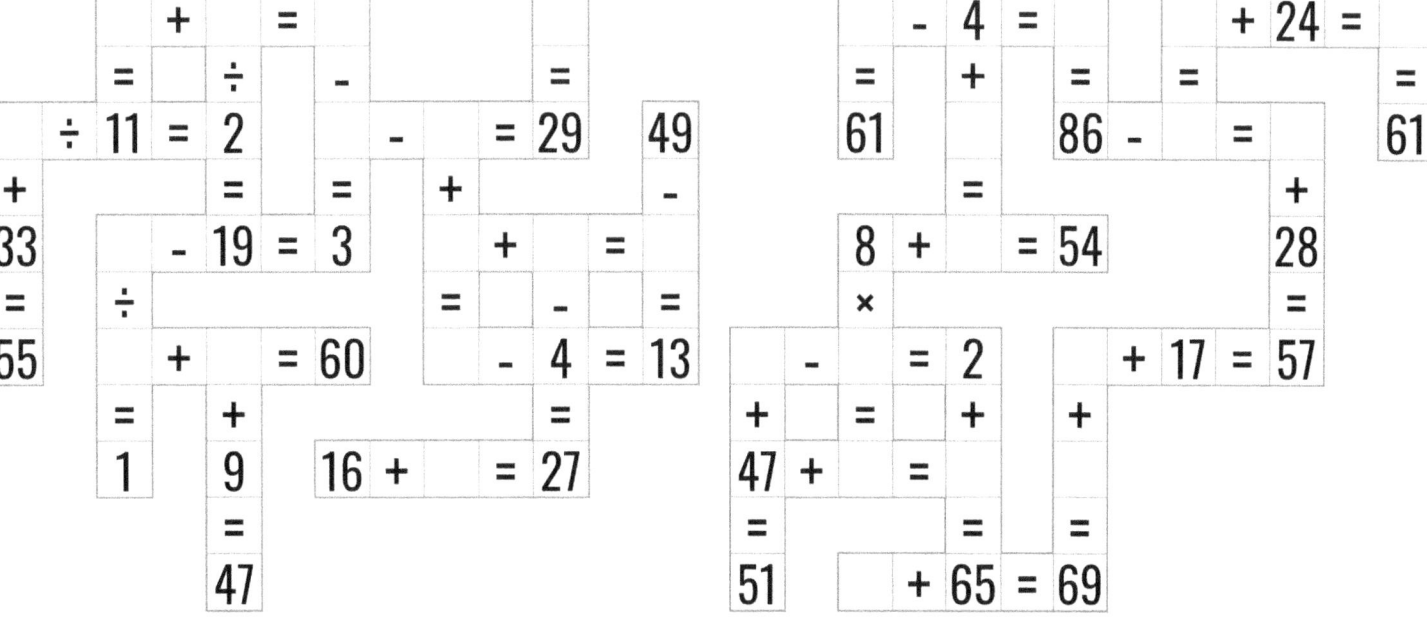

117.

	-		=									
+				+								+
8	+		=	41			+		=	29		43
=				=		+		+				=
43			+		=	91		26	×		=	78
		+				=		=		+		
	-	4	=			98	-		=	50		
		=		-						=		
47	-		=	6			+		=	53		
-				=		+						
	-	11	=	32		13						
=						=						
4						37						

Temps: Score:

118.

	+	6	=	45		2	×		=	4		
+										+		
	+		=	21			+		=			
=		+				+				=		+
49			+	14	=	47		11	+		=	87
		=		+		=						=
	+	44	=			76			+	49	=	97
				=				÷				
	+		=	97								
+		+				+		=				
11			-	39	=	7		12				
=		=				=						
60		94				38						

Temps: Score:

119.

5	+		=									
×				+								
	+		=	24								
=		+		=								
55	+		=	73								
		=								-		
	+	31	=				×	2	=	36		
+				-						=		+
	+		=	47		28	-		=	9		16
=		×		=		-		-				=
69		9	+		=				+	22	=	34
		=				=		=				
7	+		=	88		4		7				

Temps: Score:

120.

	+	50	=	82								
+										-		
27	-		=	15			-	30	=	17		
=		+				+		+		=		+
59			+		=	40			-		=	14
		=		+		=		=				=
	-	20	=	12			-	73	=	14		60
				=								
	+		=	44		27						
-		×				+						
8			+	30	=							
=		=				=						
	+	66	=	96		68						

Temps: Score:

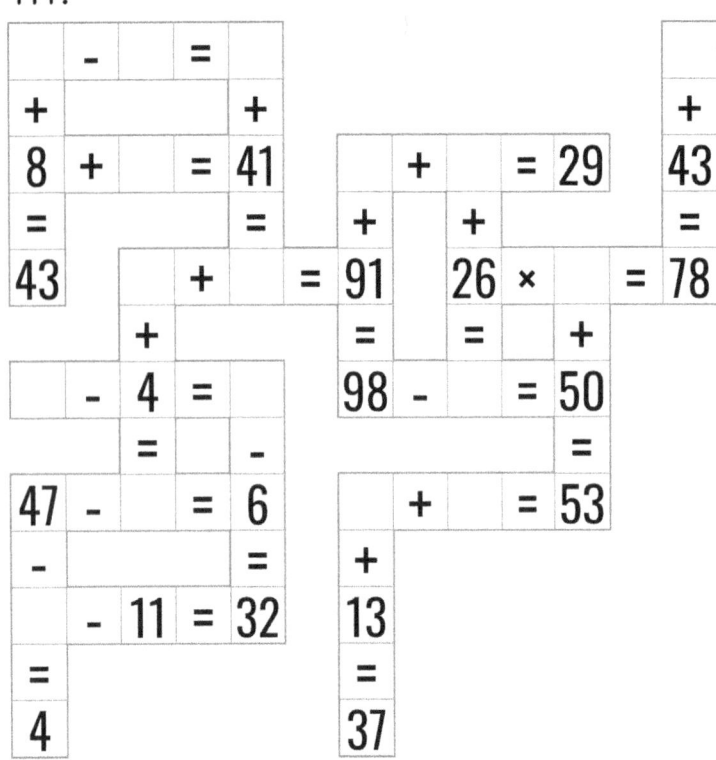

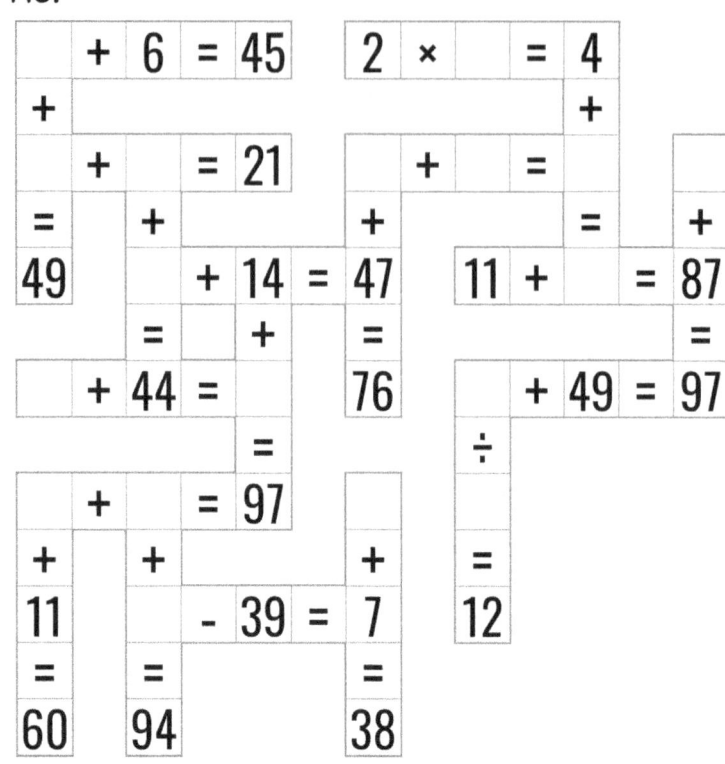

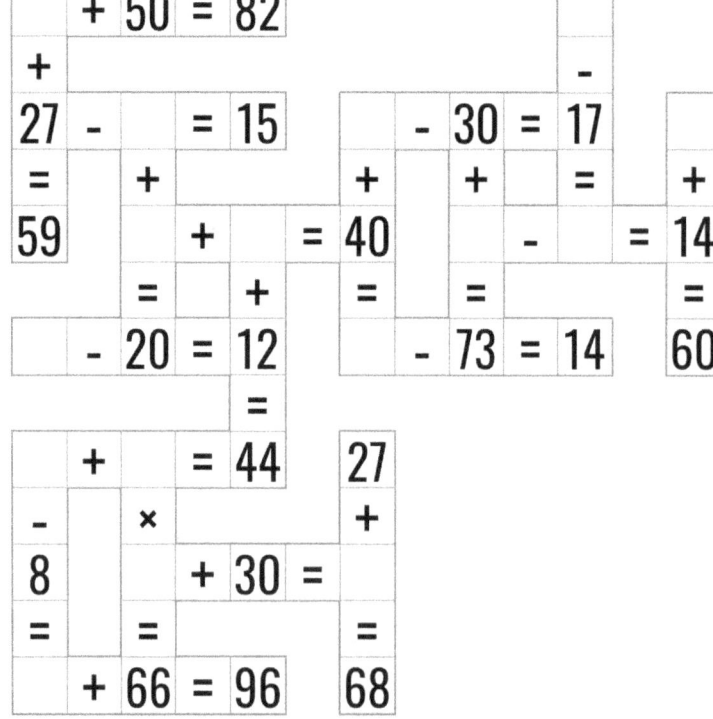

121.

10	-		=	3			+	48	=	68		
		+				+		×				+
			×		=	51			×		=	50
		=		+		=		=				=
	-		=	36		71		96	-		=	67
+				=						+		
2			+	53	=	98				43		
=		+								=		
48		47					+		=	72		
		=				÷		+				
	+	92	=	94				35	+		=	78
						=		=				
						14		79				

Temps: Score:

122.

47	-		=	33					+	19	=	36
		×						+				+
			+		=	12			+		=	
		=		+				=		-		=
		56			+		=	27		32		86
				=		+				=		
	-		=	15			-	22	=	8		
+		-				=						
		8			+		=					
=		=		-				-				
69		11			+	15	=	59				
				=				=				
			÷	5	=	3		40				

Temps: Score:

123.

	+		=	92			-		=	6		
		+				+		+				
			+		=	29		19	+		=	54
		=		+		=		=		-		
	+	61	=	77		65	-		=	16		
-				=						=		
15		5	+		=	99				19		
=		+						+				
1					+		=	52				
		=		+		-		=				
19	+		=	70		39		62				
				=		=						
	+	49	=	74		9						

Temps: Score:

124.

45	+		=	65								
		+						+				
			×	5	=	70		5				
		=						=		+		
	-		=	13			-	21	=	8		
+						+				=		
	-	31	=	19			+		=	32		
=		+				=		+				
97			+	25	=	48		5		33		
		=		-				=		÷		+
		54					÷	18	=			49
				=						=		=
	÷	6	=	4					+	33	=	77

Temps: Score:

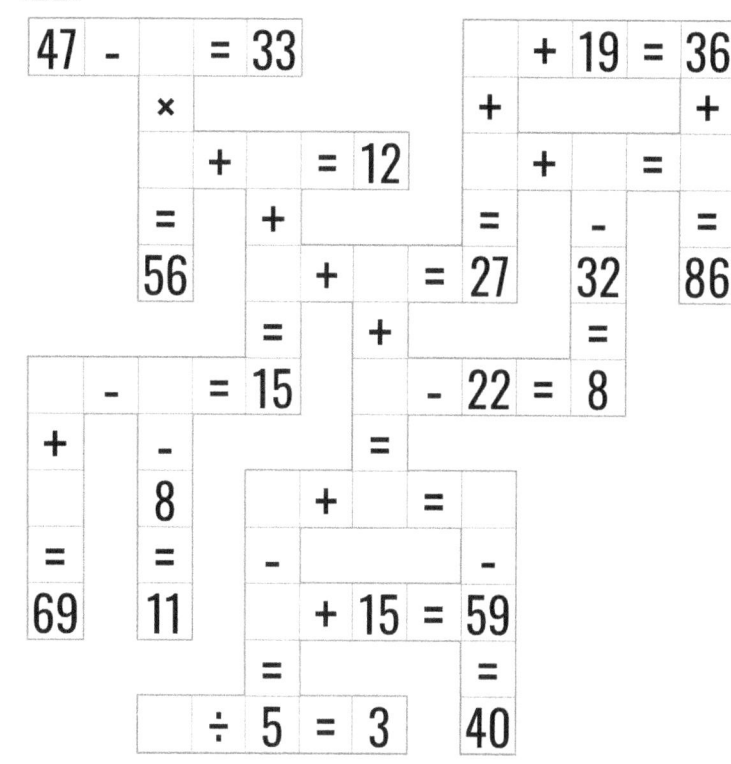

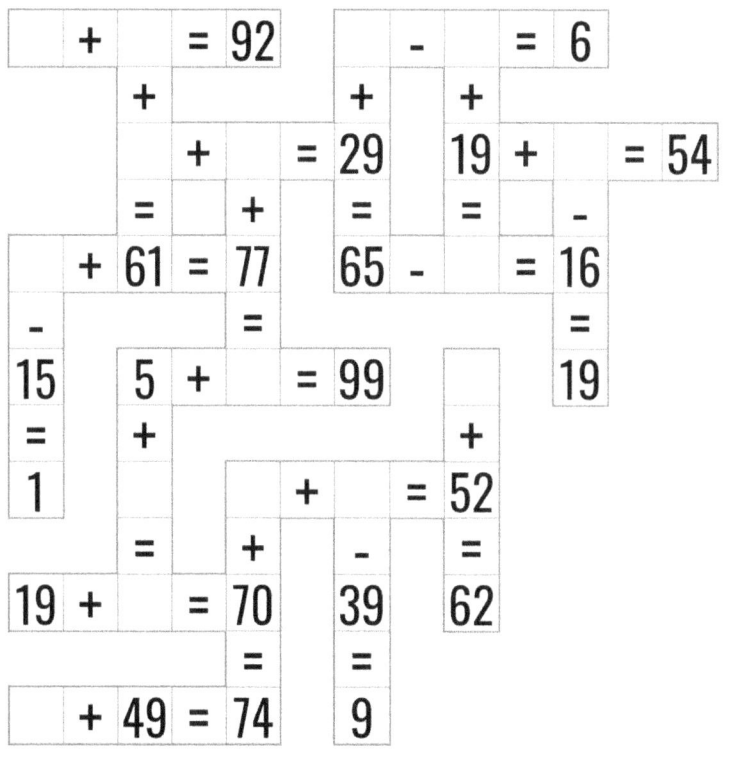

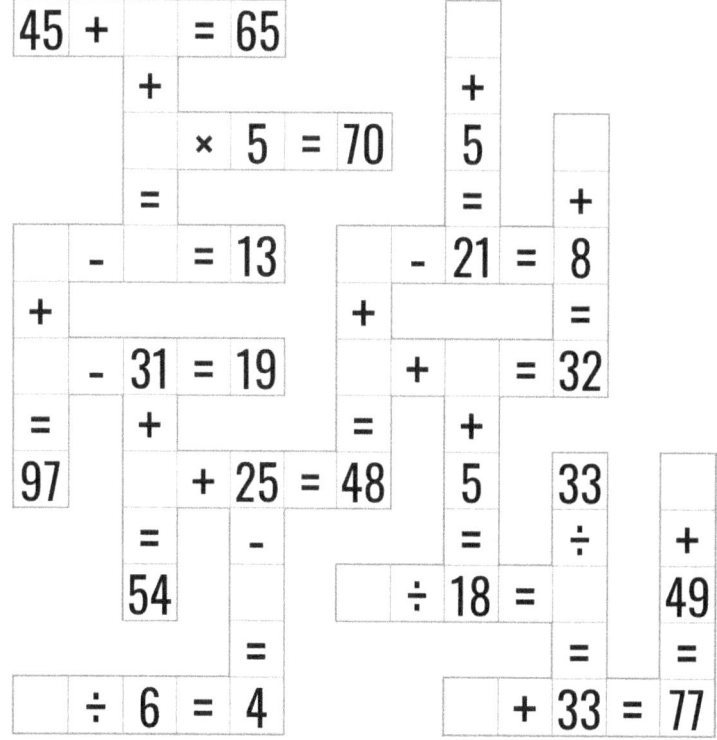

125.

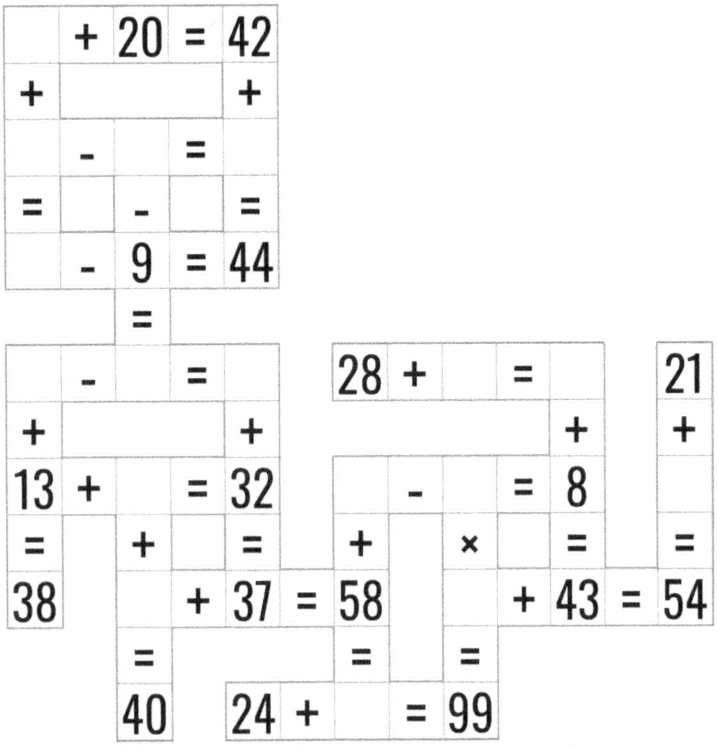

Temps: Score:

126.

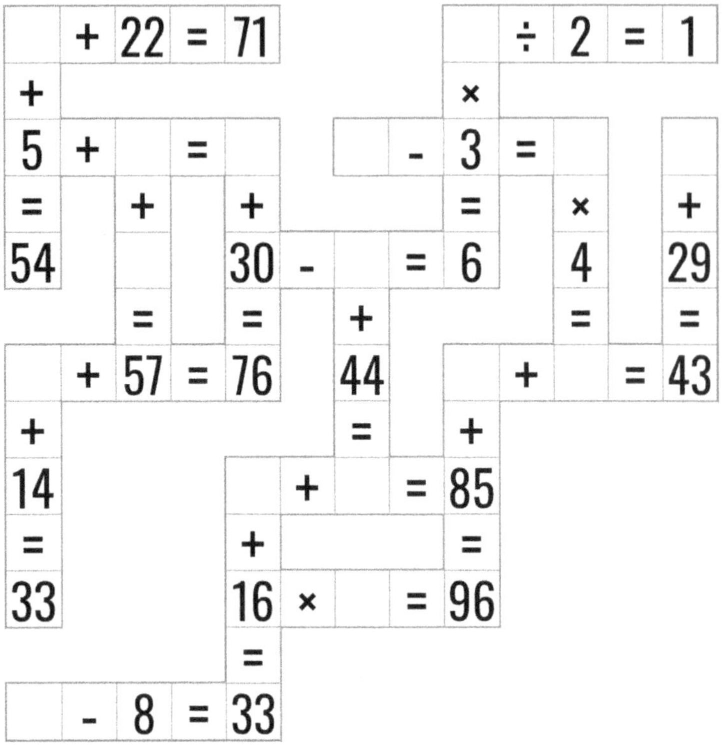

Temps: Score:

127.

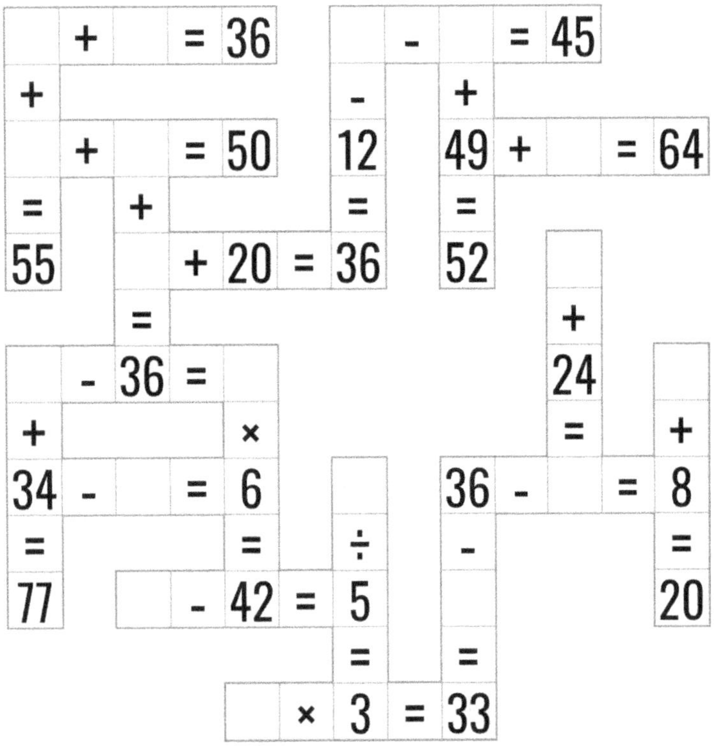

Temps: Score:

128.

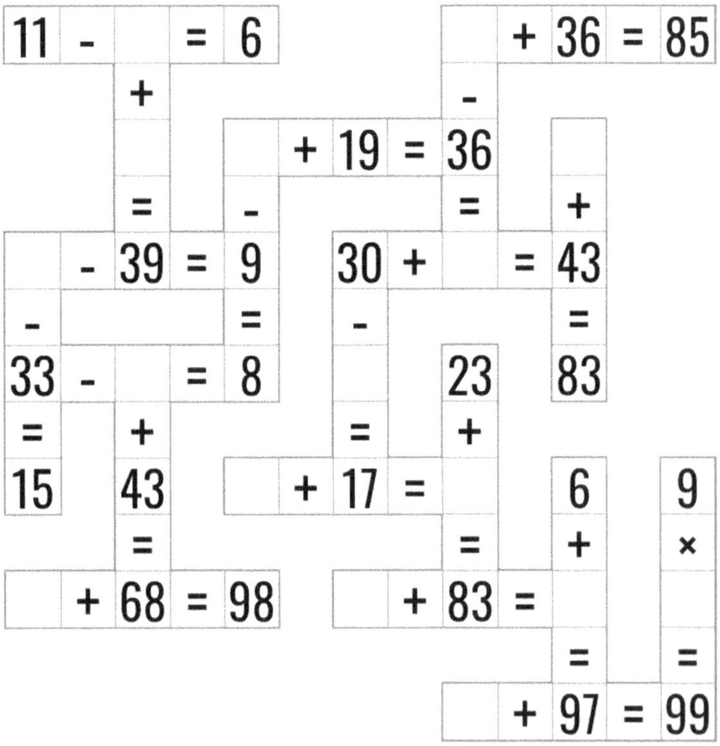

Temps: Score:

129.

39	+		=	74			+		=	71		
		-				+						
			-		=	18						
		=		+		=						
17	-		=	6		52						
-				=								
			×	12	=	84						25
=		×				÷		+				+
13		14	-		=				+		=	
		=		×		=		=		×		=
		98		8	+		=	15		6		43
				=						=		
	-	29	=	16			×	39	=	78		

Temps: Score:

130.

	-	11	=				+		=			
+				+		×		-		-		+
	+	18	=	46			+	3	=	12		43
=				=		=		=		=		=
60			+	67	=	99		31	+		=	64
		-										
		23	+		=	37			+		=	48
		=		+				+				
		9			+		=	32				
				=		-		=				
			-	17	=	28		70				
						=						
						1						

Temps: Score:

131.

	-	44	=	3			-	5	=	5		
		-				+		+				
			+		=				+	2	=	9
		=		×		=		=		+		
	-	16	=			46		12				
				=						=		
			+	88	=	93			-	7	=	
		×				-		-				+
			-		=				+		=	50
		=		+		=		=				=
		60		35		87		21				91
				=								
		10	+		=	51						

Temps: Score:

132.

	+	31	=	79								
+				-								
	+	4	=				-		=	11		
=		+		=		+		-				
85			+	38	=	60		9				
		=				=		=		+		
	+		=	74			-	16	=	80		
÷										=		
	+	46	=						+	97	=	99
=		+		+		+						
2			-		=	22						
		=		=		=						
	+	96	=	98		29						

Temps: Score:

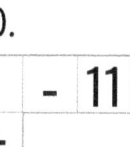

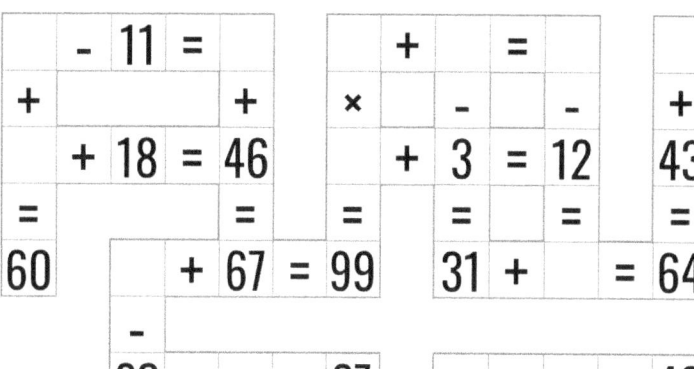

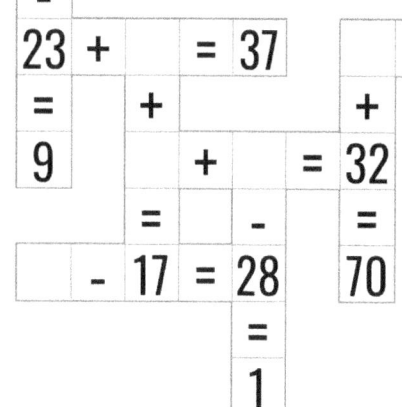

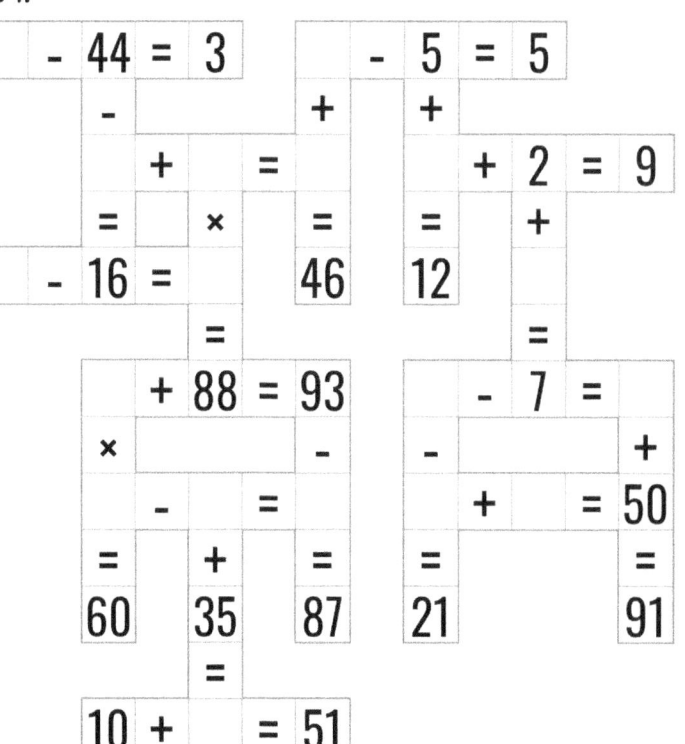

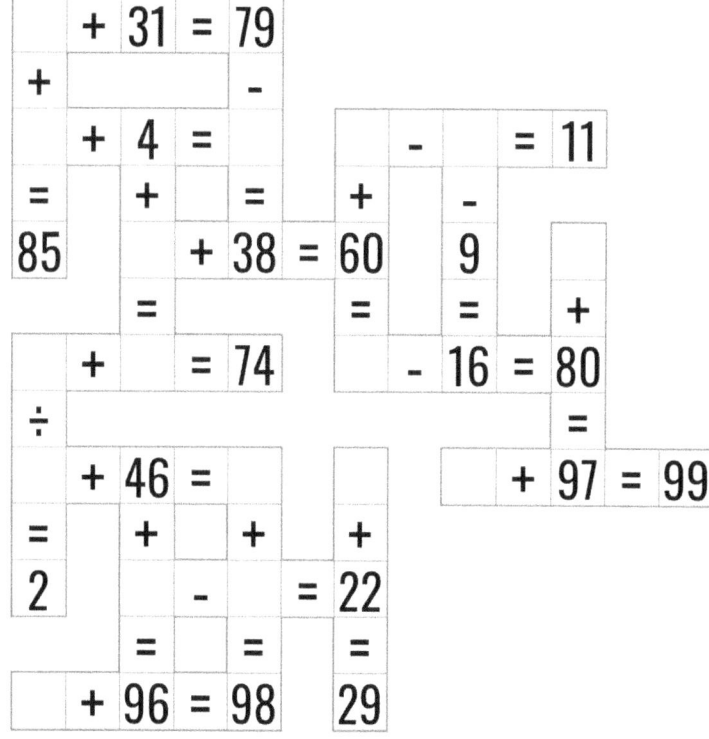

133.

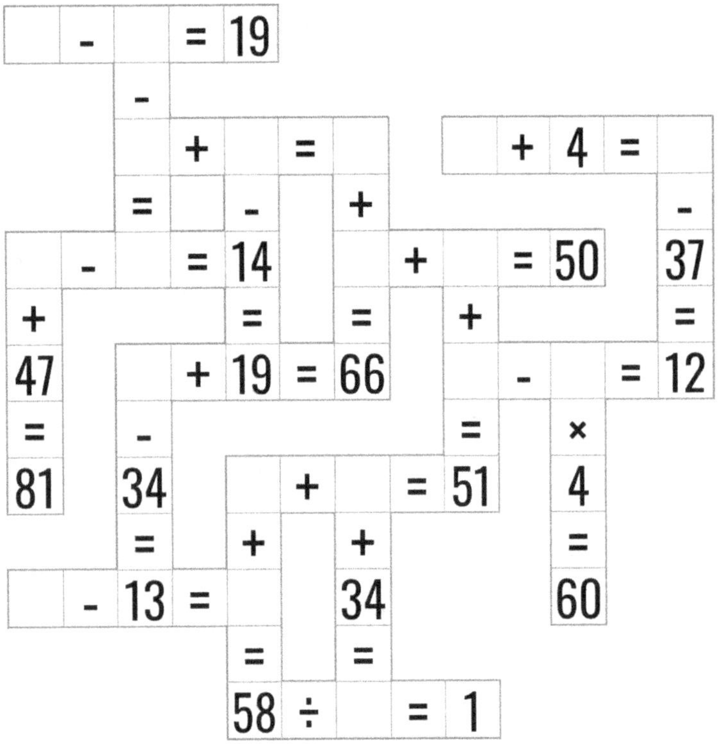

Temps: Score:

134.

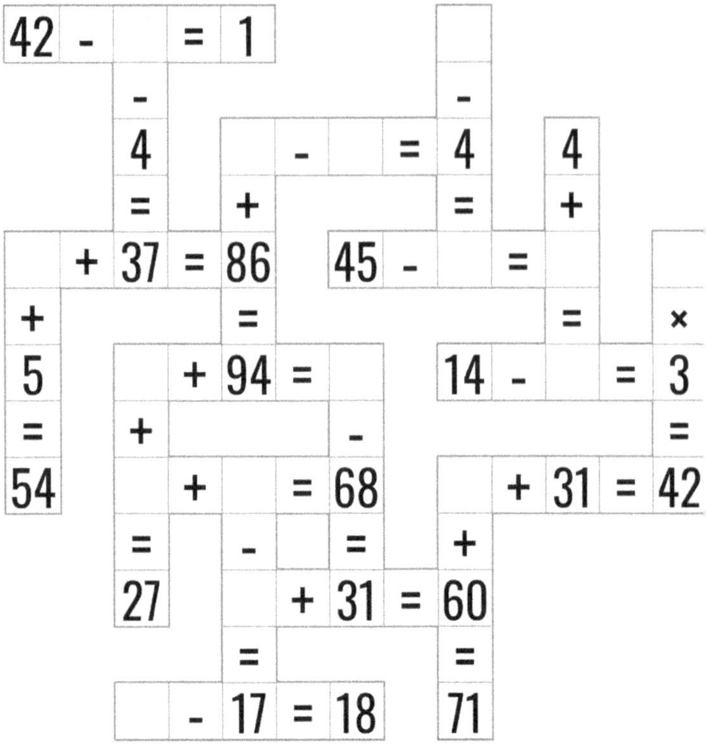

Temps: Score:

135.

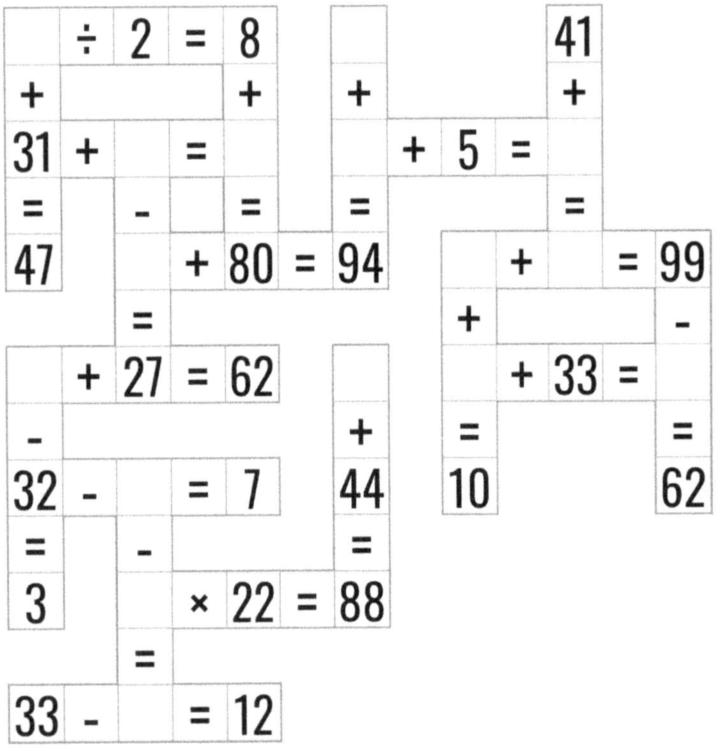

Temps: Score:

136.

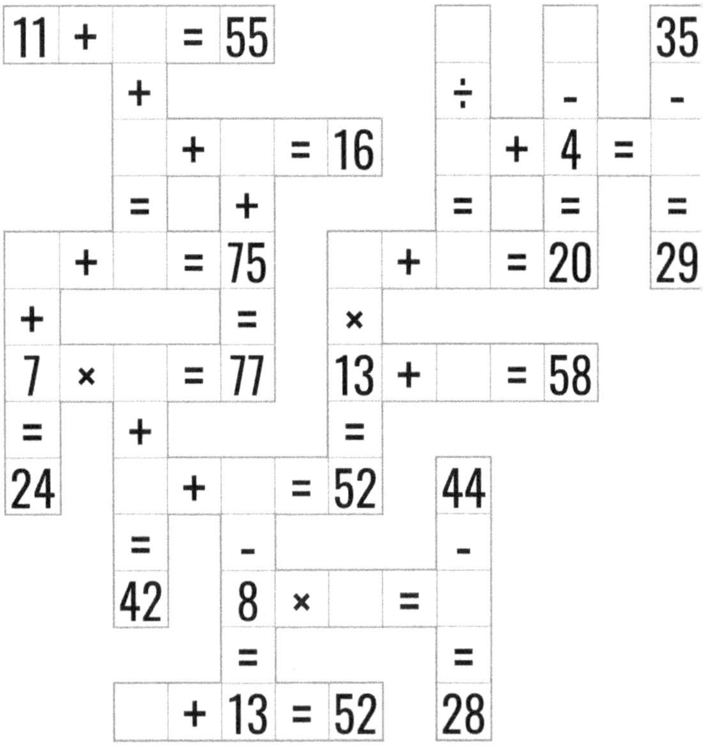

Temps: Score:

137.

	+	7	=	48			×		=	44		
		+				×		×				
			+		=	10			+	11	=	20
		=		+		=		=				
	+	12	=	29		40		99				
+				=								
39			×	34	=	68						49
=		+										-
56			+		=				×		=	
		=		+		+		+				=
		44			×	4	=	80				3
				=		=		=				
			+	69	=	95		82				

Temps: Score:

138.

	+	45	=	82								
		-						÷				
					+	19	=	33				
		=		×				=		-		
30	÷		=	3			×	1	=	28		50
-				=		+				=		-
			+	42	=	69			-	8	=	
=		+				=						=
24			+		=	97			+	6	=	46
		=		-				-				
		76			×	12	=					
				=				=				
			+	45	=	79		4				

Temps: Score:

139.

	+	40	=	67								
+				-								
	+		=				+		=	75		
=		-		=		-		+				
38			+	9	=	12						
		=				=		=		+		+
18	+		=				+	47	=	69		49
-				-						=		=
	×		=	46				20	+		=	94
=		+		=								
16			×	16	=	64						
		=										
29	+		=	56								

Temps: Score:

140.

47	-		=	25			-	34	=			
		-		+						+		
		19			+		=	73		15		
		=		=		-				=		+
	+	3	=	48			-		=	24		48
-						=		+				=
	+	14	=	18		21		26	+		=	66
=		-						=		-		
41			+		=	25		31		9		
		=		+						=		
	×	5	=	75		3	+		=	31		
				=								
				91								

Temps: Score:

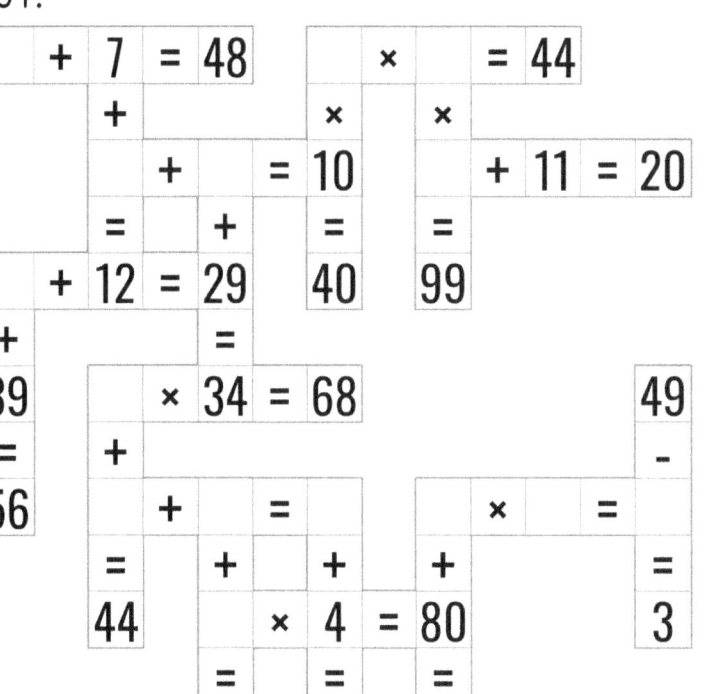

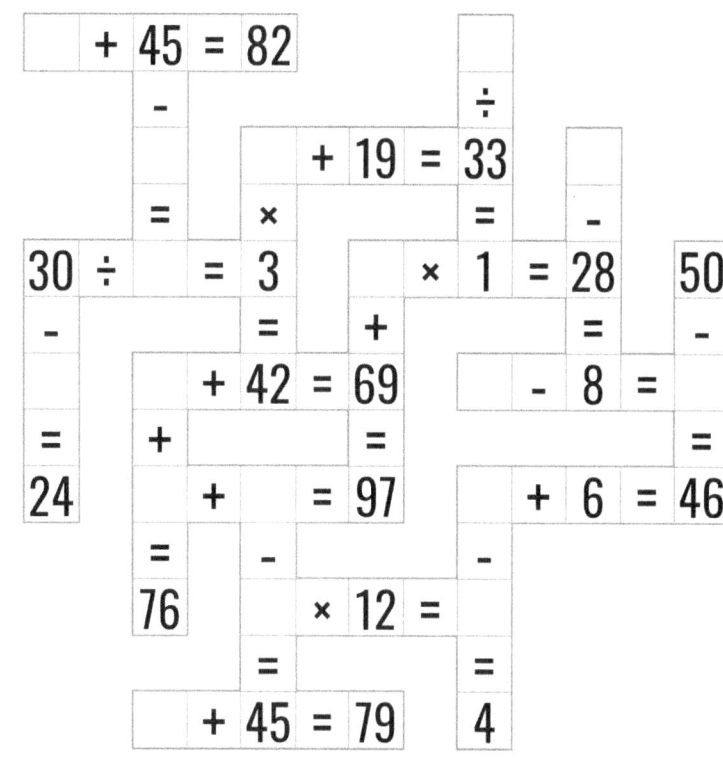

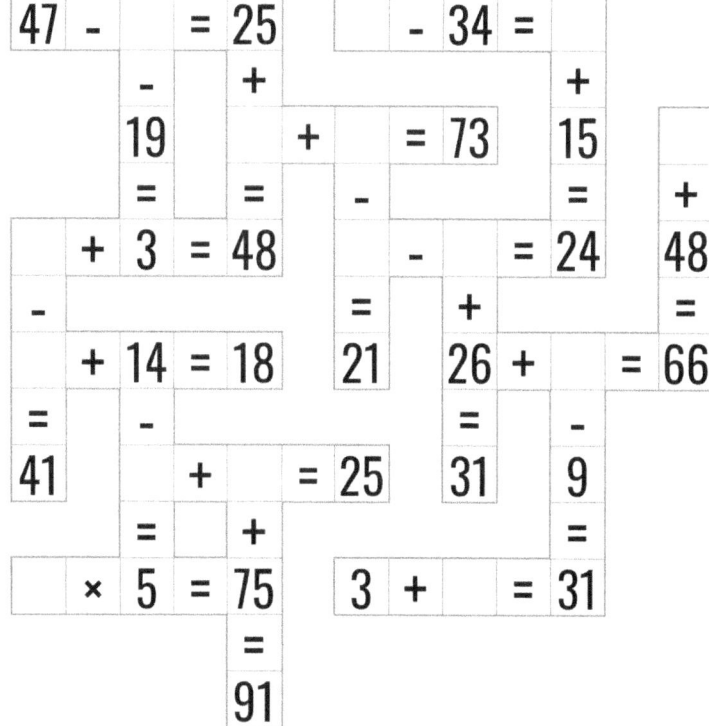

141.

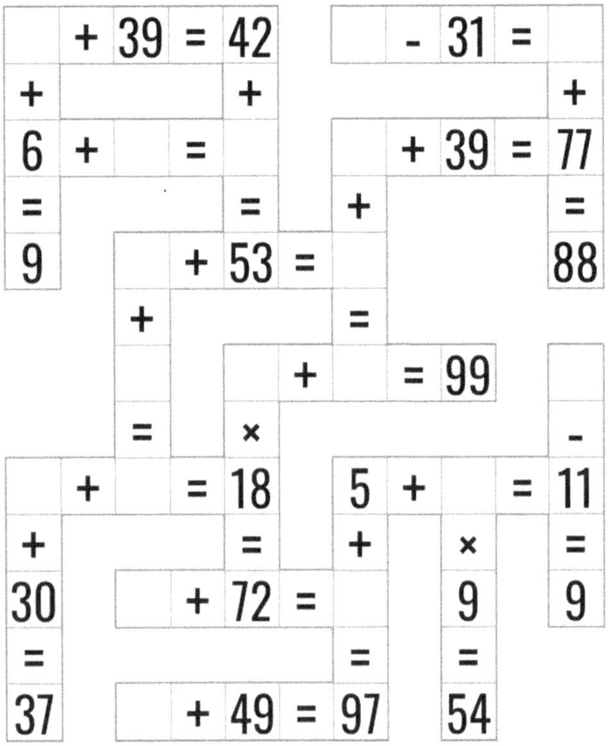

Temps: Score:

142.

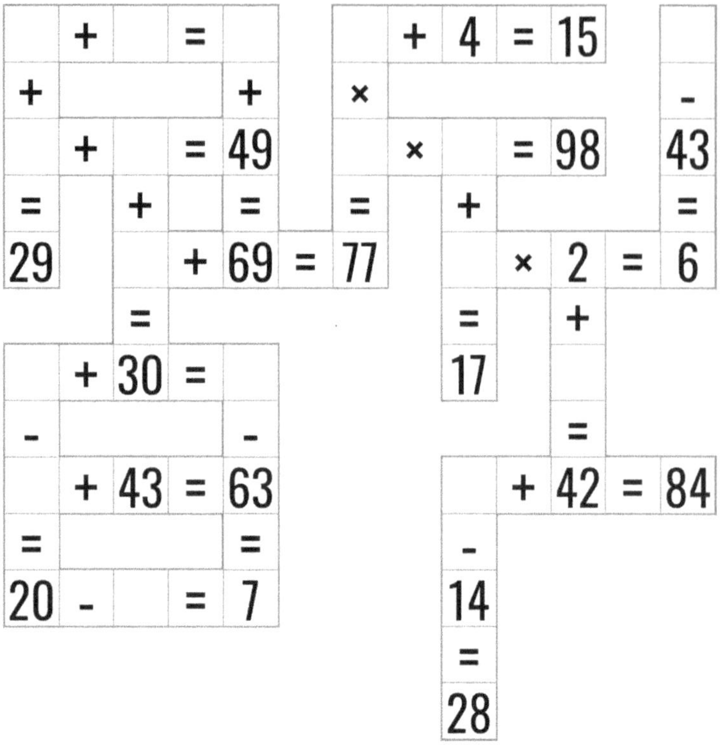

Temps: Score:

143.

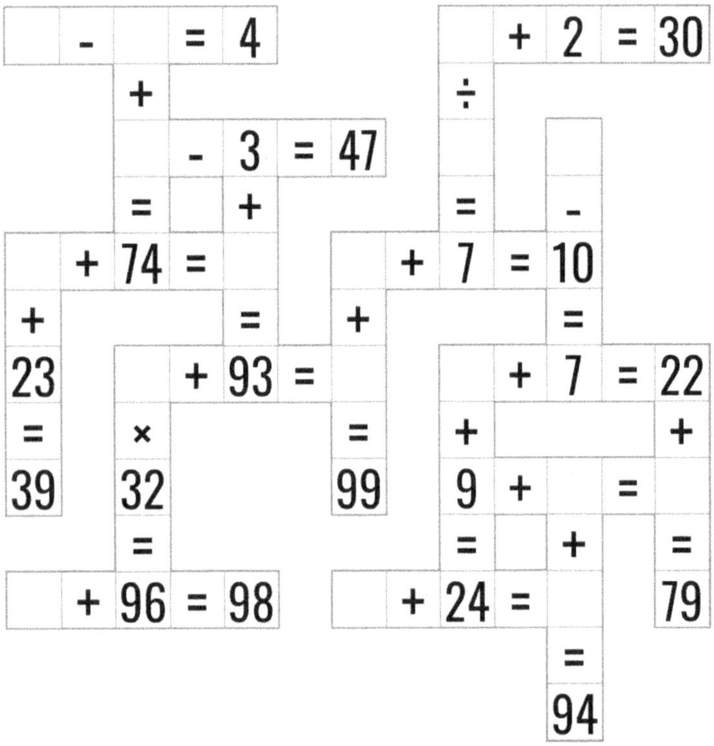

Temps: Score:

144.

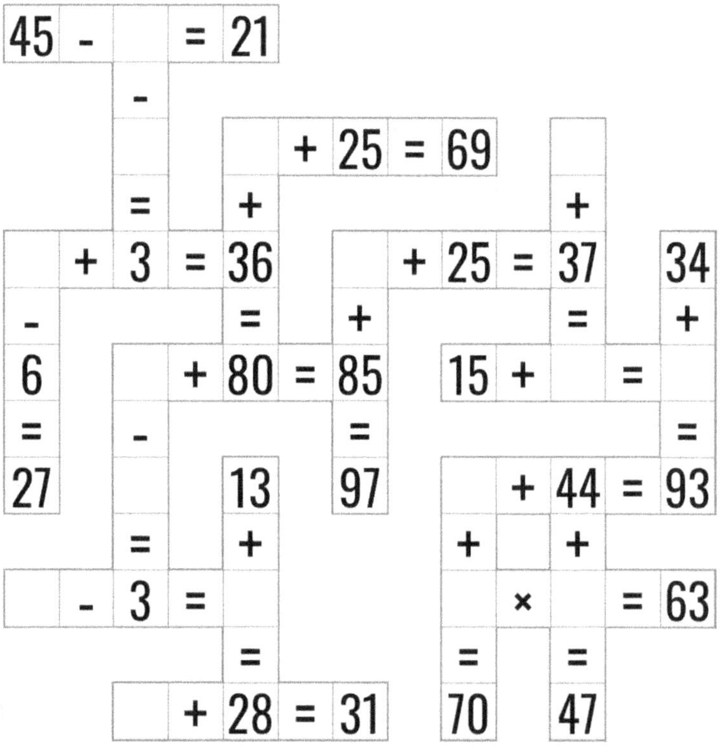

Temps: Score:

145.

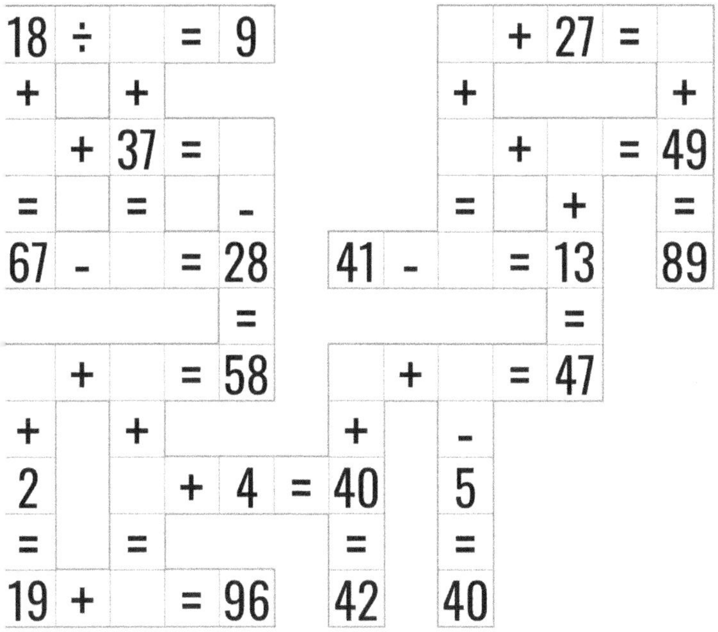

Temps: Score:

146.

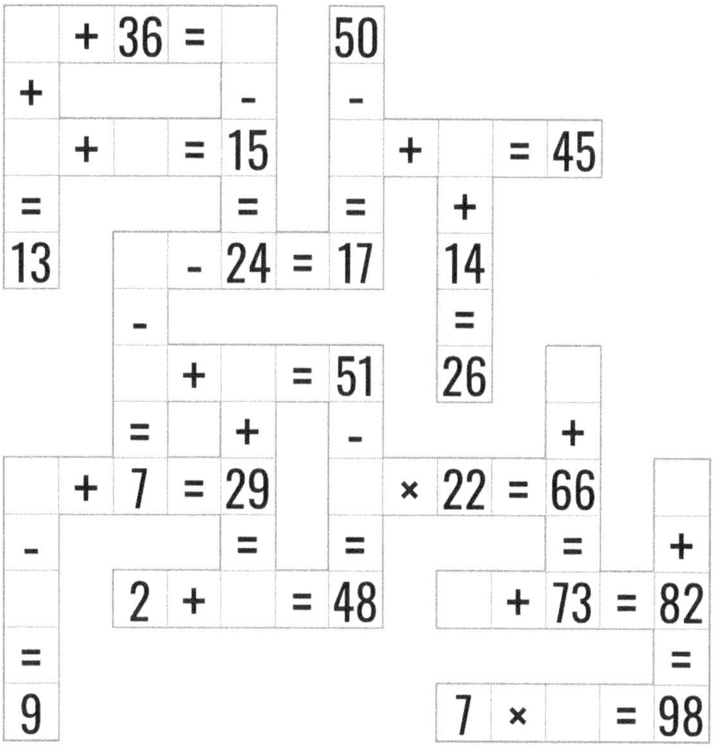

Temps: Score:

147.

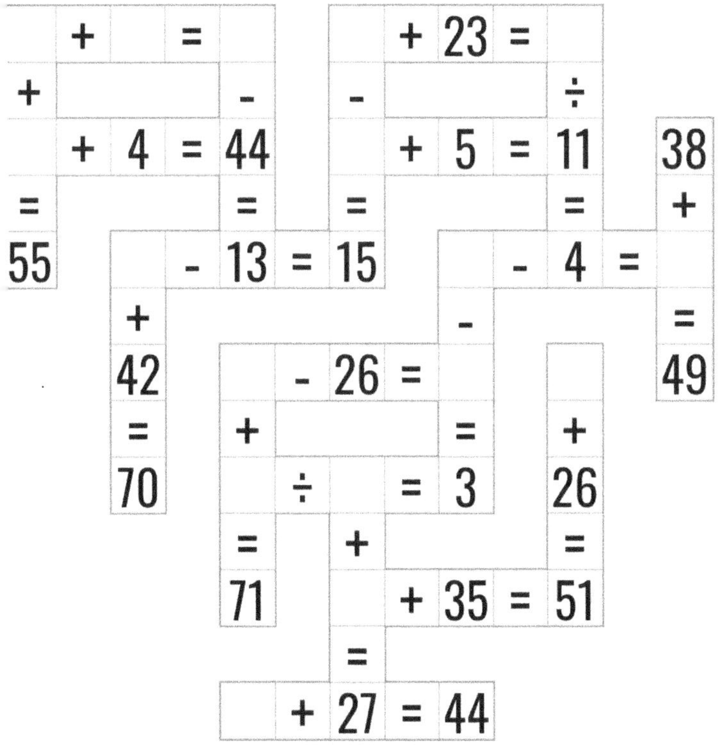

Temps: Score:

148.

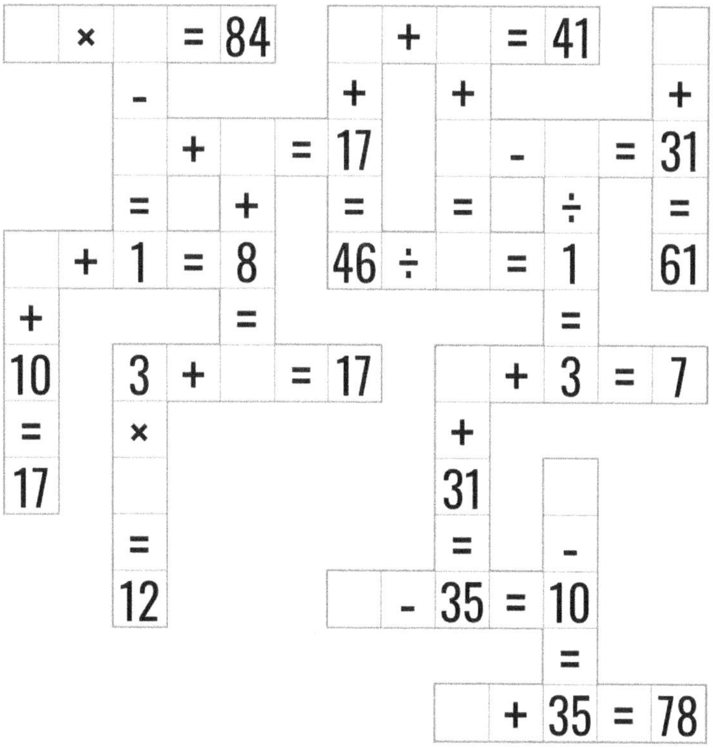

Temps: Score:

149.

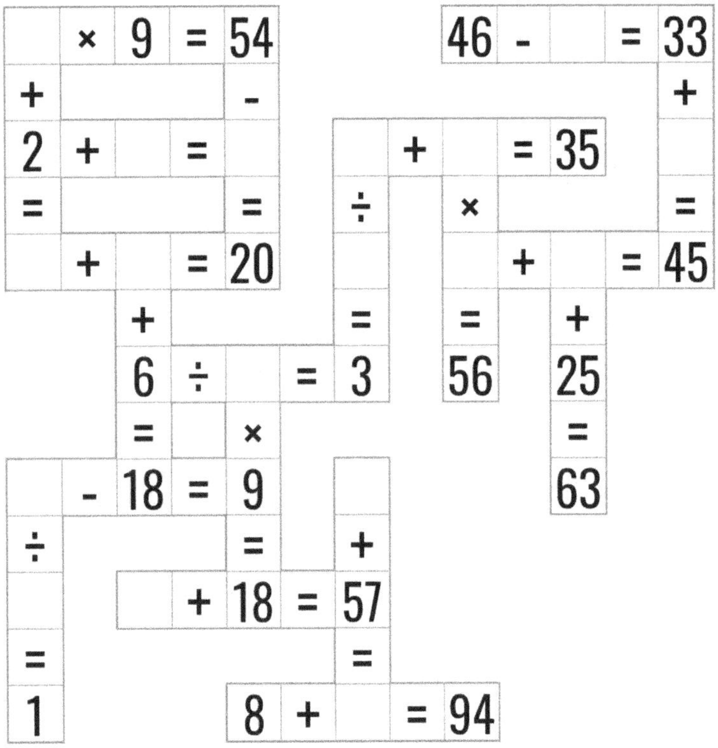

Temps: Score:

150.

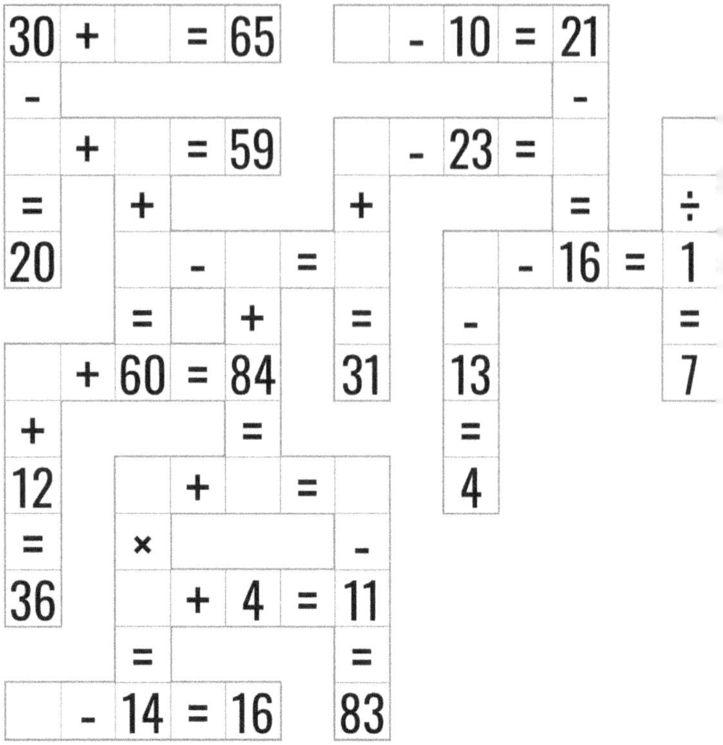

Temps: Score:

151.

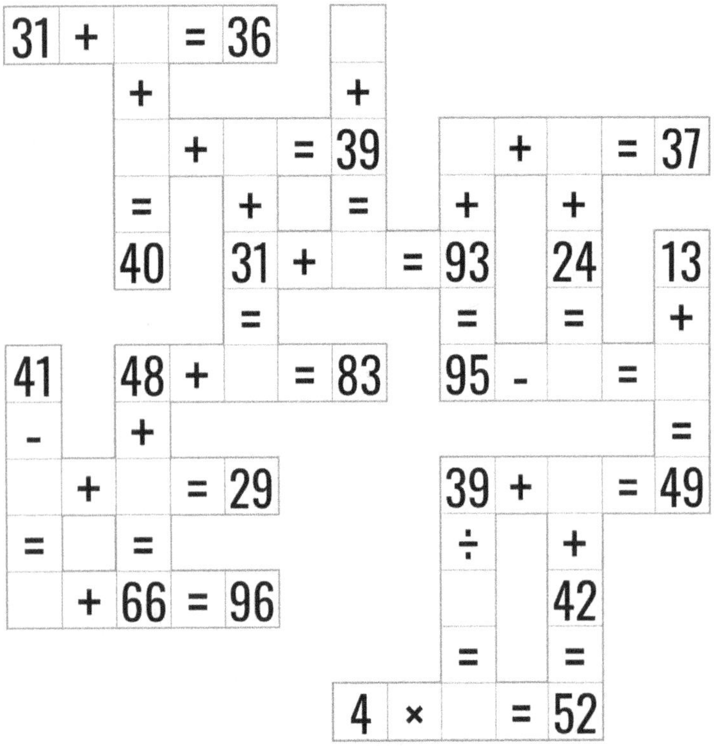

Temps: Score:

152.

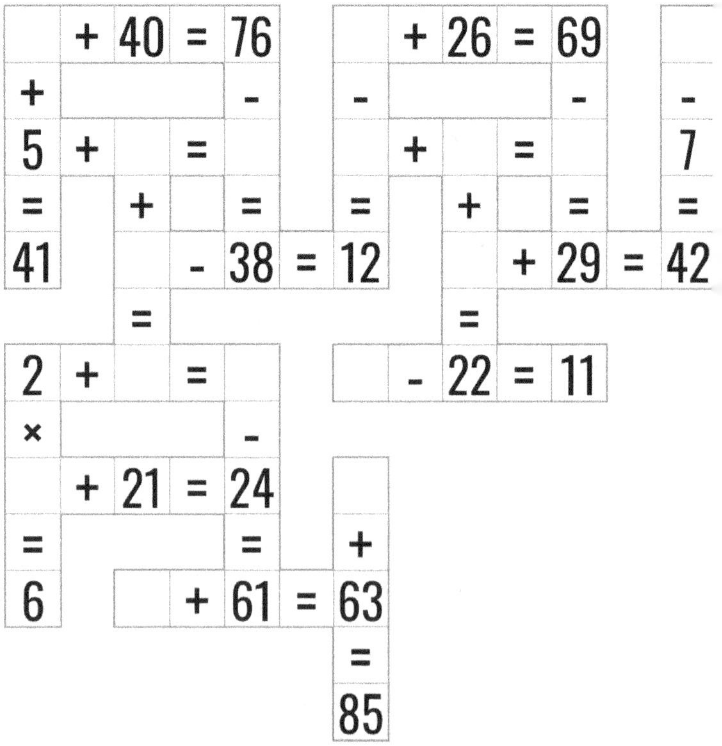

Temps: Score:

153.

37	+		=	53								
+		+										
	+		=				-	12	=			
=		=		-		+				+		
	-	40	=	8			+	29	=	41		
				=		=				=		
			+	27	=	55				72		
		+										
		17	+		=				+	21	=	30
		=		+		-		+		+		
		45		20	+		=					
				=		=		=		=		
		49	-		=	6		63		62		

Temps: Score:

154.

	+		=	56					+		=	38
		-						+				
		28	+		=	33			+		=	64
+		=		+				=		+		
7		4			+	30	=	71		7		
=				=		+				=		+
17	+		=	46					+		=	43
		+				=		+				=
		15			+		=	89				77
		=		+				=				
	+	44	=	75		2	+		=	99		
				=								
				95								

Temps: Score:

155.

	+	43	=	85			-		=	19		
-						+		+				+
29	+		=	65		50			-	27	=	18
=		-				=		=		-		=
13			+		=	76		52	-		=	36
		=		-						=		
		6		26			-		=	11		
				=				+				+
			-	20	=	7			-		=	29
								=		+		=
							+	46	=	75		44
										=		
										84		

Temps: Score:

156.

31	-		=	10			×		=	88		
		÷				+		+				-
		7	×		=	84			-		=	18
		=		-		=		=		+		=
		3		2	+		=	88		9		26
				=						=		
			-		=				+	35	=	58
		+				+		+				
			-		=	11		36				
		=		+		=		=				
		54			+	14	=	59				
				=								
			+	75	=	94						

Temps: Score:

157.

	-	5	=				+	15	=	27		
-				-		+						+
	+		=	15			+		=	58		9
=		+		=		=		-				=
21			-	7	=	43		23	+		=	48
		=						=		+		
		59			-		=	4		44		
				-						=		
				13			+		=	69		
				=		-		+				
		30	-		=	25		17				
						=		=				
						19	+		=	61		

Temps: Score:

158.

5	×		=	80				27				
		-						-				
		5	×		=	20			×		=	32
		=		÷				=		+		
		11		4	+		=	19		21		
				=		-				=		+
	-		=	1		12	+		=	25		36
÷		+				=		+				=
9			-		=	3			+	16	=	56
=		=		+				=				
3		64			+	29	=	53				
				=								
	+	38	=	59								

Temps: Score:

159.

	+	12	=	55								
-				-								
	-		=					37				
=		+		=		+		+				
31		15	+		=	62						
		=				=		=				
	-	19	=	20		73	-		=			
+				÷						+		×
	÷	3	=			29	+		=	57		14
=				=		-				=		=
69		8	×		=				+	83	=	98
						=						
			-	9	=	13						

Temps: Score:

160.

	+	17	=	20								
+												
	+		=	50		28	+		=	65		
=		+				+						+
46			+	44	=				+		=	69
		=				=		-		+		=
	-	11	=			76		10		46		86
-				+				=		=		
40	-		=	10			×	15	=	90		
=		+		=		+						
1			+	40	=							
		=				=						
	+	41	=	79		57						

Temps: Score:

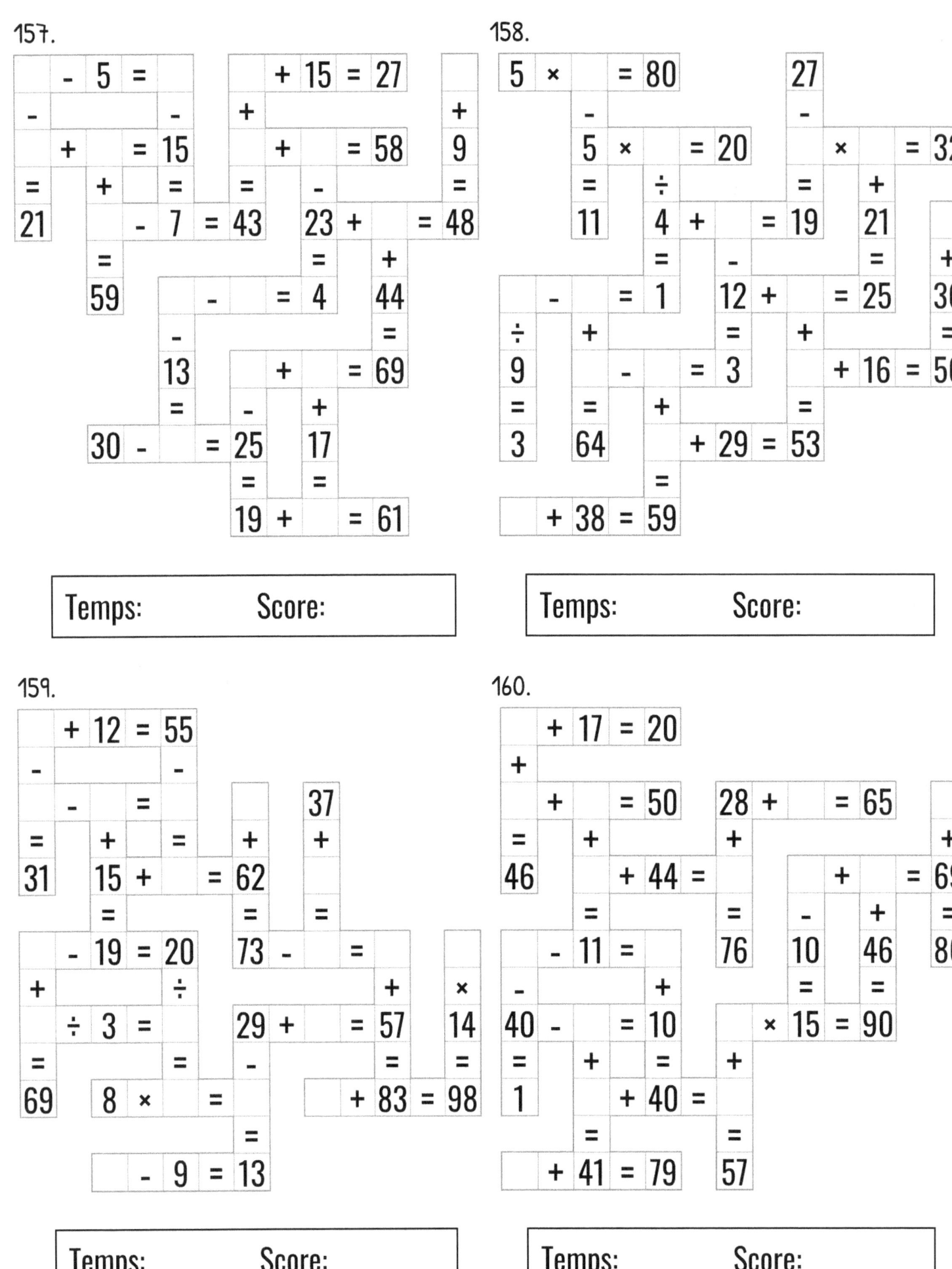

161.

	-	34	=	16								
-						×				×		
	+	28	=	73		8	÷		=	2		
=		+				=				=		
5			+		=	80		50	+		=	90
		=										
	+	63	=	99						45		
+				-		-				+		
	+		=				-	4	=			
=		+		=		=		×		=		
80			-	25	=	21				52		
		=						=				
	+	76	=	94				72				

Temps: Score:

162.

	+		=	72				43	-		=	
+		+										-
21	+		=				+		=	50		32
=		=		-		-		-				=
	-	54	=	17		3		26	-		=	4
				=		=		=		+		
			-	36	=	14		7				
										=		
							+		=	72		
						-		-				÷
						11		29	-		=	13
						=		=				=
						24	+		=	32		3

Temps: Score:

163.

50	+		=	65					-	13	=	
-												+
	×		=	32		37	-		=	11		50
=		+				+		+				=
42			+		=				+		=	63
		=		+		=		=		+		
	+	34	=	38		85		67		4		
+				=						=		
37	+		=	56			+	2	=	26		
=		-				+						
41		4										
		=				=						
		15			+	55	=	81				

Temps: Score:

164.

49	-		=									
		-		-						-		
		6			+		=	39		2		
		=		=		+		+		=		
	-	5	=	32		4			-		=	4
+						=		=				
21					+		=	70		25		
=		-		+						÷		
58	-		=	33		11	+		=			
		=		=		+				=		
		15	+		=				÷	1	=	2
						=						
			+	50	=	92						

Temps: Score:

165.

	+		=	39			+		=	52
		×		+		+		+		
		5	+		=	35		13		33
		=		=		=		=		+
	+	60	=	69			-	39	=	
+										=
18	+		=	56			+		=	55
=		-				+		÷		
27			-	6	=	6		16		
		=		+		=		=		
	+	26	=			45		1		
				=						
5	+		=	42						

Temps: Score:

166.

	+		=	50					-	4	=	
		-				+						+
			×	16	=	48			+		=	51
		=				=		+		+		=
		9			+	89	=	97		32		68
								=		=		
18					×	33	=	99		81		
+		-		+								
		22			+		=	52				
=		=		=		+				+		
	-	9	=	11		8	×		=	72		
						=				=		
						52			+	83	=	94

Temps: Score:

167.

36	+		=	55			-		=	23		
		+				+		+				+
			+		=	53			-		=	32
		=		+		=		=		+		=
	+	45	=	50		87	-		=	29		67
×				=						=		
			+	77	=	82			+	44	=	48
=		×						+				
95		11							-		=	2
		=						=		×		
		55			-	4	=	19				
										=		
										91		

Temps: Score:

168.

	+		=	69					+		=	40
		-						+		-		
		7			+	34	=	59		8		
		=		+				=		=		+
	+	43	=	51				61	+		=	91
+				=								=
50	+		=	76			+		=	57		98
=		+				+		+				
58			+	41	=	87			+		=	61
		=				=		=		+		
		72	+		=	95		74		39		
										=		
										75		

Temps: Score:

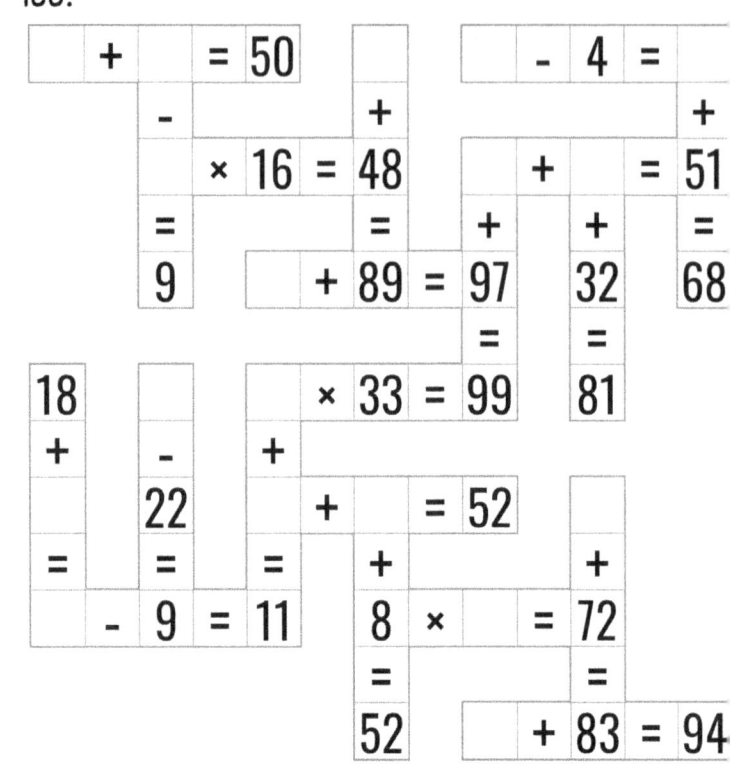

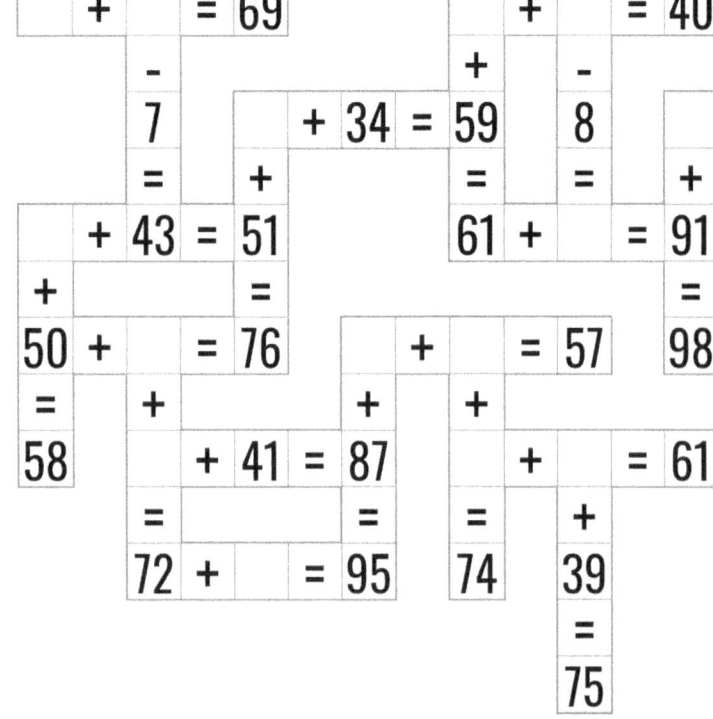

169.

	+	46	=									
+				+		×						+
	-	3	=	10		40		24	+		=	36
=				=		=						=
15			+	58	=	80			×	5	=	80
		+						+				
					+	37	=					
		=		+				=		+		
21	+		=	47			+	88	=	92		
-				=		+				=		
			+	82	=	93				98		
=						=						
17		50	+		=	97						

Temps: Score:

170.

	+	45	=	82		16	+		=	34		
		-				+		+				
			+		=				÷		=	8
		=		+		=		=		+		
	-		=			62	-		=	12		
+				=						=		+
24				51					+	16	=	64
=								÷				=
74		15			-		=	8				84
		+		+				=				
					-	8	=	6				
		=		=								
	+	37	=	42								

Temps: Score:

171.

	-		=									
		-		+								
		23			+		=	78				
		=		=		+				+		
	+		=	54		46	-		=	28		
-						=				=		+
	-		=	4		83			+	75	=	95
=		-										=
20			÷	7	=	2			×		=	98
		=		+				×		-		
		4			×		=			47		
				=				=		=		
				9		26	-		=	2		

Temps: Score:

172.

21	+		=	54					+		=	47
		-						+				
			+		=	54		20				
		=		-				=		-		
		29		27	+		=	39		16		
				=		+				=		-
			+	23	=				-	4	=	11
		+				=		+				=
			+	40	=	80		17	-		=	4
		=		-				=		+		
		85			+	24	=	32				
				=						=		
	-	11	=	32						51		

Temps: Score:

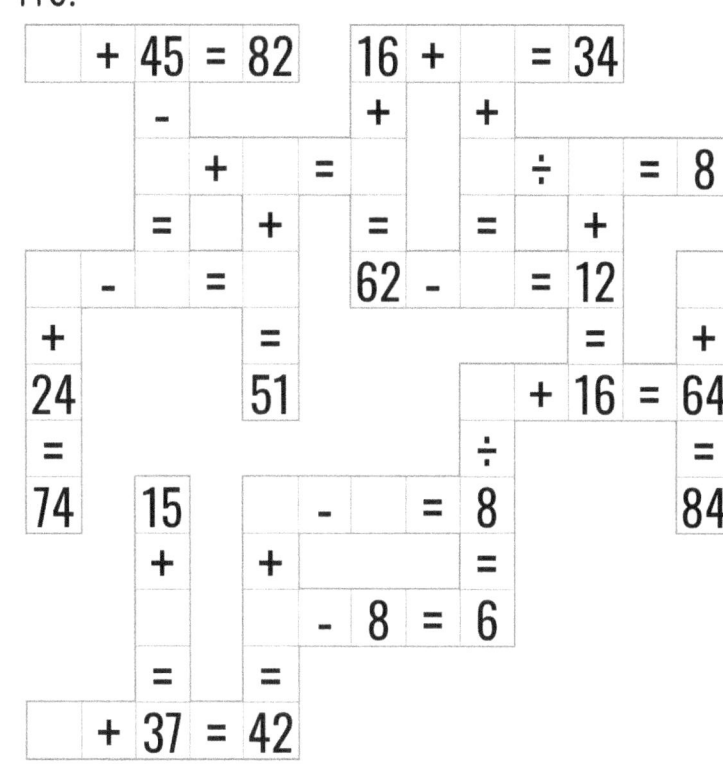

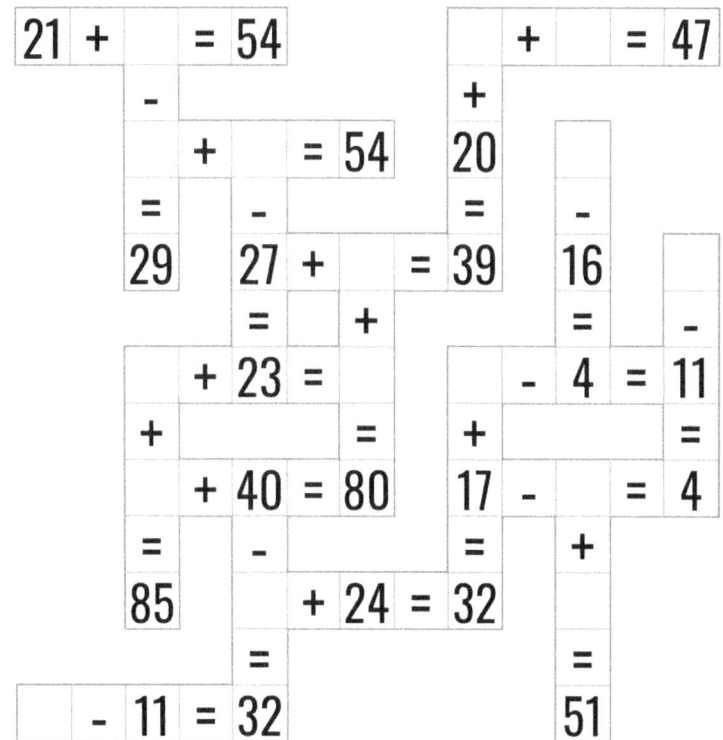

173.

	+	13	=	19						15		
+						-				+		
	+		=	31		3	×		=			
=		÷				=				=		
28		3	+		=	27			+	90	=	95
		=		-				-				
	-	3	=									
+				=				=		+		
36	-		=	3			+		=	30		
=		-				×				=		
60						2		38	+		=	97
		=				=						
	+	4	=	42		58						

Temps: Score:

174.

39	-		=	19				45	-		=	
		+						+				+
			+		=	41			+	48	=	85
		=		+				=		-		=
		54			+	34	=	82				87
				=						=		
			+		=	77			+	6	=	
+		+						-				+
2		35							-	8	=	1
=		=		+				=				=
	+	57	=	94		43	+		=	57		30
				=								
				98								

Temps: Score:

175.

	+	41	=	69					+	35	=	60
		+						-				
			+		=			4	+		=	12
		=		+		-		=		+		
		64			+	11	=	21		20		
				=		=				=		
			+	50	=	52				28		
		×										
			-		=	5				15		
-		=		÷				-		+		
4		50			+	26	=	36				
=				=				=		=		
29	-		=	2			+	13	=	52		

Temps: Score:

176.

30	-		=	16		36			-	2	=	4
		+				-		+				
					+		=	11				
		=		+		=		=		+		
	+		=	82		30	-		=	13		3
+				=						=		+
23			+	87	=	98			+	51	=	
=		+										=
45			-		=	11			+	35	=	85
		=		+				-				
		59		40				41				
				=				=				
		9	+		=	86		9				

Temps: Score:

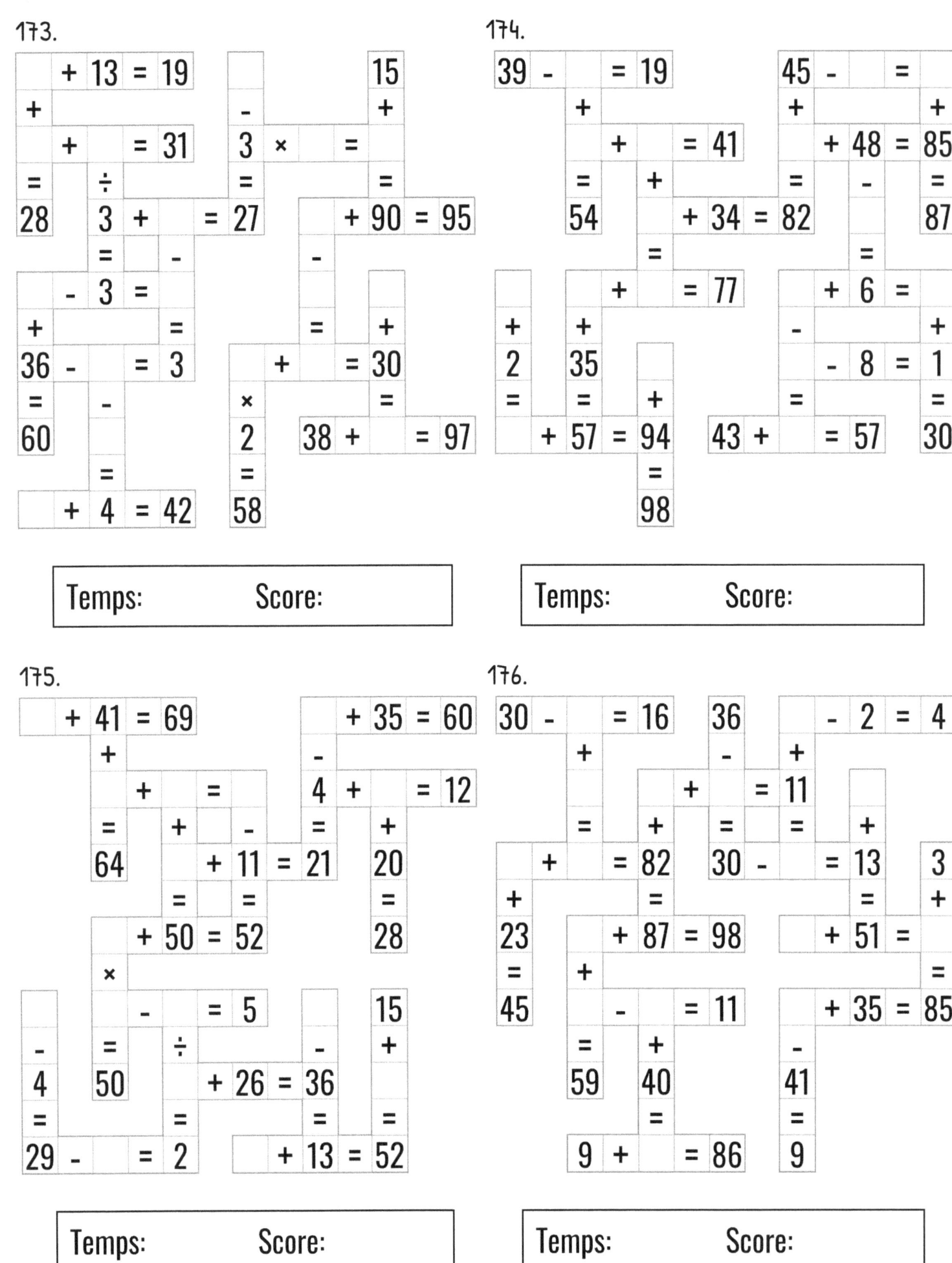

177.

	+		=						+	40	=	60
		+		+				×				
		42		7	-		=	1		35		
		=		=				=		-		
12	+		=	74			+	20	=			28
+										=		+
	+	46	=	65					+		=	
=		+				+		+				=
31			+		=	67		48				79
		=		-		=		=				
		70			+	89	=	94				
				=								
			+	38	=	72						

Temps: Score:

178.

44	+		=						×		=	18
		-		-				+				
					+	39	=	59		49		
		=		=				=		+		
	+	20	=	58		2		61				
+						+				=		
50	-		=	30			+		=	66		
=		-				=		+				
88			+		=	44						
		=		+				=		+		
	+	10	=	41			+	50	=	86		
				=						=		
		24	+		=	99				91		

Temps: Score:

179.

	+		=	39								
+		+										
	+	29	=				-	19	=			
=		=		-		+				+		
	-	41	=	25			+		=	68		
				=		=		+		=		
			+	43	=	74		37		76		
								=				
				43			+		=			
		-		-		+				-		
		16					+	8	=	17		
		=		=		=				=		
			+	17	=	50			+	82	=	94

Temps: Score:

180.

	+	49	=				+	35	=	44
-				+		×				+
	÷	3	=	2			+		=	
=				=		=		+		=
39			+		=	99		47		73
		×						=		
		9	×		=	54		65		
		=		+						+
38	+		=	65			×	7	=	63
-				=		+				=
		17	+		=	88				71
=						=				
10		47	+		=	97				

Temps: Score:

181.

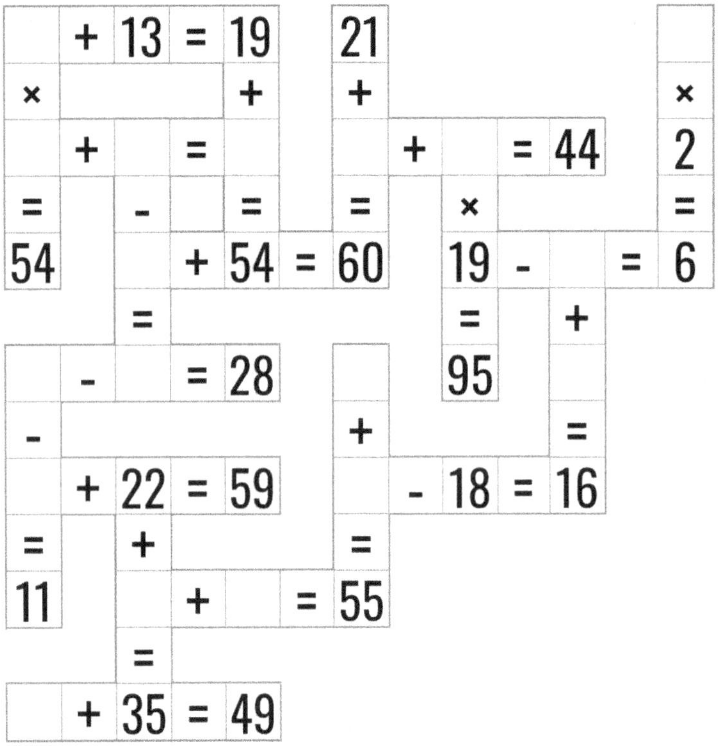

Temps:	Score:

182.

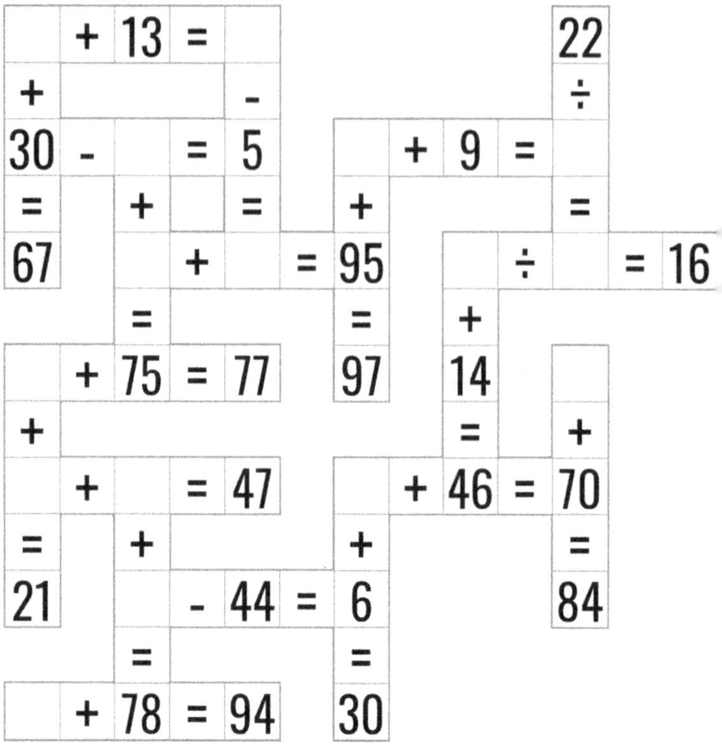

Temps:	Score:

183.

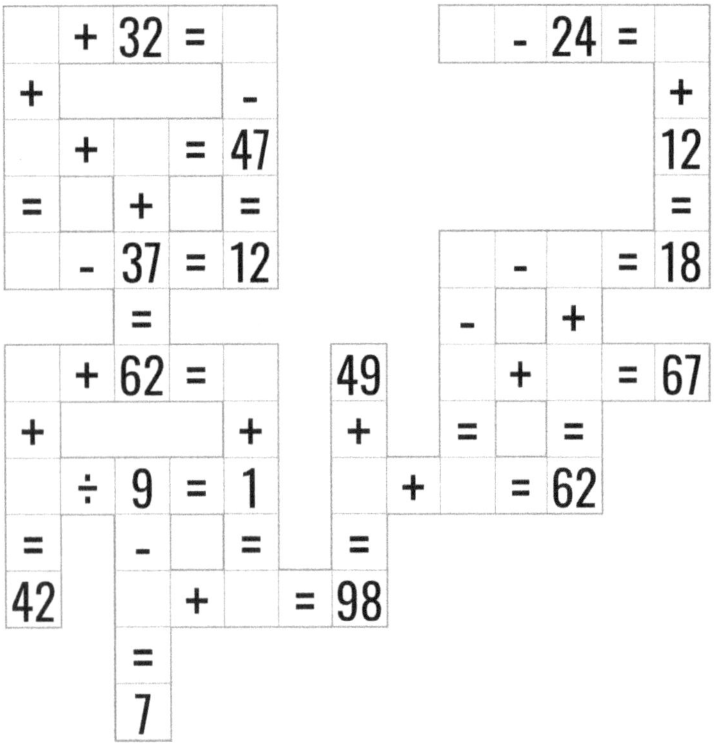

Temps:	Score:

184.

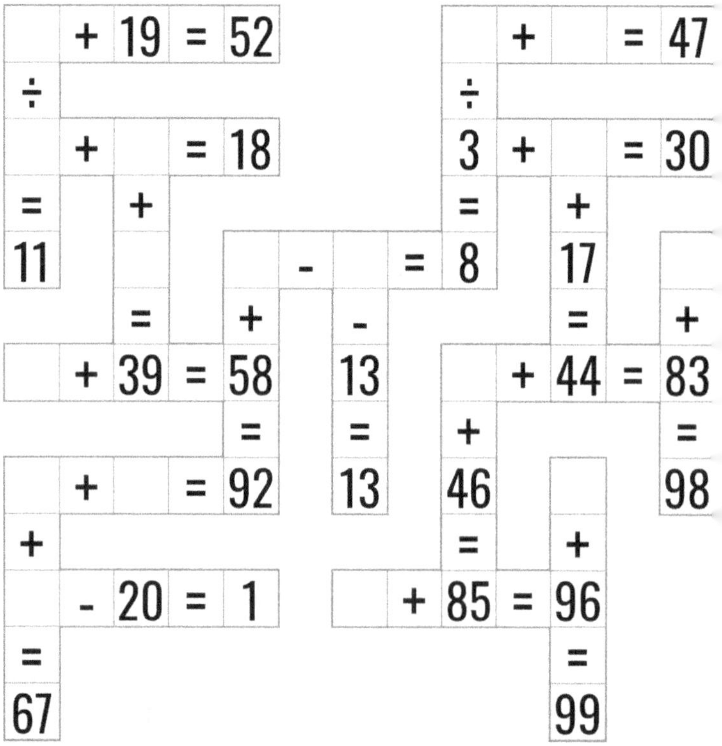

Temps:	Score:

185.

5	×		=				+		=	61		
		+		+		+		+				-
			-	7	=	38		22	+		=	49
		=		=		=		=		+		=
	+	59	=	77		57		64		37		1
+										=		
	+		=	35			+	50	=	64		
=		+				+						
35			-		=	11						
		=		+		=						
40	+		=	81		25						
				=								
			+	93	=	99						

Temps: Score:

186.

	+	49	=									
+				-								
	+	16	=	29		50			+		=	30
=				=		-				+		+
23		30	÷		=			3		25		
						=		+		=		=
24			+		=	49			+	33	=	68
+		-		+				=				
		6			+		=	38				
=		=		=		+						
47	-		=	46			-	16	=	21		
						=						
					+	71	=	90				

Temps: Score:

187.

	+	20	=				-		=	29		
		+		-		+		+				
			+	15	=	24			+	3	=	25
		=		=		=		=		+		
	+	29	=	40			+	24	=			
+										=		+
45								11	+		=	93
=						-		÷				=
56						25			×		=	99
						=		=		+		
					-	4	=	1		50		
										=		
						13	+		=	59		

Temps: Score:

188.

	+	45	=	79								
-										+		
	+	12	=	37						7		
=		-								=		
9			+	29	=	39			-	9	=	
		=		+								+
	×		=			10						9
-				=		+		×				=
14			+		=				+		=	26
=		+				=		=		×		
4		23			+	86	=	96		10		
		=								=		
	+	34	=	63		35	-		=	20		

Temps: Score:

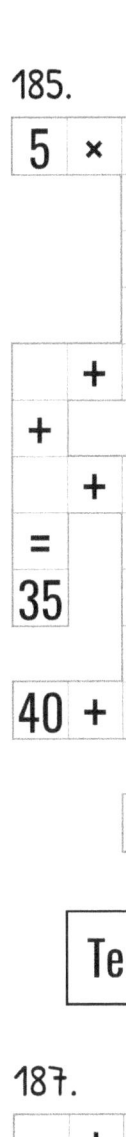

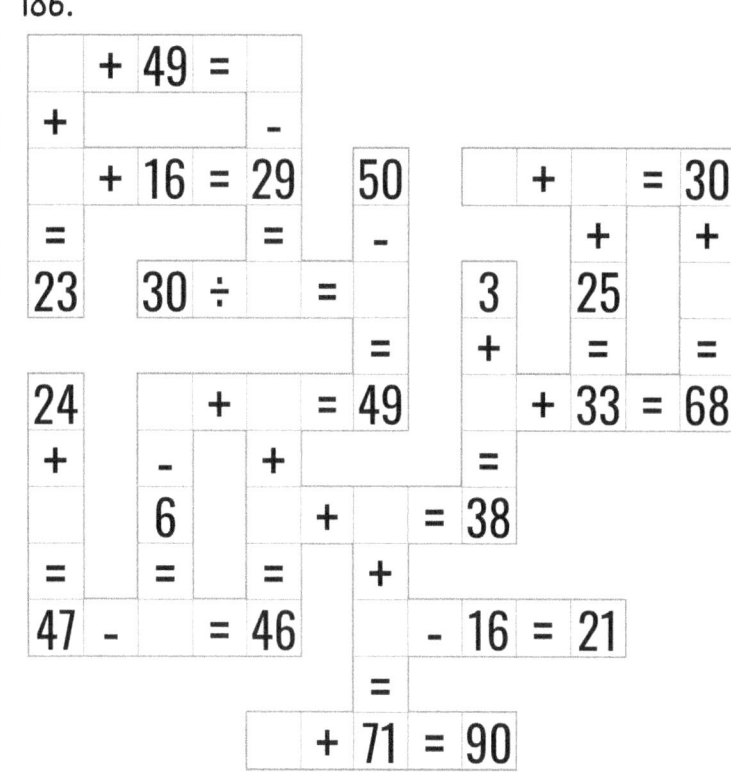

189.

	+	25	=	36						9		
×										+		
5	+		=				-		=			
=		+		+		+				=		+
55		8	+		=	36			+	12	=	48
		=		=		=		-				=
	+	38	=	63		79						83
+								=				
	×		=	70			-	25	=	8		
=		+				-						
27			-	14	=	7						
		=				=						
32	+		=	88		26						

Temps: Score:

190.

	-		=	8			-	30	=	6		
		-				+		-				
		8	+		=							
		=		×		=		=		+		
	-	31	=				+	6	=	65		
+				=						=		
14			+	90	=	99			+	88	=	91
=		+				-		×				
51			+		=			22				
		=		+		=		=				
34	+		=	67		53		66				
				=								
			+	89	=	98						

Temps: Score:

191.

45	+		=	91			×		=	36		
		-				+		÷				+
			+		=				+		=	56
		=		+		=		=		+		=
	-	2	=	41		54			×	40	=	80
+				=						=		
	+		=	49				11	+		=	98
=		+				+		+				
87			+		=	13						
		=				=		=				
		16		10	+		=	60				

Temps: Score:

192.

	+		=	36					-	2	=	
		-				-						-
			+	9	=	19			-	23	=	12
		=				=		+		-		=
		5	+		=	12			÷		=	7
				+				=		=		
					+		=	49		21		
				=		×						
	+	23	=	51		18	-		=			
÷						=		+		÷		
						90		28		13		
=								=		=		
4							÷	33	=	1		

Temps: Score:

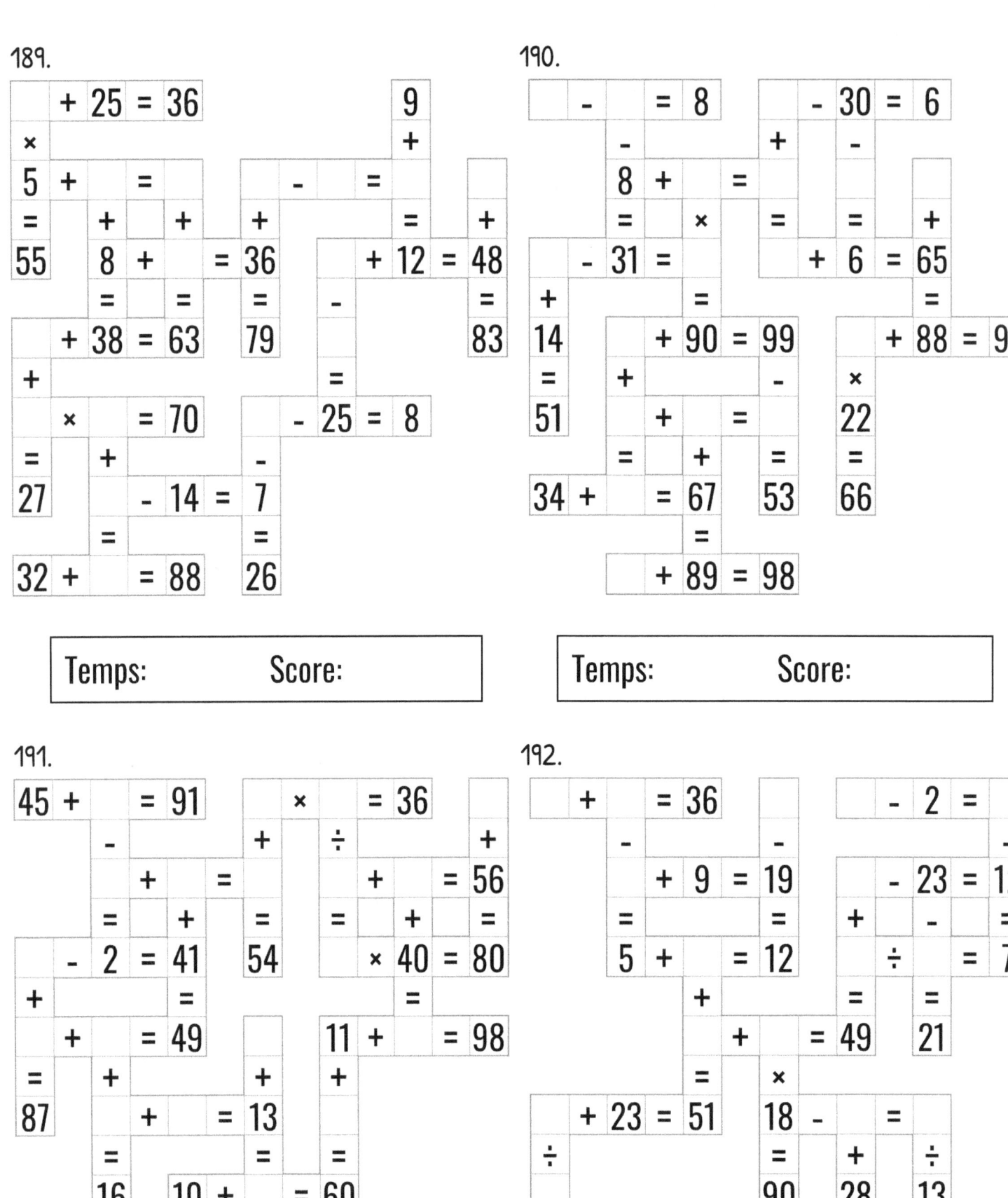

193.

	-	20	=	27								38
+										+		+
	+	47	=	95			+		=	52		
=		+		-		-				=		=
95			+		=	41			+	86	=	88
		=		=		=		+				
	+	85	=	92		7			+		=	61
+								=		-		
	-	10	=	9		38	-		=	15		
=		+								=		
26			+		=	71				25		
		=										
		56										

Temps: Score:

194.

42	+		=	81					-	8	=	27
		-						+				
			÷		=	1			×		=	57
		=		+				=		+		
		22			+		=	38		9		
				=		+				=		+
2			+	37	=	80			+	28	=	76
+		+				=						=
		41		2		98		50	+		=	93
=		=		+				+				
	+	84	=									
				=				=				
	×	2	=	98				67				

Temps: Score:

195.

	-	16	=			28	-		=	9		
		+		×		-		+				
			+	3	=			20				
		=		=		=		=				
	+		=	78		7		39				
-												
	-		=	6					+	18	=	
=		-										-
5		7	+		=	43			-	17	=	20
		=		+				+		-		=
		26			-	16	=					13
				=				=		=		
			+	61	=	93		46		6		

Temps: Score:

196.

	+	16	=	30			-	11	=	39		
-				+		+						+
	×		=			48	+		=	80		19
=		+		=		=		+				=
11			+	93	=	98			+		=	56
		=						=				
11	+		=				+	61	=	94		
+				-		+						
				17	-		=	6				
=				=		=		+				
23					+	44	=					
								=				
								70				

Temps: Score:

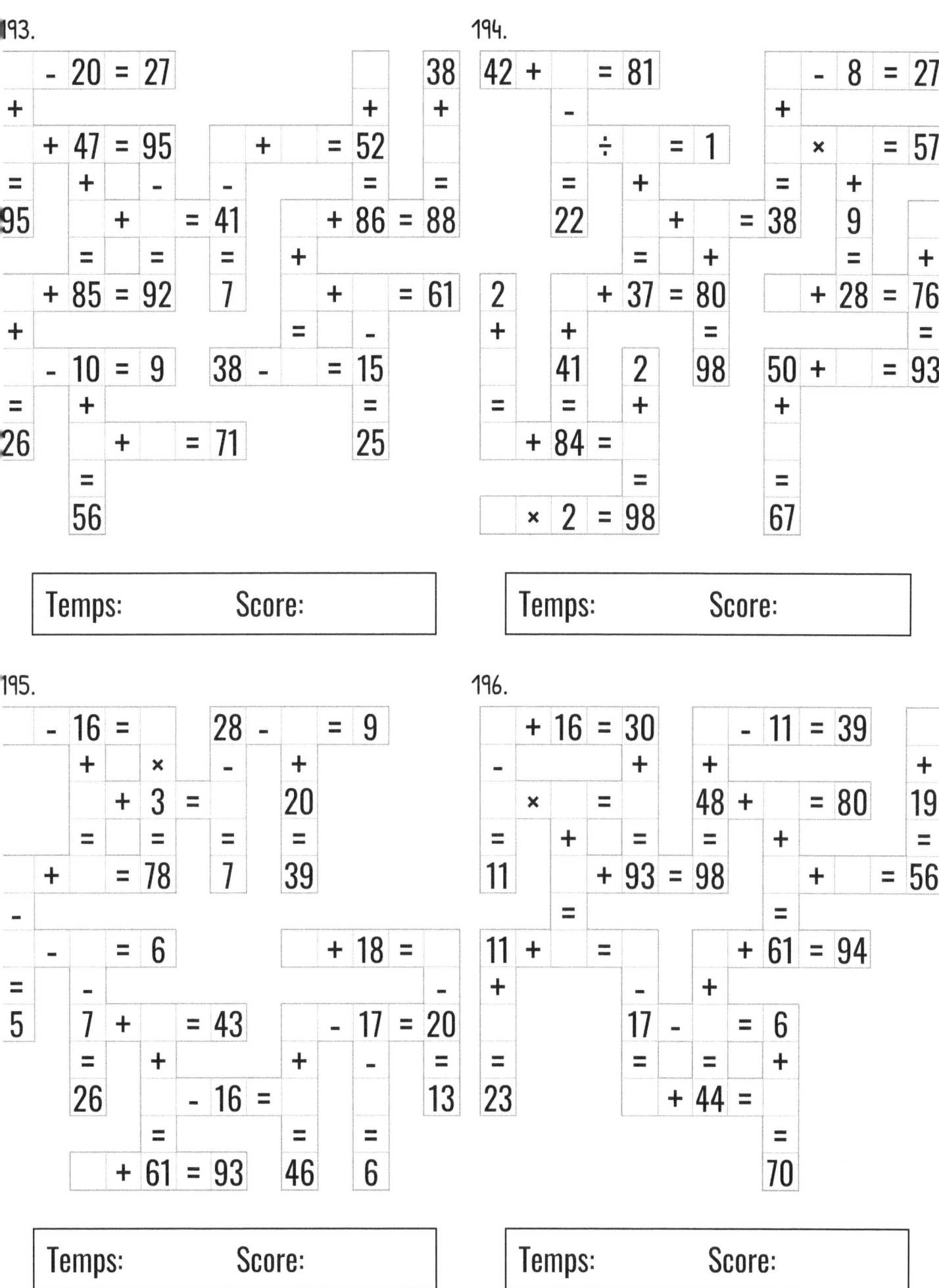

197.

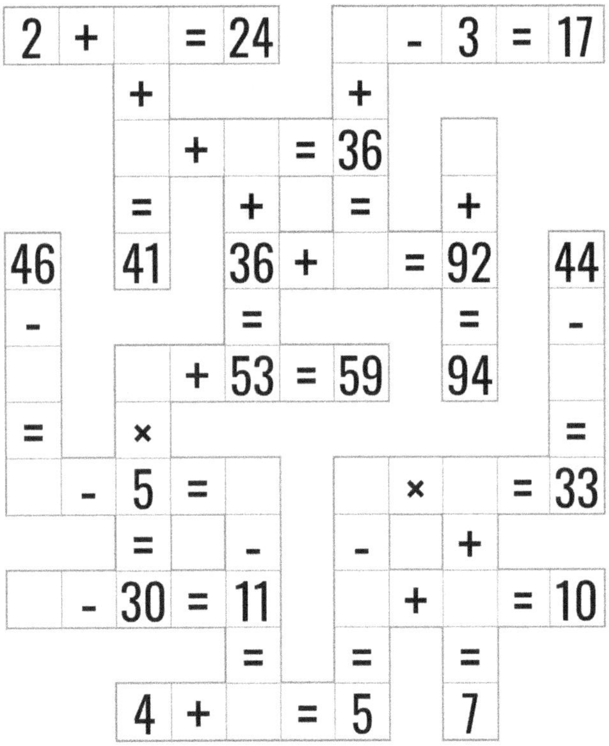

Temps:	Score:

198.

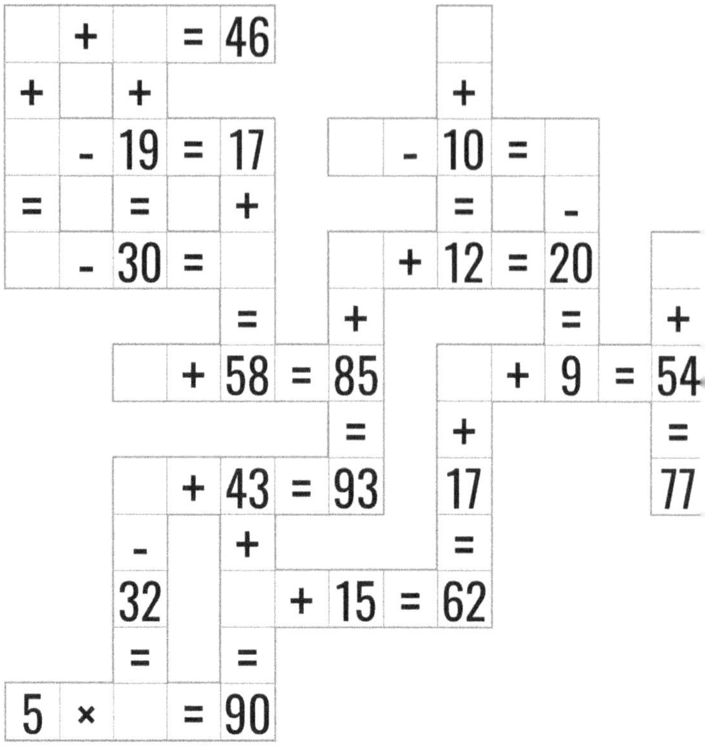

Temps:	Score:

199.

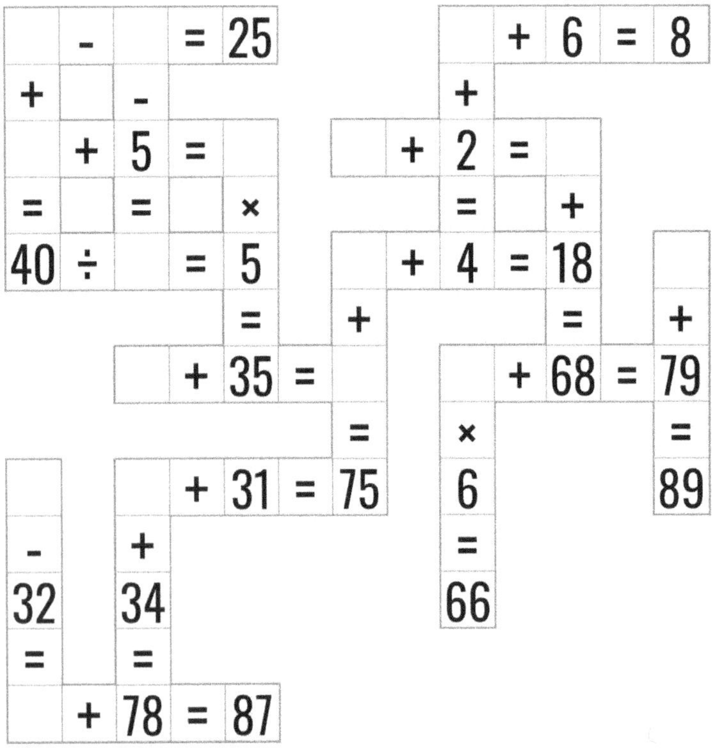

Temps:	Score:

200.

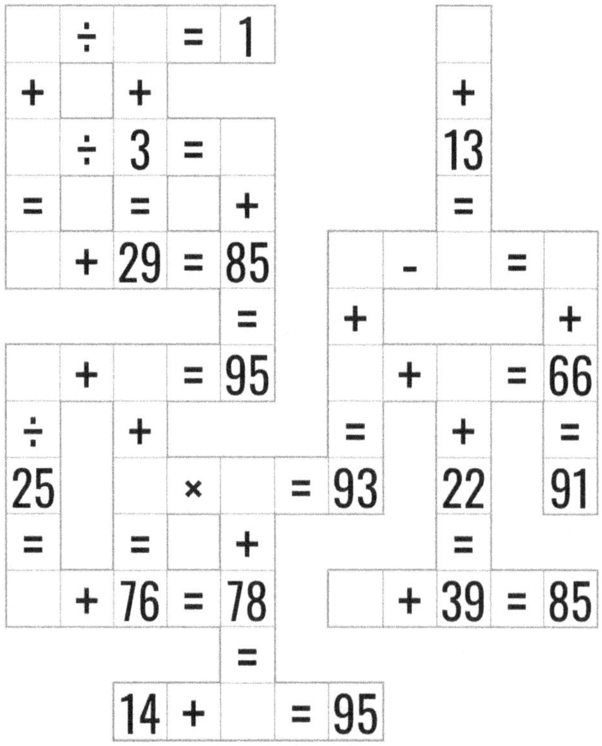

Temps:	Score:

201.

10	+		=	29			+	41	=	81		
		+				+		-				
			+		=	39			+	21	=	26
		=		+		=		=				
	+	43	=	77		79		36				
-				=								
21			+	92	=	98						
=		+										
13		10		5		38				46		
		=		+		+		-		-		
	+	16	=				-		=			
				=		=		=		=		
		6	+		=	75			+	33	=	49

Temps: Score:

202.

37	+		=	70				30				
		-						÷				
			-		=	2			+	31	=	34
		=		+				=		+		
	-	27	=	19			-	10	=			
				=		+				=		+
	-		=	23		5			+		=	67
÷		-				=		+				=
		14			+	35	=	83				86
=		=		×				=				
	-	5	=	1				99				
				=								
			+	48	=	87						

Temps: Score:

203.

	+		=	64			-		=	40		
		-				+		×				
			×		=				+		=	50
		=		×		=		=		+		
	-		=	6		77	-		=	35		
-				=						=		
44			+	90	=	93		8		79		
=		+						+				
3						10						
		=		+		×		=				
	-	31	=	8			+		=	19		
				=		=						
			+	47	=	80						

Temps: Score:

204.

	-	24	=	4								
-				+								
22	+		=									
=		+		=								
	+	39	=	45								
		=								+		
	+		=							28		
+				-						=		
	+		=	24			+		=	70		
=		+		=		+		-				+
35			+	53	=	67		10	+		=	60
		=				=		=				=
	+	22	=	57		92	-		=	57		90

Temps: Score:

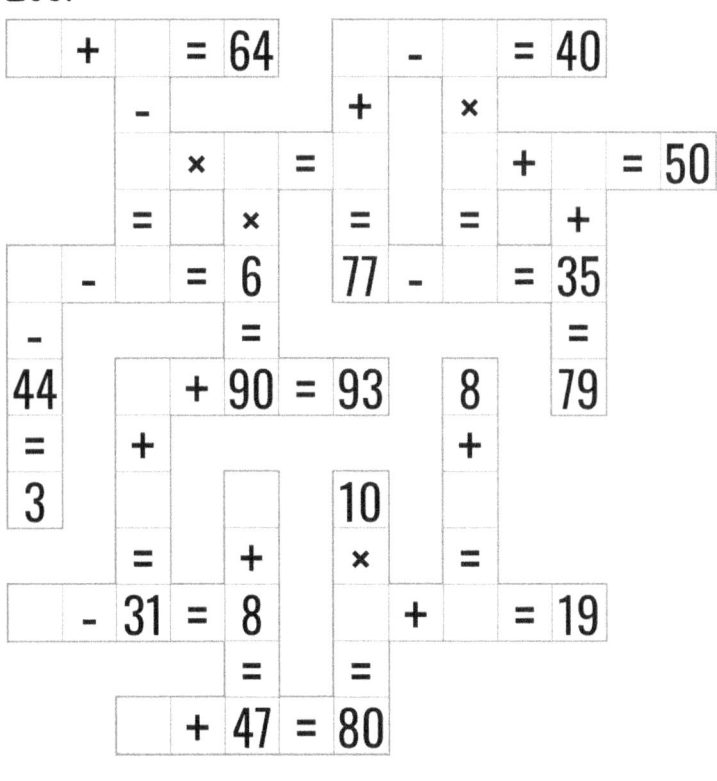

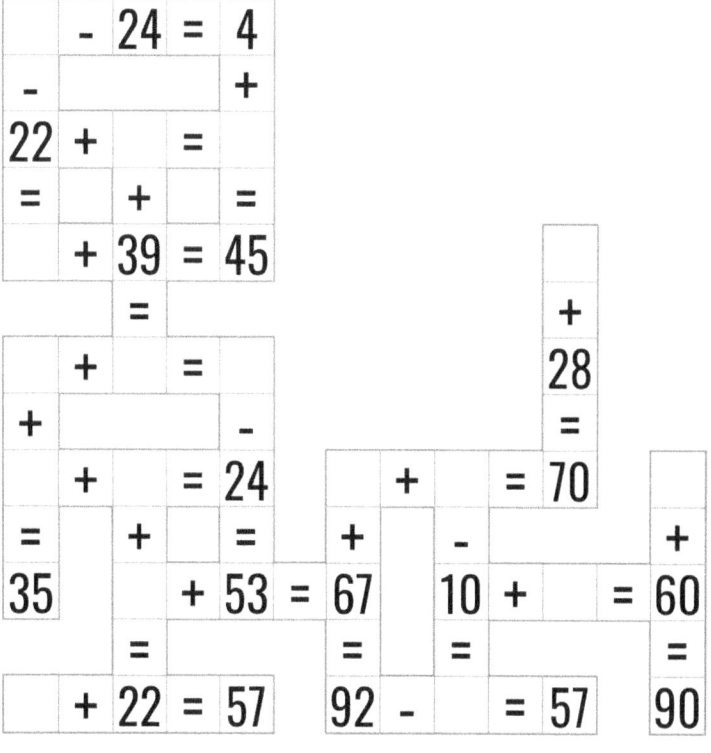

205.

	-	19	=						×		=	
+				+						+		+
	+		=	42			×	31	=	93		49
=		+		=		+				=		=
66			+	64	=	92			+	95	=	99
		=				=		+				
	+		=			95			+	23	=	47
-				-				=		+		
23	+		=	66			+	28	=			
=				=						=		
2				4						94		

Temps: Score:

206.

	-		=	3					-		=	
+										×		+
	+	19	=				+		=	29		50
=		+		÷		+				=		=
57			+	29	=	49			+	58	=	72
		=		=		=		+				
	-	39	=	2		58			+	3	=	16
+								=				
	+		=	32				27				
=		+				+						
50			+	50	=	64						
		=				=						
		37				92						

Temps: Score:

207.

3	×		=	57			+	7	=	27		
		+				+		+				
		18	+		=	53			-	8	=	17
		=		+		=		=				
			+	36	=	73		32				11
				=								+
			+	71	=				+		=	
		+				-		+				=
			+		=	80		7				81
-		=		+		=		=				
8		58			+	1	=	36				
=				=								
21	+		=	67								

Temps: Score:

208.

	+		=	61			+		=	21		
		-				+		+				
			×	24	=	96			-		=	2
		=		+		=		=		+		
	-	27	=				-	22	=	77		
+				=						=		
40			-	35	=	5			+	79	=	99
=		+						÷				
78		9		11				2				
		=		+				=		-		
	+	49	=				+	10	=	17		
				=						=		
				66						1		

Temps: Score:

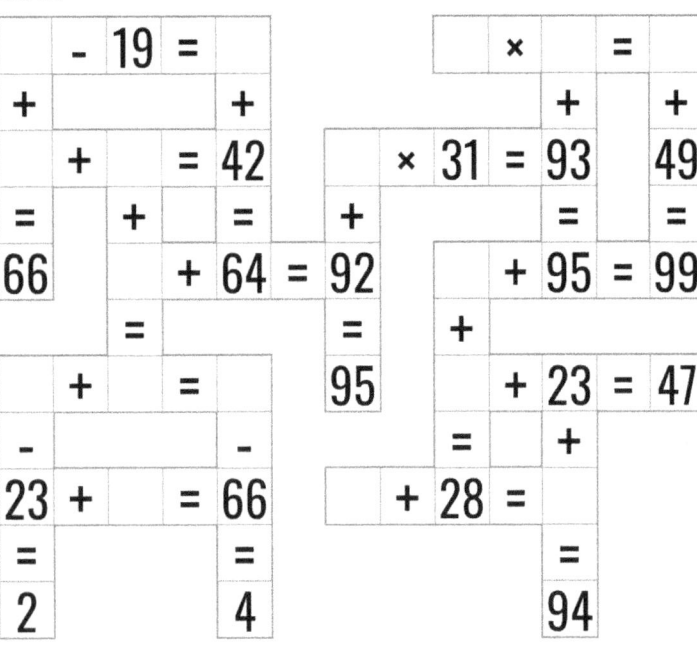

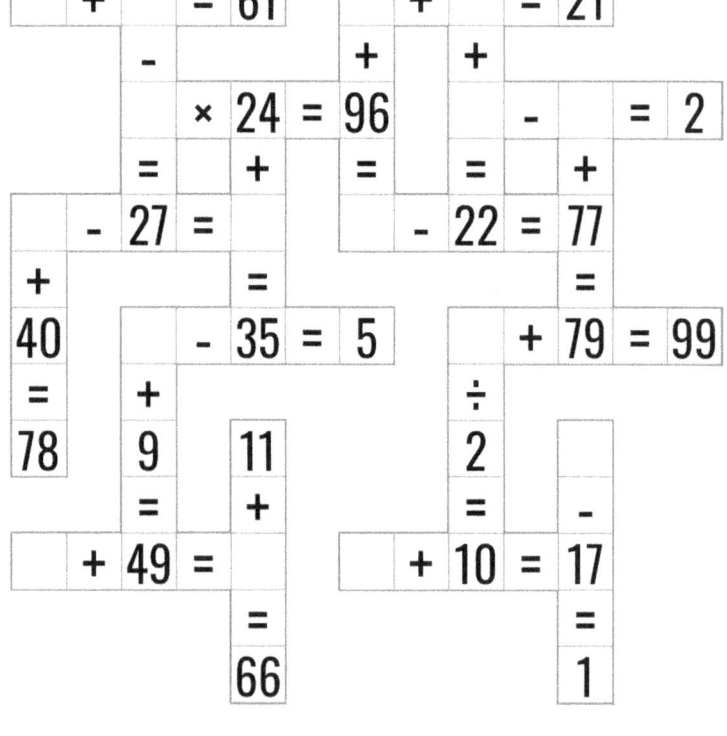

209.

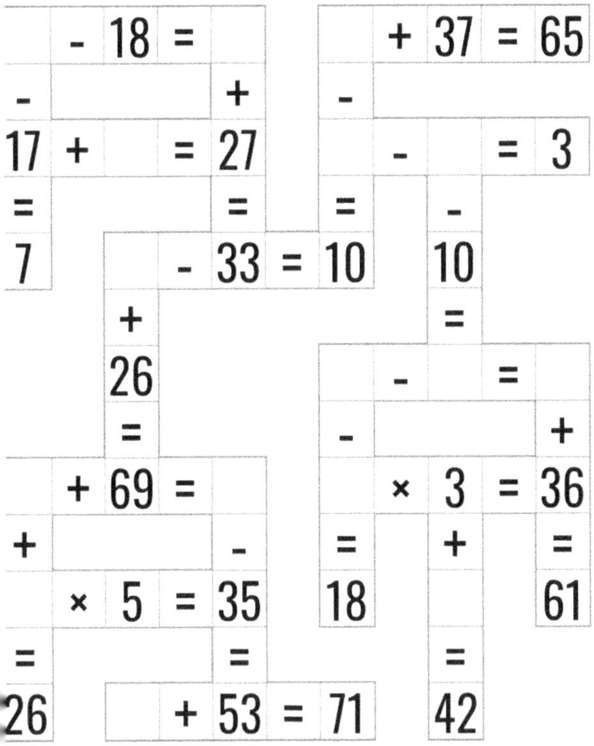

Temps: Score:

210.

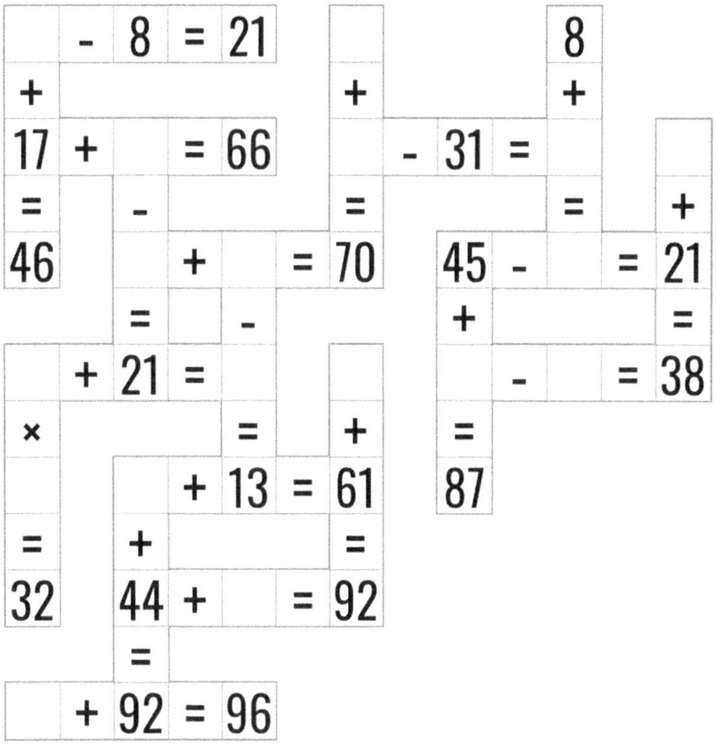

Temps: Score:

211.

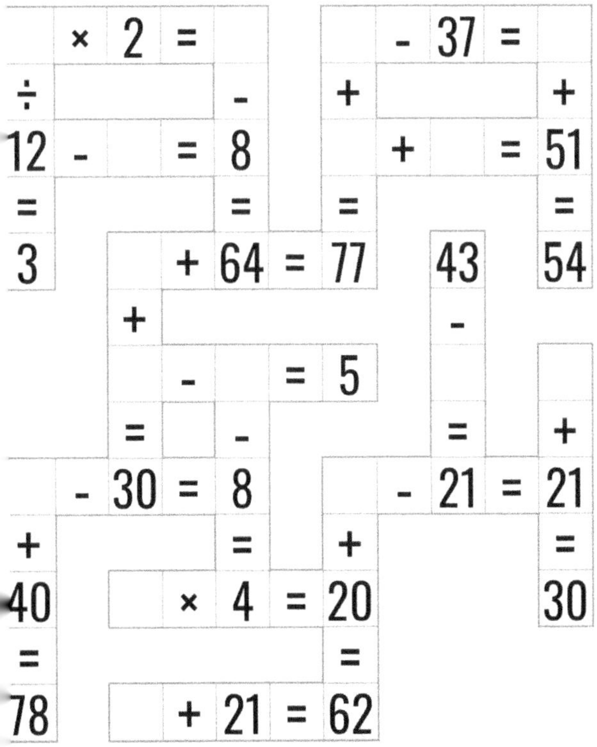

Temps: Score:

212.

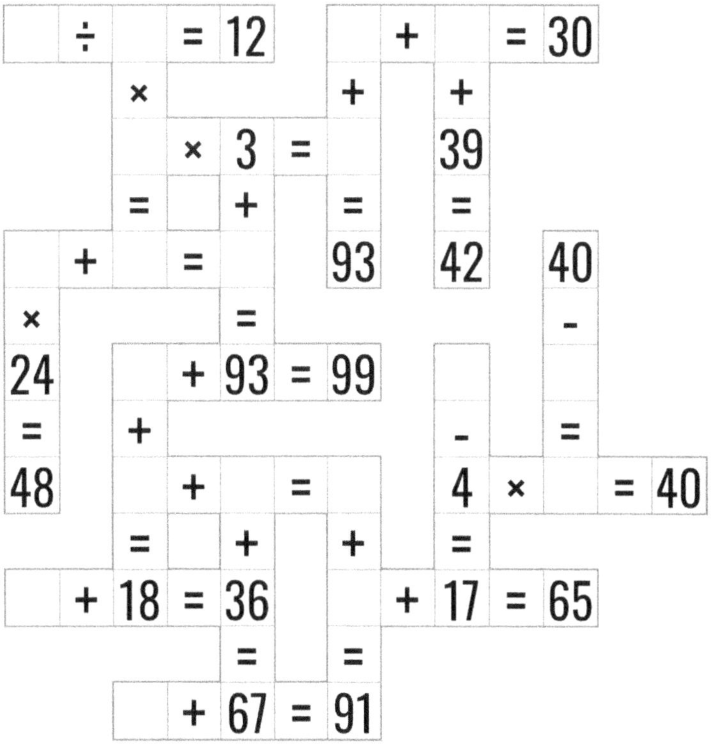

Temps: Score:

213.

	+	18	=	21			+	23	=	58		8
		-				÷		+				+
			-		=	1			×		=	
		=		+		=		=		×		=
		9		12			-	29	=	6		38
				=						=		
			÷	20	=				+		=	73
		-				+		+				
			+		=	53			+		=	39
		=				=		=		-		
19	-		=	8		55		50		22		
										=		
										10		

Temps: Score:

214.

	+		=				+	43	=			
×				+		+				-		
	+	13	=	26			+		=	31		
=				=		=		+		=		+
52			+	49	=	62		40	+		=	94
		+						=				=
			+	49	=	70			+		=	97
		=								+		
	+	34	=	74			+	3	=	41		
+								×		=		
38										87		
=								=				
78								36				

Temps: Score:

215.

23	-		=	17			+		=	70		
		+				÷		-				
			-		=	2		2	+		=	
		=		+		=		=		+		+
	÷	16	=	1		23		22		17		40
-				=						=		=
			+	9	=	54		25	+		=	61
=		+				-		+				
5			+	15	=							
		=				=		=				
13	+		=	91		6	+		=	39		

Temps: Score:

216.

	+		=	27			+		=	74		
		×				+		×				+
			+	32	=	40			+		=	43
		=				=		=		+		=
	+	96	=	99		68		92		35		65
+										=		
	+		=	35		44			+		=	87
=		-				-		+				
23			+		=			16				
		=		+		=		=				
		5		25	+		=	27				
				=								
			+	57	=	83						

Temps: Score:

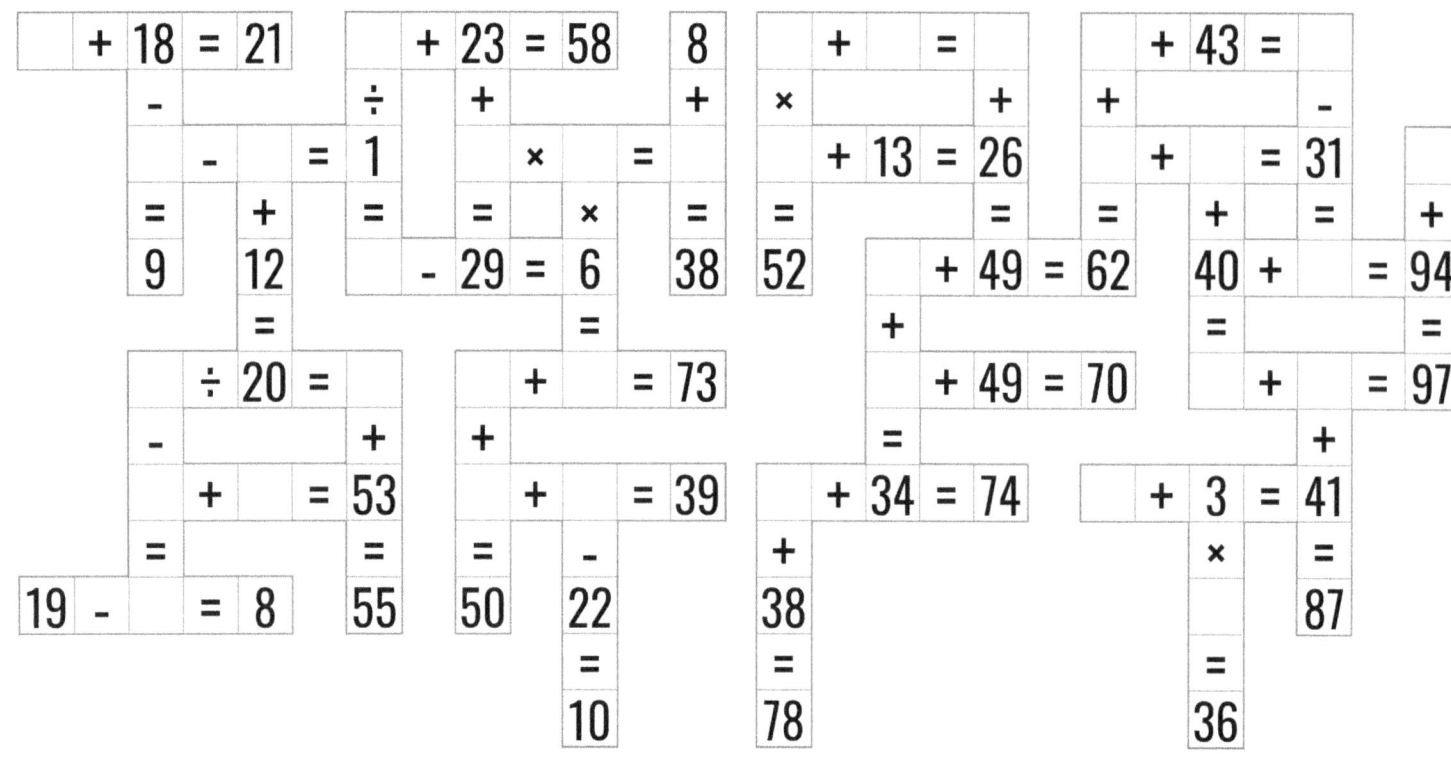

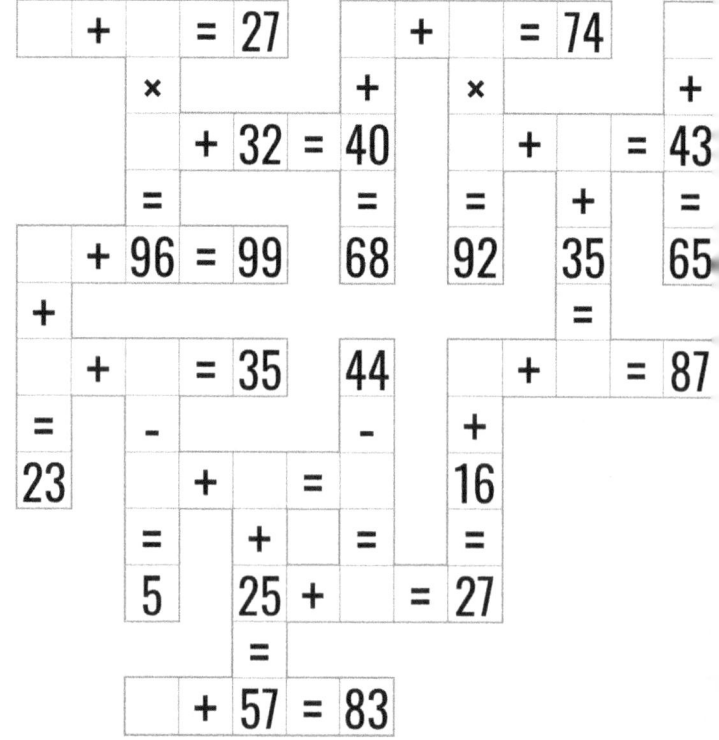

217.

	+	15	=						+	23	=	53
×				+				-				
	+	32	=	70				24				37
=				=		-		=		+		+
76	+		=	87		5	×		=	30		
		+				=				=		=
			-	23	=	3			+	76	=	79
		=						×				
	×		=	74								
+				+				=				
26	-		=					51				
=				=								
28	+		=	78								

Temps: Score:

218.

	÷		=	2			+		=	48		
		+				+		+				
			+	18	=	25			+		=	34
		=		+		=		=		+		
	+	16	=			47		51		9		
				=						=		
	+		=	56					-	18	=	19
+		+						+				
46			+		=			8				
=		=		+		+		=				
	-	45	=	33		38		45				
				=		=						
			+	68	=	94						

Temps: Score:

219.

	+	37	=	71					×		=	32
+										+		+
48	-		=	18			×	15	=	30		
=		+				+				=		=
82			-		=	43		14	+		=	48
		=		+		=		+				
	+	78	=			45			-		=	33
+				=				=		+		
50	+		=	98				63		32		
=		+								=		
65							+	38	=	48		
		=										
		56										

Temps: Score:

220.

	-		=	22			-		=			25
		+				+		+		×		+
			+		=	57			÷		=	
		=		+		=		=		=		=
		61		42		77	-		=	14		50
				=								
			+	49	=	89		40				
		+						+				
			×	14	=	84			-		=	2
		=		+				=		+		
		46			+	30	=	58		44		
				=						=		
		19	+		=	61				60		

Temps: Score:

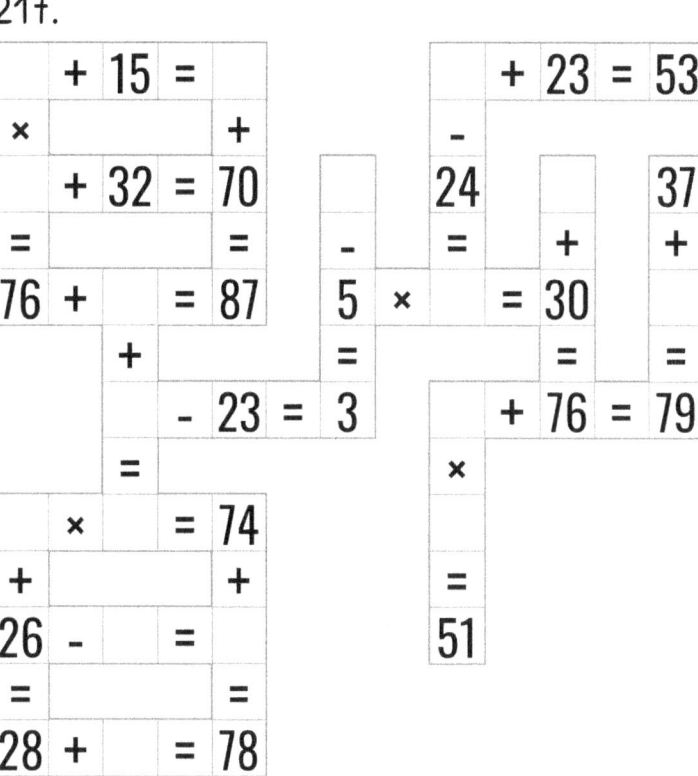

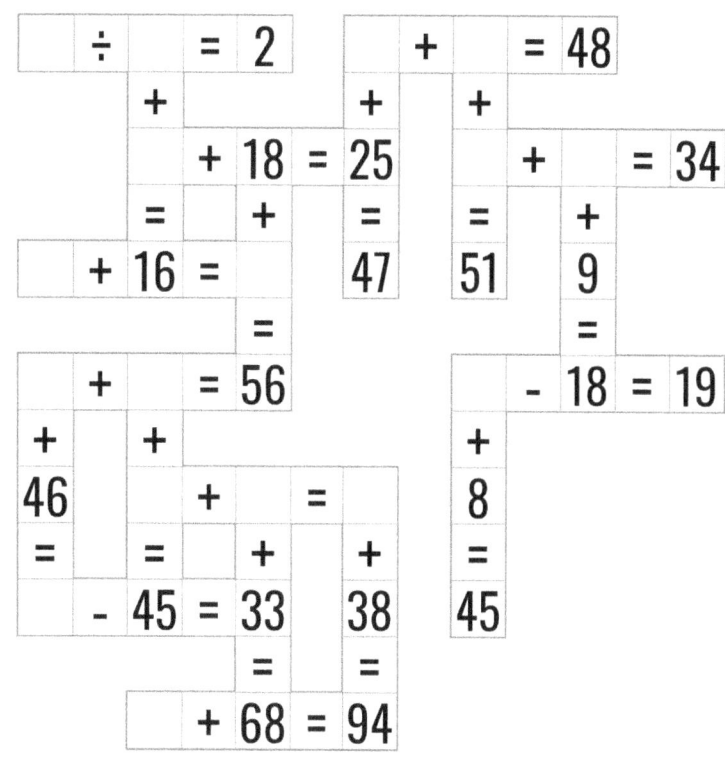

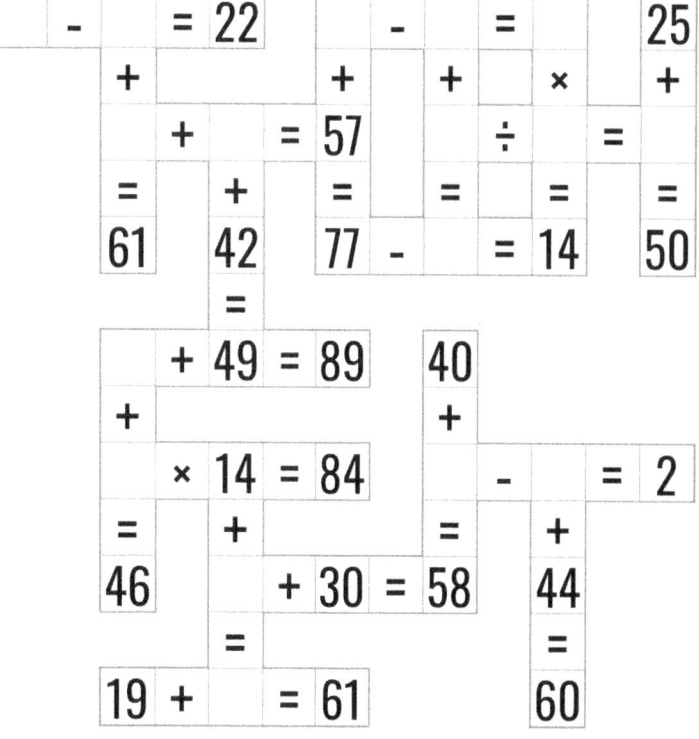

221.

	+	16	=	25				35	-		=	28
+				+								+
	-	11	=				+		=	65		
=		+		=		+		+				=
24			+	29	=	70			+	43	=	56
		=				=		=		-		
	+	52	=	71		92	-		=			
+										=		
	+		=	88						7		
=		+				+						
60			+	39	=	52						
		=				=						
		60				92						

Temps: Score:

222.

	+		=	80			+	42	=	76		
		+				+						
		34	+		=	47						6
		=				=		÷				÷
			+		=	81			÷		=	
				+				=		×		=
				40	÷		=	4		16		3
				=		-				=		
	+	14	=	53			×		=	96		
+		-				=		+				
15						2			+		=	52
=		=						=				
	-	5	=	49				30				

Temps: Score:

223.

	+	2	=	22		12	+		=	24		34
-				+				+		+		+
	+		=				+		=			
=		+		=		+		=		=		=
3			+	74	=				+	45	=	72
		=				=						
	+	49	=	55		94						
+												
	+	15	=	20		17						
=		+				+						
11			+	3	=							
		=				=						
	+	18	=	55		23						

Temps: Score:

224.

	×	24	=	48								
×												+
	-		=	34			+	46	=	79		39
=		÷				-						=
92		6	+		=				+		=	74
		=				=		+		+		
13		2			-	9	=	24		50		
+				+				=		=		
		35		19			+	49	=	99		
=		-		=		-						
	+		=	52		6	×		=	48		
		=				=						
			+	41	=	44						

Temps: Score:

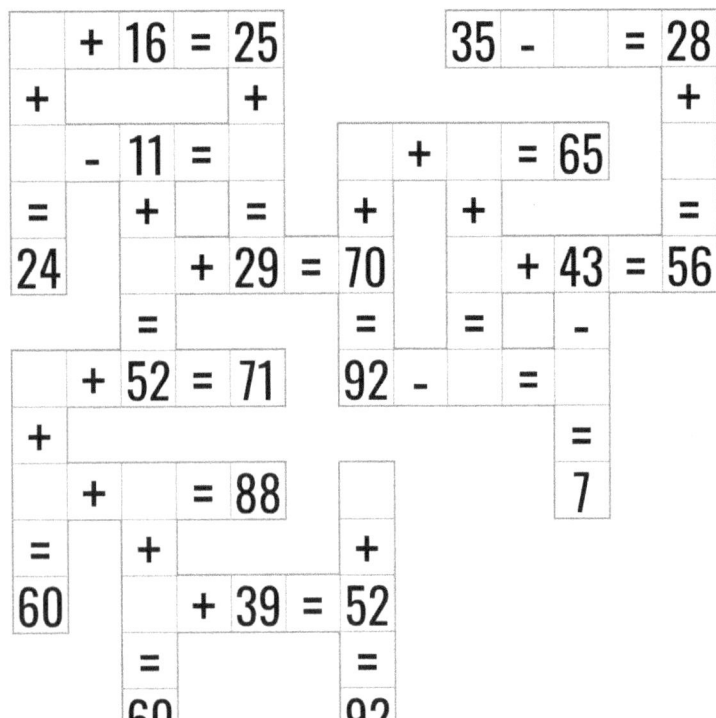

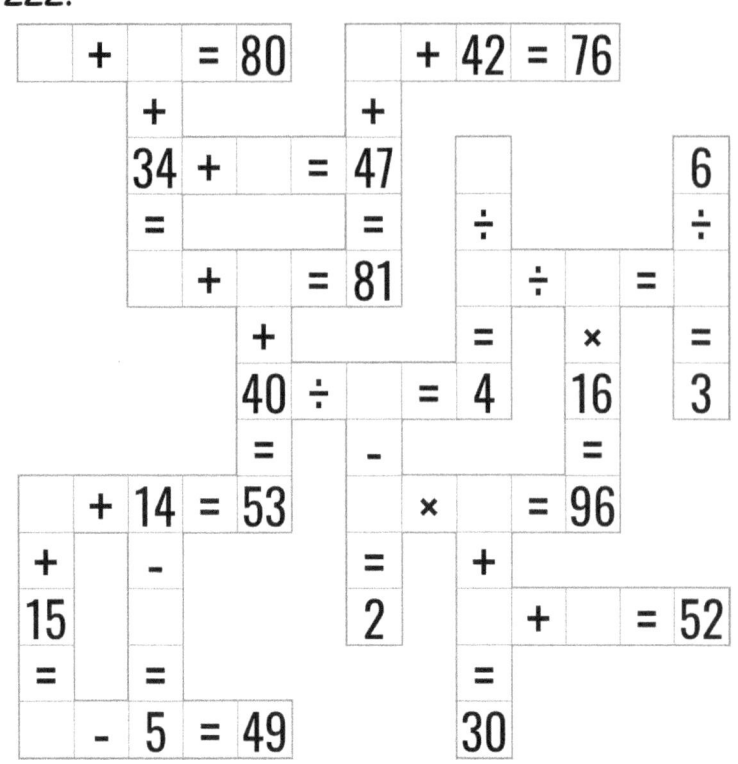

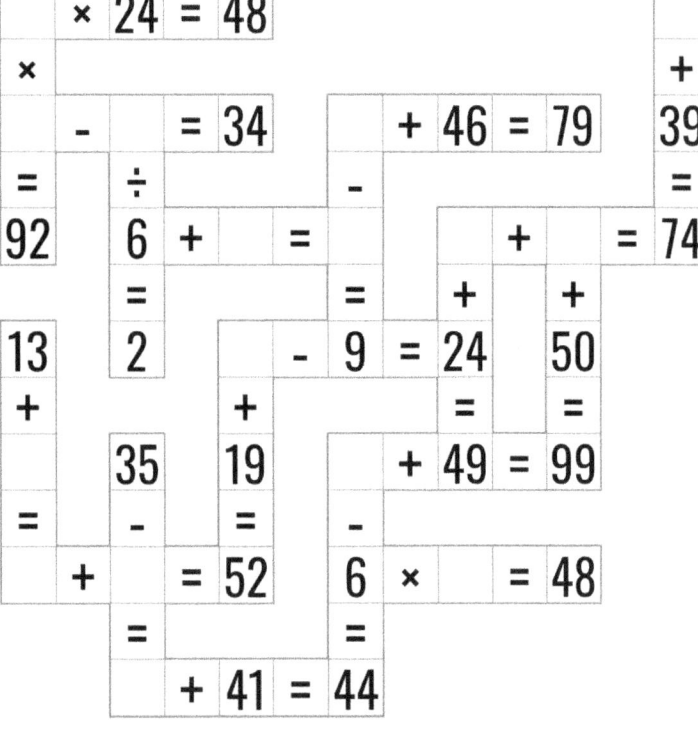

225.

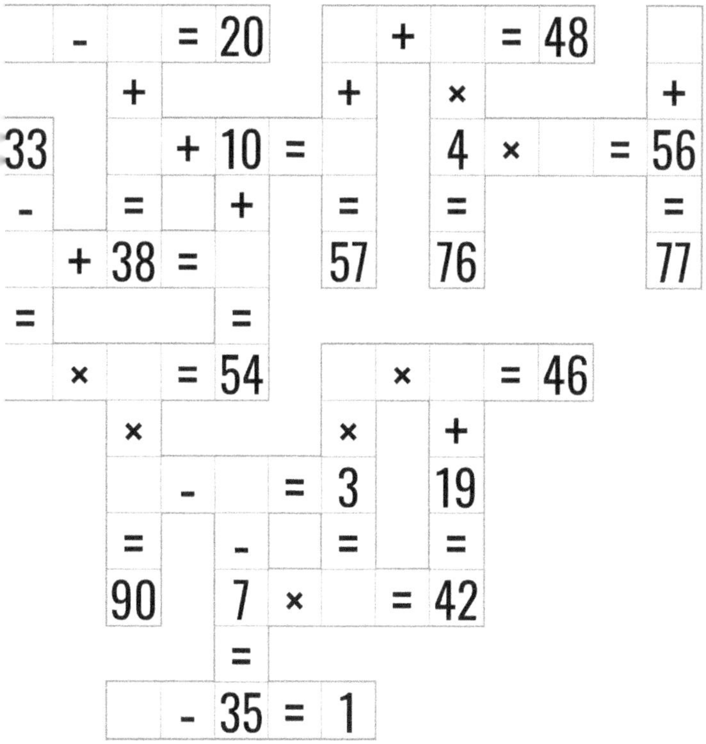

Temps: Score:

226.

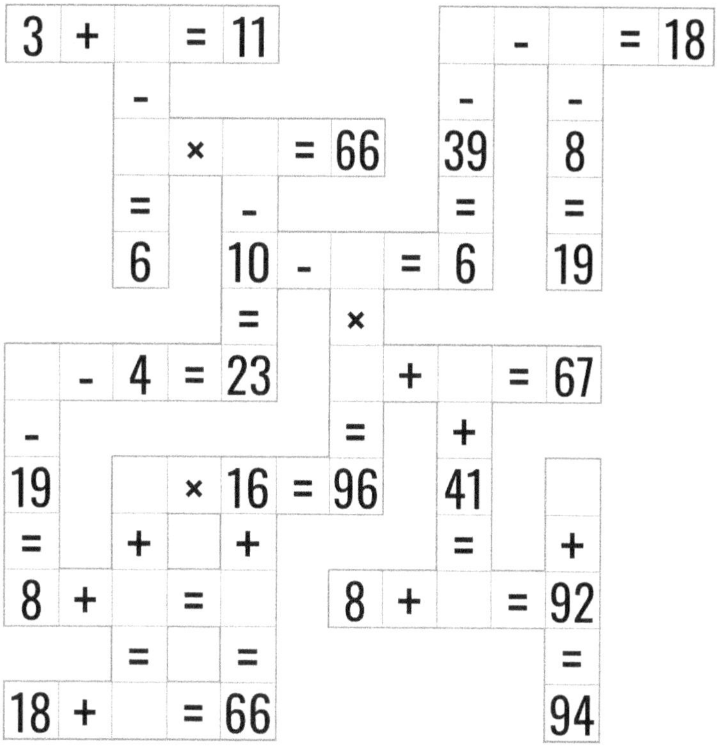

Temps: Score:

227.

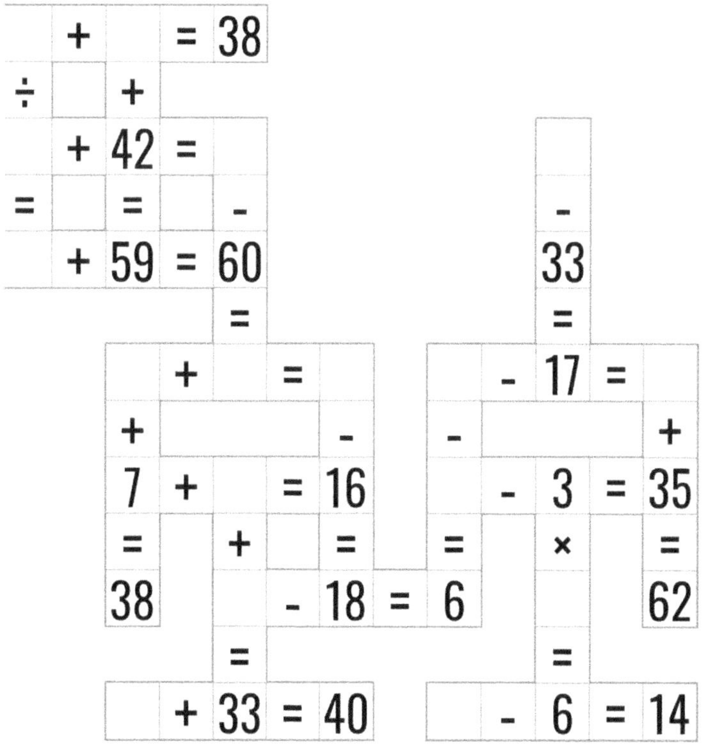

Temps: Score:

228.

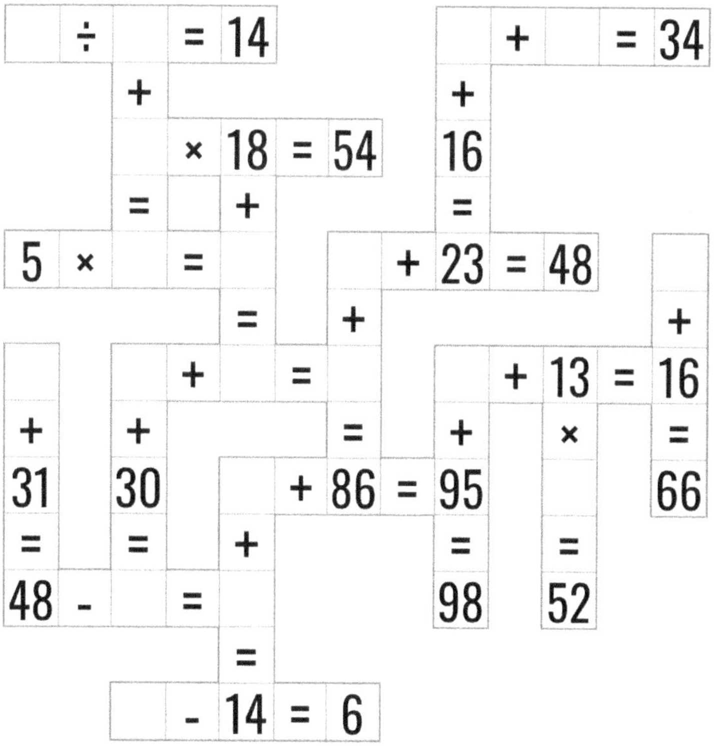

Temps: Score:

229.

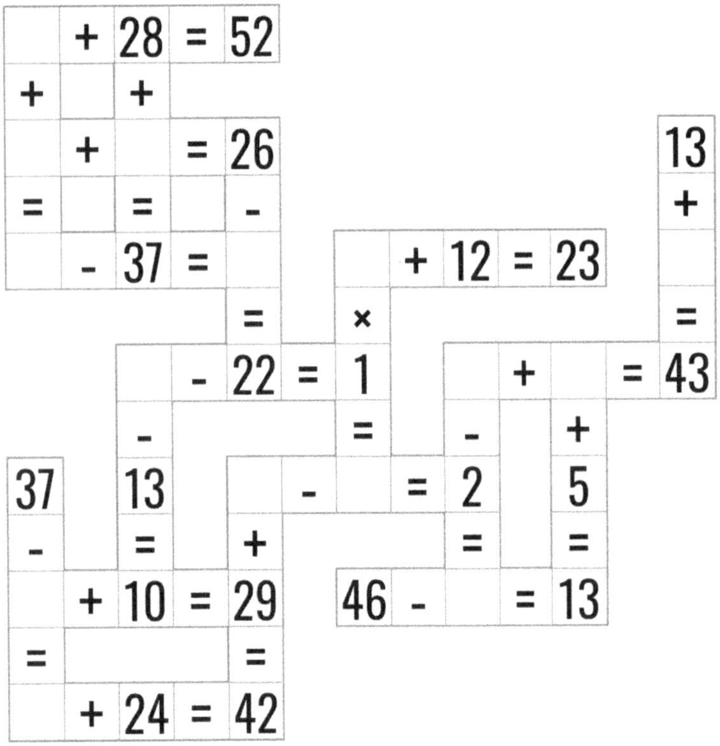

Temps: Score:

230.

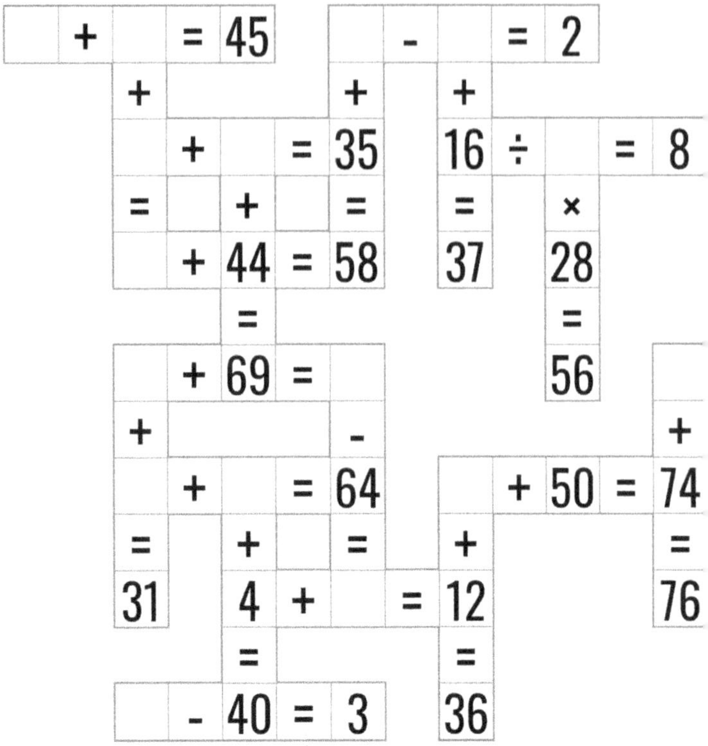

Temps: Score:

231.

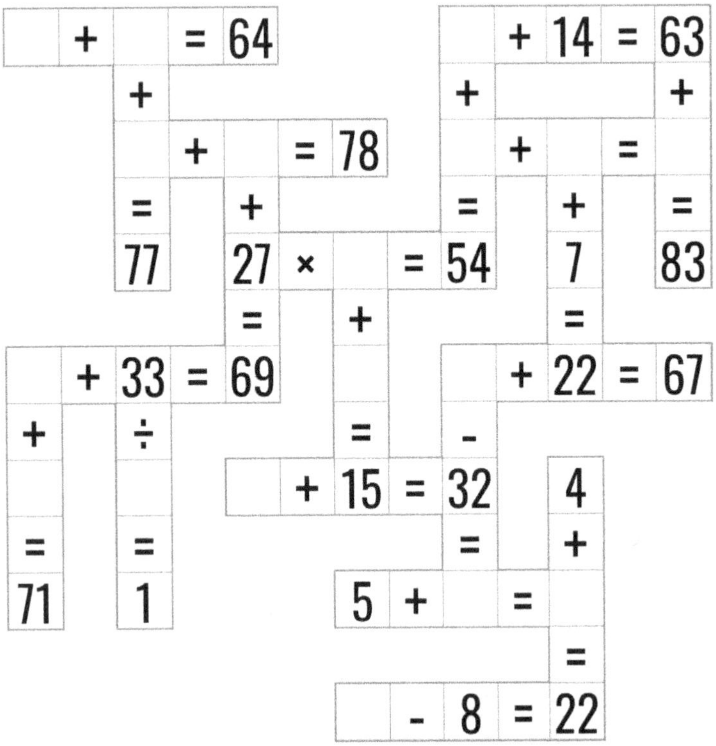

Temps: Score:

232.

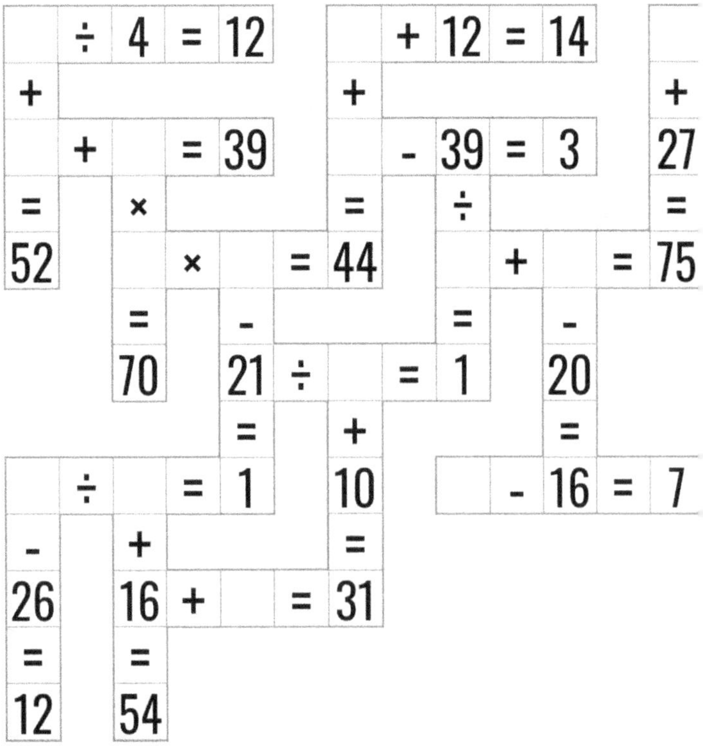

Temps: Score:

233.

	+		=	32		44	-		=	13		
		+				-		+				+
			+	16	=				+	12	=	52
		=		-		=		=				=
	-		=				+	71	=	91		65
-				=								
4	+		=	7			+	6	=	13		
=		+				÷		+				
39			-		=	1						
		=		+		=		=				
		46			-	7	=	11				
				=								
				60								

Temps: Score:

234.

	+	10	=	19					+	12	=	49
		×						+				
			-		=	5		25		32		
		=		+				=		+		
		90		38	+		=	62				
				=		+				=		
49	-		=	42			+		=	57		
-		×				=		+				
			+	34	=	45		23		32		
=		=						=		+		+
	+	77	=	97			+	59	=			49
										=		=
									+	95	=	98

Temps: Score:

235.

48	-		=	7					+	4	=	
+		-						+				+
	+		=						+		=	25
=		=		+		+		=		+		=
	-	15	=	49		48	+		=	69		42
				=		=				=		
			+	91	=	97			+	86	=	96
		+						+				
			+		=	47						
		=		-				=				
		32			+	17	=	21				
				=								
				17								

Temps: Score:

236.

	+		=	56								
+		+										
	+	42	=									
=		=		+						-		
	-	50	=	24						8		
				=						=		
			+	92	=	95			+	33	=	
		×										+
		28	+		=	65			-	15	=	22
-		=		+				+		+		=
15		84			+	39	=					63
=				=				=		=		
	+	20	=	54					-	64	=	29

Temps: Score:

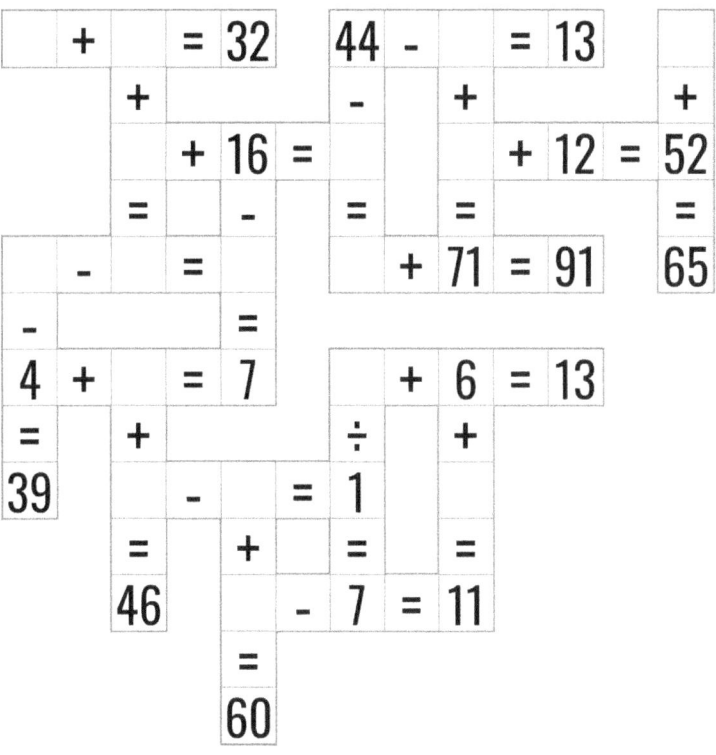

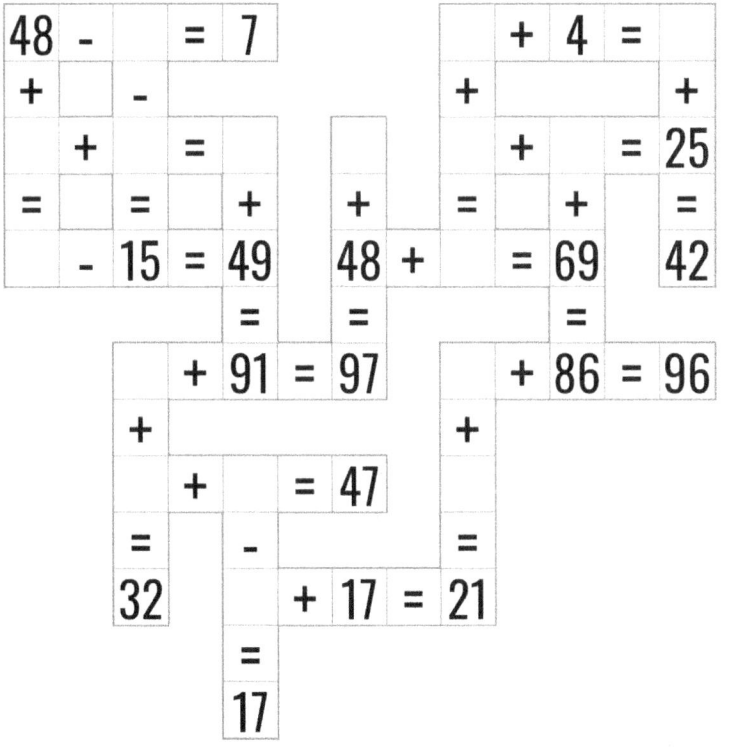

237.

	×		=			15	+		=	45		
+				-						+		+
11	+		=	61			-		=			50
=		+		=		+		×		=		=
16			-		=	22			+	65	=	70
		=				=		=				
		76			+	55	=	65				
				+								
				15	+		=	18				
				=		-		+				
			÷	25	=	2						
						=		=				
					×	1	=	27				

Temps: Score:

238.

	+	41	=	57			+	16	=	34		
		+				+		+				
			+		=	61			-		=	14
		=				=		=		÷		
	+	89	=	96		79		51		21		
+										=		-
		9	-		=				-	1	=	27
=				+		+		-				=
37		49	-		=	14		6	-		=	4
				=		=		=		×		
					-	18	=	22				
										=		
										80		

Temps: Score:

239.

	+	37	=			5	+		=	45		
÷				+						-		
	+	6	=	15			+		=			20
=				=		×		×		=		+
	×		=	88		21			+		=	
		+				=		=				=
		47	+		=	63		52	+		=	71
		=		+						-		
	+		=	79								
-				=						=		
2				95					×	8	=	64
=												
8												

Temps: Score:

240.

	+	19	=	31								
+												
	-		=									
=		-		+		-		+				
53		19		24	+		=	43				
		=		=		=		=		+		
	-	13	=	33			+	91	=	96		
-										=		
	+	26	=	33			+		=	98		
=		+				-		+				
39			-	24	=	3			+	25	=	44
		=				=		=				
25	+		=	78		46		68				

Temps: Score:

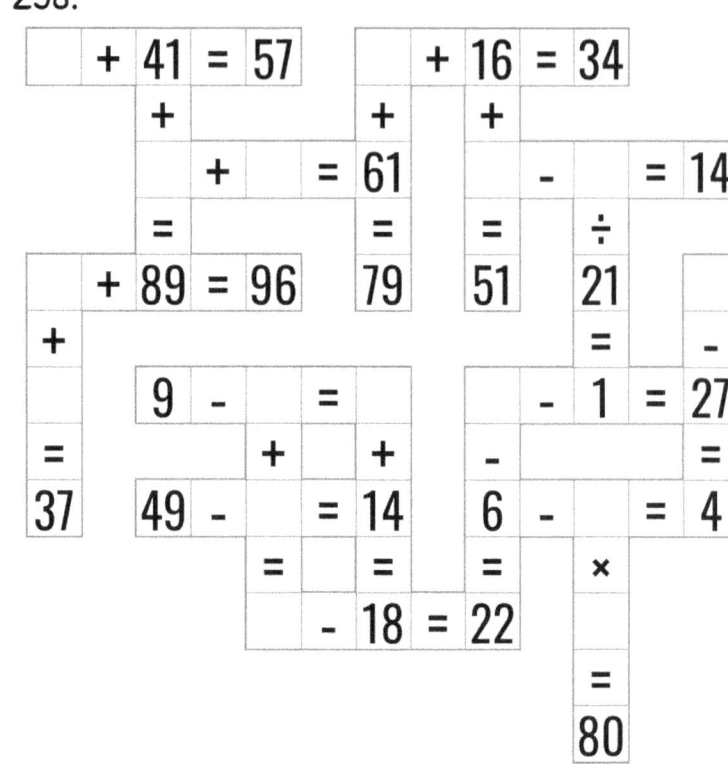

241.

	+	38	=	73			×	2	=	44		45
+				-		+						-
	+		=			49	+		=	95		
=				=		=		-				=
47			+	55	=	71			+		=	36
		+						=		+		
		46	+		=	50		37		23		
		=		+						=		
	+	62	=	92		45	+		=	50		
-				=				+				
17		2	+		=	98						
=								=				
13								40				

Temps: Score:

242.

	×	4	=	92			+	22	=	48		
×						+						
	-	2	=	1				13				
=		+				=		+				
69			+	50	=	54						
		=		+				=				
		6			+		=	46				
				=		+						×
	+		=	83		10	+		=	28		5
-		-				=		+				=
	+	46	=	49		23		48	+		=	90
=		=						=				
	-	1	=	32				66				

Temps: Score:

243.

	+	10	=	20								
+												+
24	+		=	48			-		=	5		33
=		+				+		+				=
34			×		=	84			+		=	71
		=		+		=		=		+		
	-	28	=	20			-	36	=	58		
				=						=		
	+	13	=	41			×	14	=	98		
+		+				+						
	+		=	90								
=		=				=						
72		59				12						

Temps: Score:

244.

	+		=	58			-		=	20		
		+				÷		-				+
			+		=	39		18	+		=	50
-		=		+		=		=				=
	+	45	=	49			÷	1	=			98
=				=						×		
	+	50	=	78			-	20	=	7		
		-				+				=		
			+		=					7		
		=		+		=						
25	+		=			95						
				=								
				95								

Temps: Score:

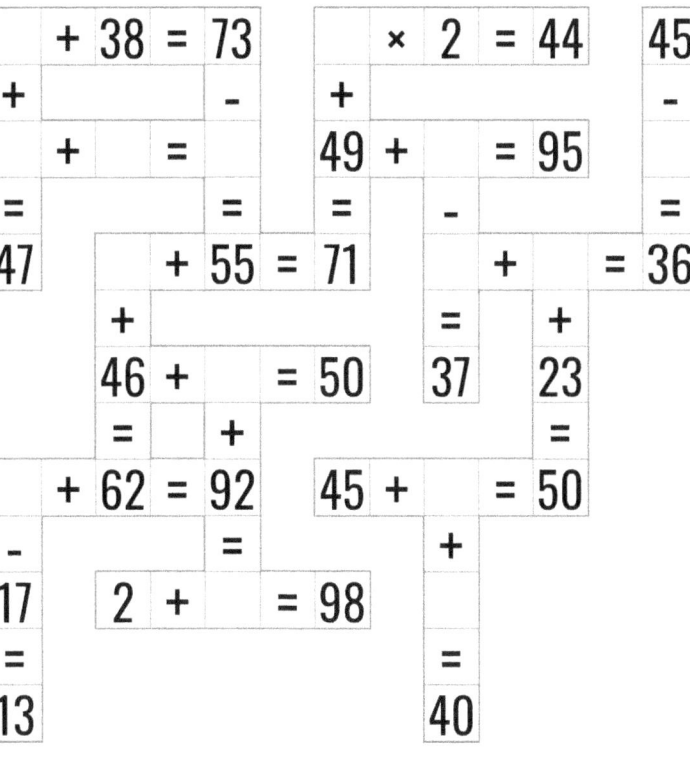

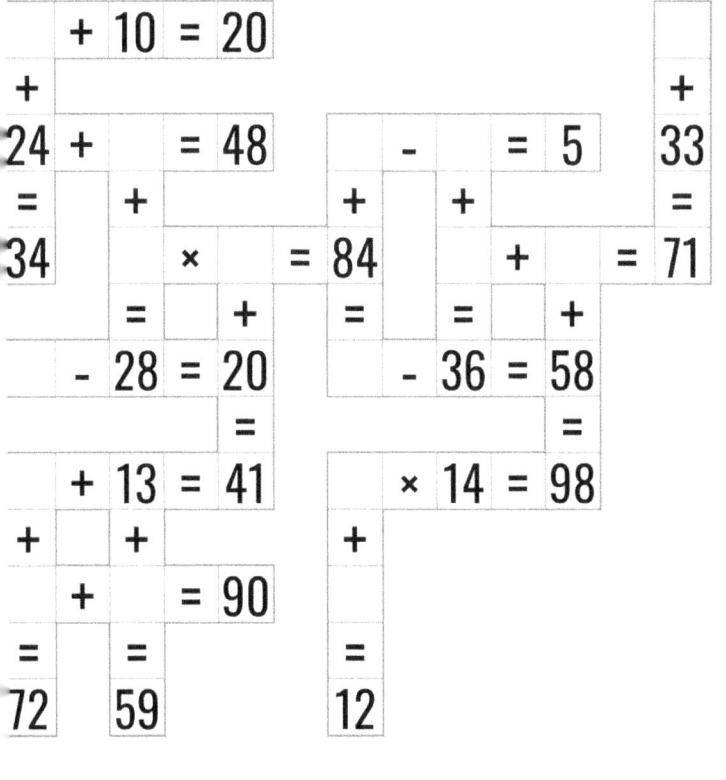

245.

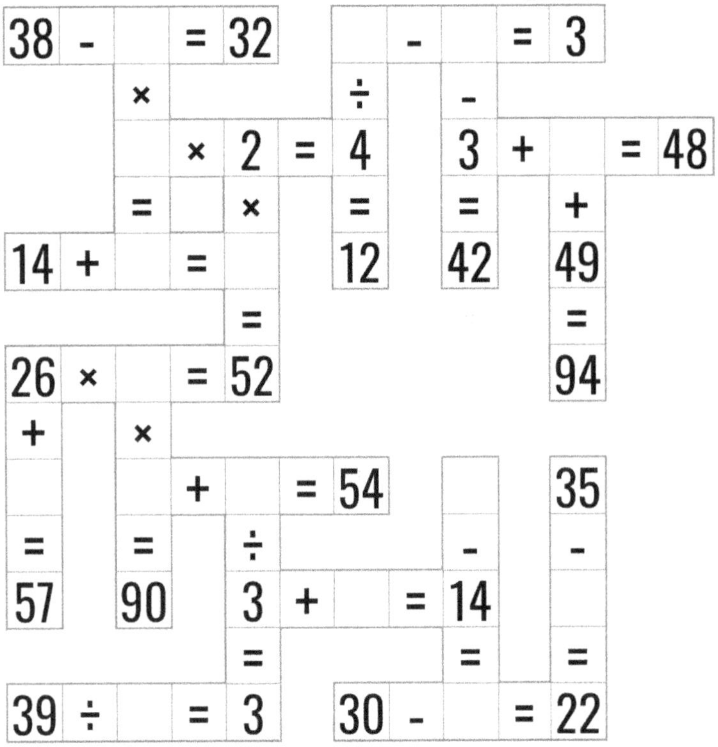

Temps: Score:

246.

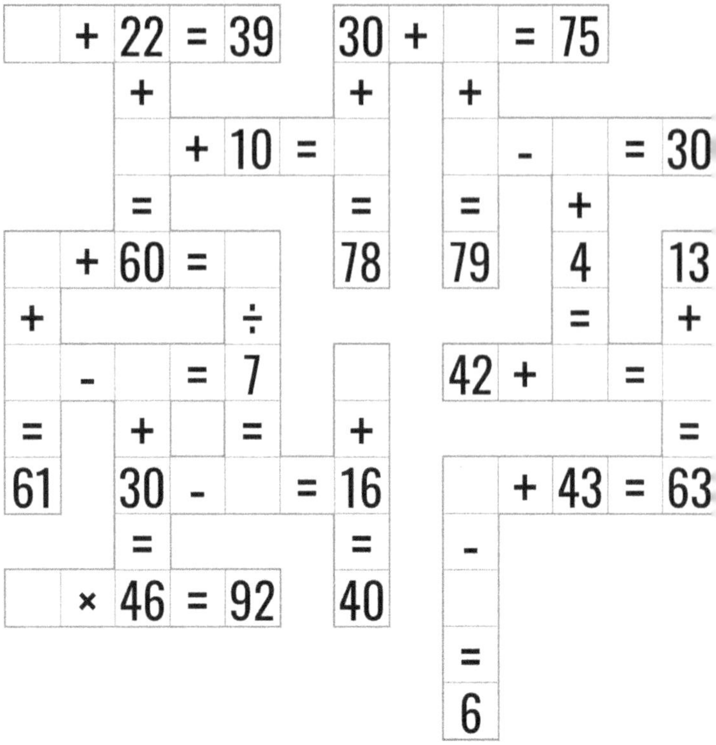

Temps: Score:

247.

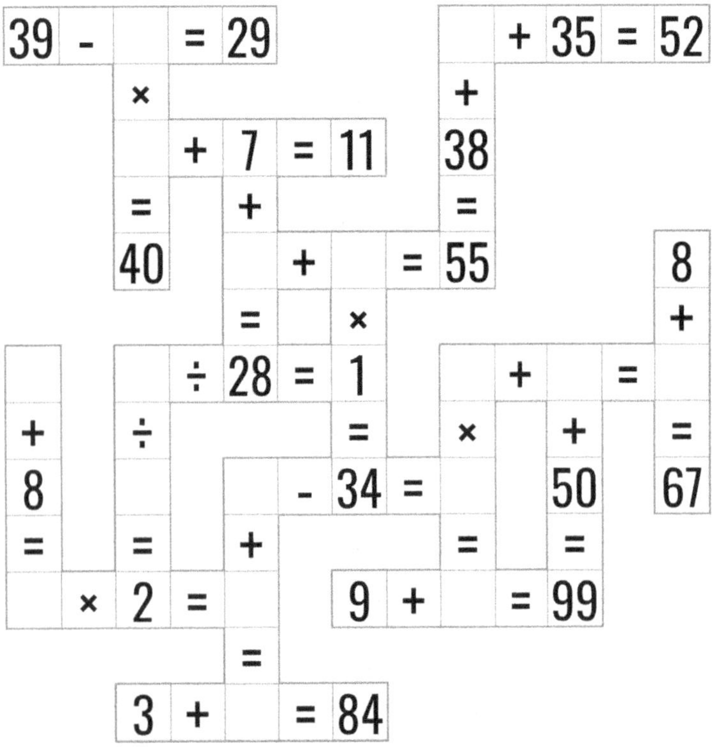

Temps: Score:

248.

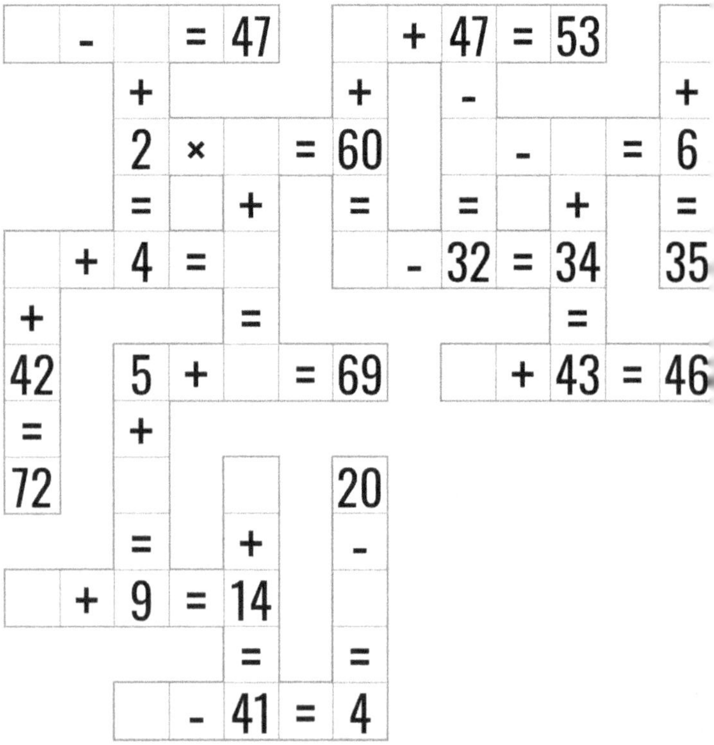

Temps: Score:

249.

30	-		=	15		37		2	×		=	
		+				-						+
			-		=				-		=	27
		=		+		=		+				=
		63			+	29	=	60				31
				=				=				
6			+	71	=	86		95				
+		+										
		4		27	+		=	57				
=		=		-		-				+		
33	-		=				+		=	37		
				=		=				=		
			+	13	=	22				52		

Temps: Score:

250.

	+		=	48			-	18	=			40
+						-				+		+
	+	16	=	61			-		=	26		
=		+				=		+		=		=
90			÷		=	8			+	47	=	89
		=		×				=				
	-	32	=	11			+		=	64		
+				=		+						
	-		=	22		16						
=		+				=						
84		32			+	33	=	58				
		=										
		51										

Temps: Score:

251.

	+		=	42					-	23	=	15
+		×						+				
	+	2	=	35				7				
=		=		+				=				
67	-		=				×	45	=	90		
				=		+						+
18			+	86	=				+	44	=	46
+		+				=		+				=
		30			+		=					56
=		=		+				=				
	-	33	=	3		2	+		=	99		
				=								
				7								

Temps: Score:

252.

	-		=	18								
-												+
	×		=	51								36
=		+						+				=
34			+		=	21			+	11	=	41
		=		-				=				
	-	26	=	7			+	36	=	75		
				=		+						
	-		=	5		15	+		=			
-		+				=		+		+		
		42	+		=	54				26		
=		=						=		=		
32		84					+	64	=	70		

Temps: Score:

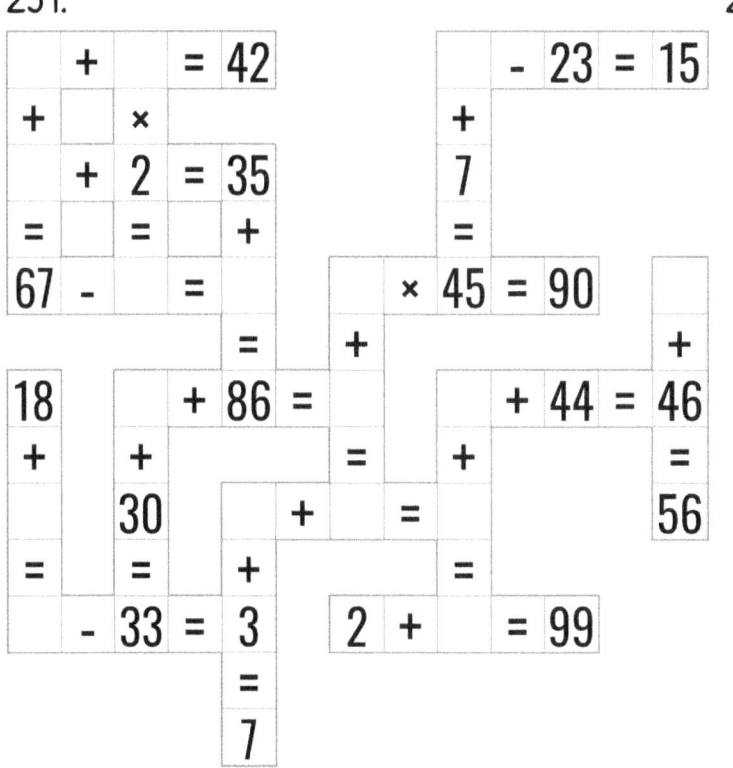

253.

13	+		=	20			+		=	72		
		+				+		+				
			+		=	51		38				
		=		+		=		=				
	-	19	=	29		93		68				
-				=								
41			+	68	=	80						
=		+						-				+
7			-	2	=	39			+	23	=	28
		=		+				=		-		=
		53			-		=	13				50
				=						=		
	+	34	=	47			÷	5	=	2		

Temps: Score:

254.

	×	3	=	12			-	24	=			
×						-				+		
	+		=	55			+	29	=	66		2
=		-				=				=		+
80			-		=	6			+	85	=	
		=		+				×				=
		13		5	+		=	8				95
				=		+		=				
		43	-		=	22		64				
-		+				=						
35			+		=	25						
=		=										
12	+		=	66								

Temps: Score:

255.

	+	11	=				+	4	=	
+				+		×				+
	-	33	=	15			+	18	=	28
=				=		=				=
85		27	+		=	90				41
		-						-		
			+		=	74		28		
		=		+				=		+
	-	1	=	26			+	17	=	27
-				=		+				=
4			+	74	=	88				74
=						=				
23			+	49	=	98				

Temps: Score:

256.

	÷	2	=	5			-		=	14		
		+				÷		-				
			-		=	21		22	+		=	57
		=		+		=		=		+		
	-	38	=	2			×	6	=			
-				=						=		+
17			+		=	66			+	47	=	64
=		-						×				=
23			+		=	84		3				73
		=		+				=				
	+	9	=	45				51				
				=								
				89								

Temps: Score:

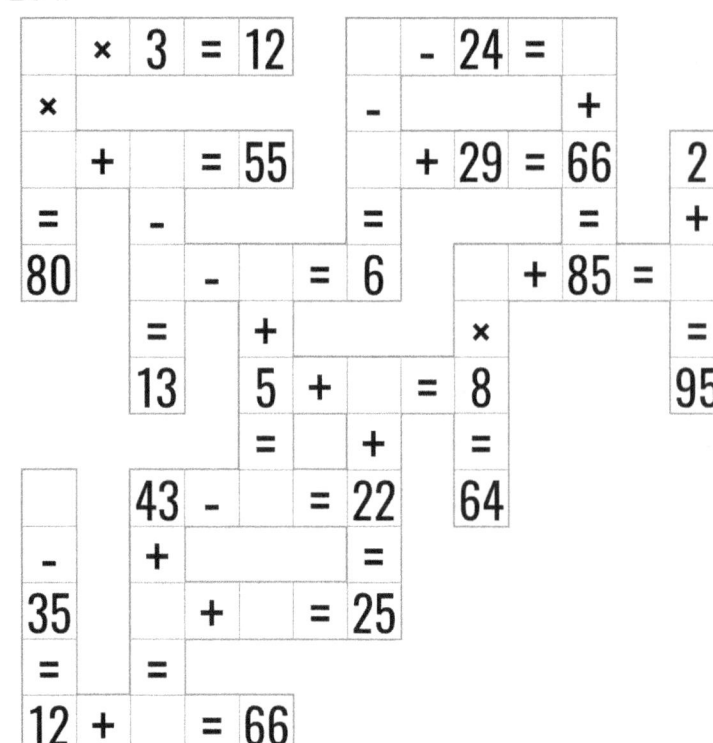

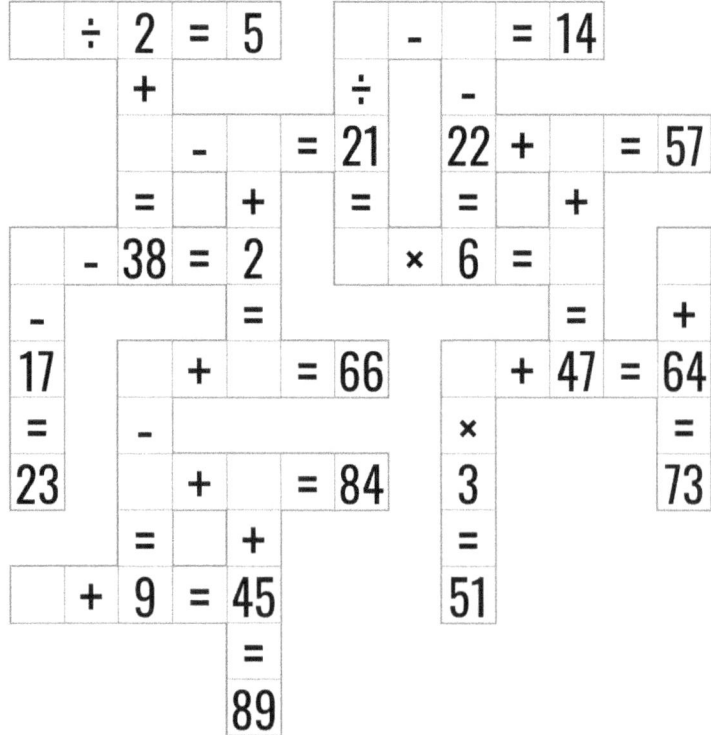

257.

	-	48	=	1						24		
+										+		
	+		=	72			+	33	=			2
=		-		-		+				=		+
91		2	×		=	68			+	80	=	
		=		=		=						=
10	+		=	38		91						99
-												
	+	33	=	41			+		=	13		
=		-				+		-				
2			+		=	65		6				
		=				=		=				
	+	17	=	45		69		3				

Temps: Score:

258.

	+		=	57			-		=	1		
		-				+		-				
			-		=	24		23				10
		=		×		=		=		+		×
	-	3	=	7		58	+		=	68		
+				=						=		=
36	+		=	49				6	+		=	90
=		+				+						
46			+		=	41						
		=		+		=						
	+	42	=	64		72						
				=								
	+	33	=	76								

Temps: Score:

259.

	-		=	23								
		÷										
		17	-		=	2				47		
		=		+						-		+
	+	1	=	8								2
+				=						=		=
			-		=	6			+	15	=	52
=		+				-		-				
40		46	-		=			22	+		=	33
		=		+		=		=		+		
		75		17	-		=	15		49		
				=						=		
	+	13	=	59		17	+		=	60		

Temps: Score:

260.

12	×		=	24					+	8	=	15
		×						+				
		26			+	18	=	43				
		=		+				=		+		
	+	52	=	60			+	50	=	55		
-				=		+				=		
3			+	85	=			2	+		=	
=		×				=		+				-
5			×		=	96			+	22	=	42
		=		+				=				=
		48		25				22				51
				=								
6	+		=	37								

Temps: Score:

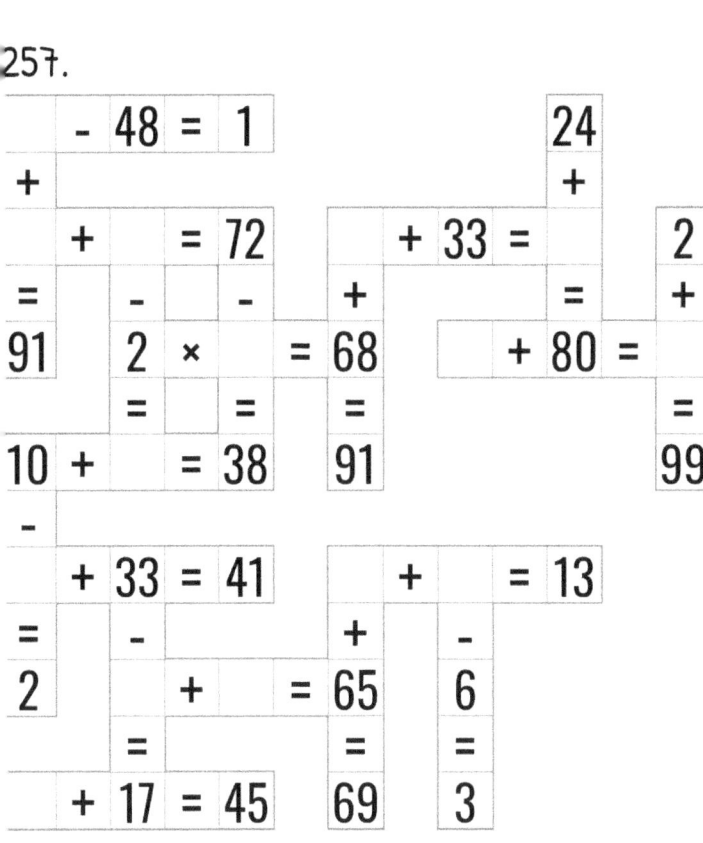

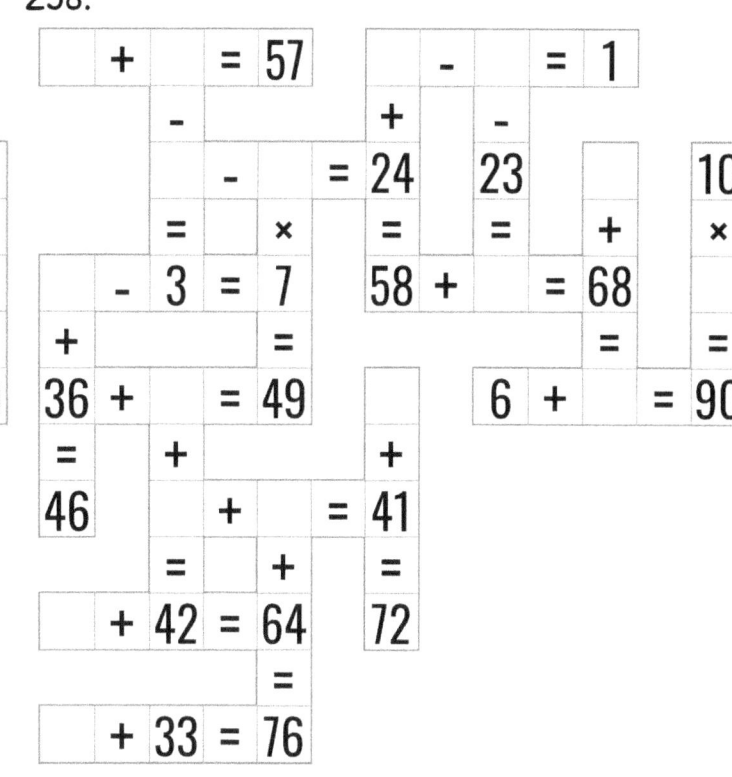

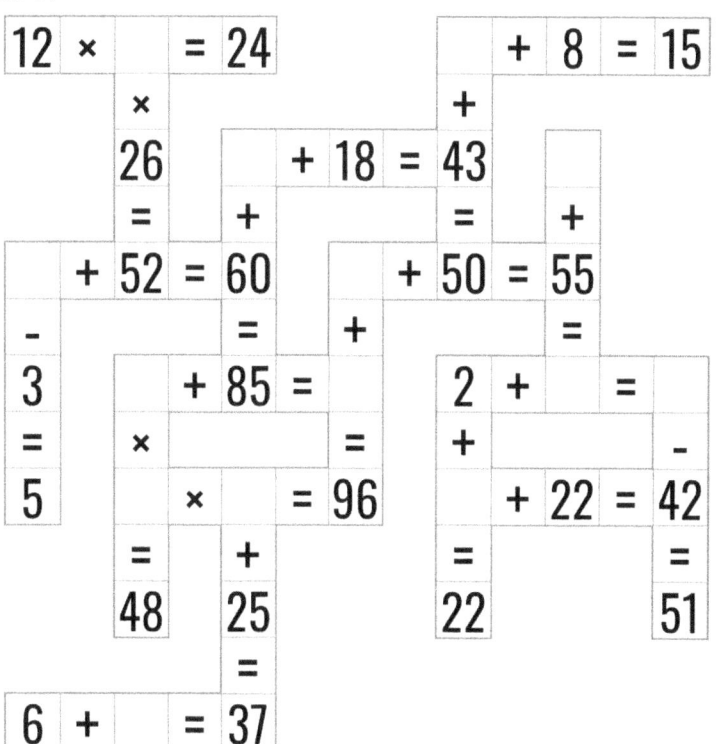

261.

	-		=	1			÷		=			
		-				+		+		+		+
			+	23	=			17	+		=	40
		=				=		=		=		=
26			+		=	58		29	+		=	54
-				÷								
				14	×		=	28				
=				=								
	-	15	=	2								
		+				+		×				
			+	50	=	61		9				
		=				=		=				
		26			+	96	=	99				

Temps: Score:

262.

	+	15	=						-	19	=	
-				+								×
14	-		=	3			+		=	57		3
=		+		=		+		-		+		=
2			+	34	=	62			+		=	48
		=				=		=		=		
	+	39	=				-	7	=	87		
÷				-								
	+		=	58								
=		+		=								
	+	11	=	14								
		=										
		58										

Temps: Score:

263.

	×		=	60			-	5	=	3		
		+				×		×				
			-		=	10			+	9	=	26
		=		×		=		=				
	-	17	=	19		80		85				
				=								
33	+		=	38			+	35	=	66		
		+				-		+				
19			+		=	21			-		=	2
+		=		+		=		=		+		
		20		19		10		75				
=				=						=		
	-	2	=	25						61		

Temps: Score:

264.

	+	5	=				+	20	=	59		
-				+		+						
	+	35	=	45		40						
=				=		=						
13			+		=	79						
		÷										
			+		=							
		=		+		+				+		
	-	1	=	17			÷		=	3		46
-				=		=		+		=		-
7		25	+		=	86			+	32	=	
=								=				=
11					-	2	=	23				3

Temps: Score:

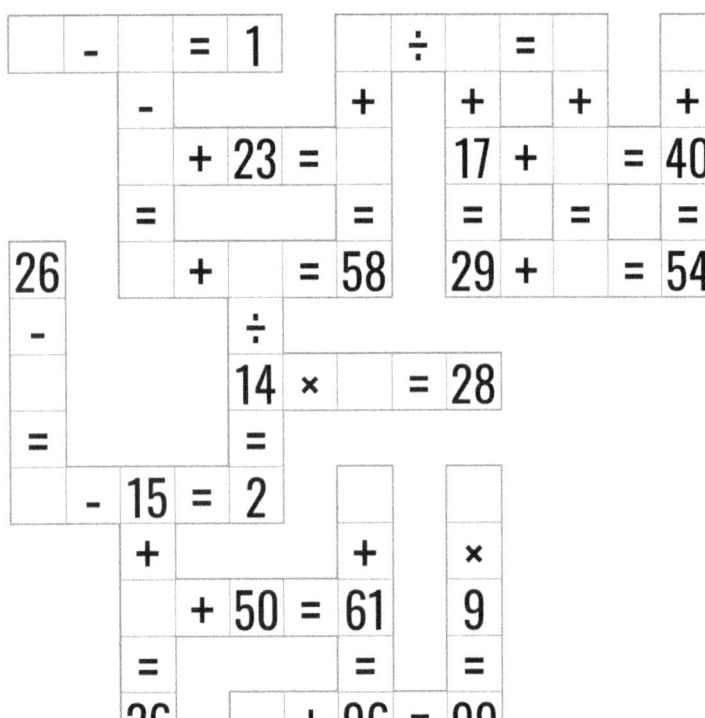

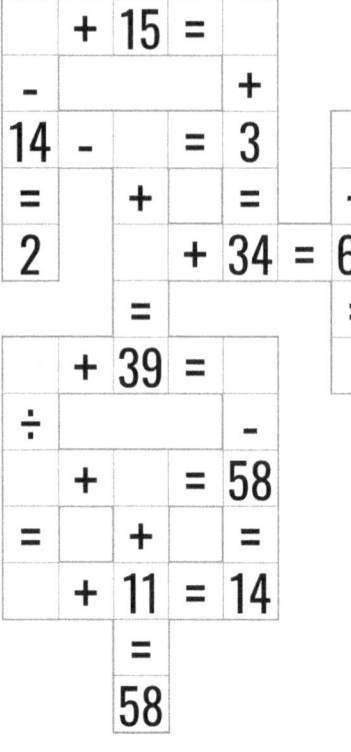

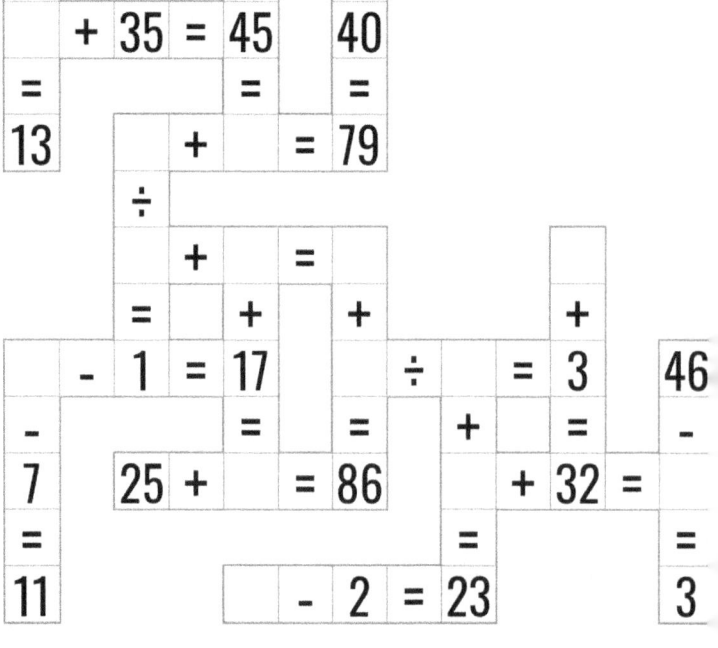

265.

	-	30	=	9		13			+		=	48
+						-				+		+
	+		=	54			×		=	70		
=		+				=		+		=		=
61			÷		=	3			+	85	=	93
		=		+				=				
		47		47			-	15	=			
				=						+		
26	+		=	52			+		=	61		
		-				+				=		
			+	9	=	26				66		
		=				=						
		9				55						

Temps: Score:

266.

	×		=	58		2	+		=			
		+						+		+		
		20			-		=			36		
		=		+				=		=		
	+	49	=	90		34	+		=	84		
-				=								
			+	96	=							12
=		+				-						×
22			+		=	84			×	3	=	
		=		+		=		×				=
		43			-	14	=	24				72
				=				=				
		2	+		=	83		48				

Temps: Score:

267.

48	-		=	7		3	×		=	45		37
		-				+		+				-
			+		=				-	32	=	
		=		+		=		=		+		=
	+	11	=	24			-	51	=			33
				=						=		
32		14	+		=	88				64		
+		-				-						
			+		=							
=		=		×		=						
37	-		=	30		78						
				=								
		4	+		=	94						

Temps: Score:

268.

	×	2	=	74		38	-		=	18		
		+				-		+				-
			+		=				+	4	=	8
		=		+		=		=		+		=
	+		=	48		1		24				19
+				=						=		
24		28	+		=	95			-	45	=	4
=		+						-				
52			-		=	27		38				
		=		+				=				
5	+		=	69				11				
				=								
		15	+		=	93						

Temps: Score:

269.

	+		=	42		35						
+						+				+		
	+		=	30			×		=	56		
=		+				=		-		=		
19			+		=	39		7		80		
		=		-				=				
	-	36	=	8		20	-		=	13		
-				=								
	-		=	16		39			+	29	=	62
=		+				-		-				
19		19	+		=			28				
		=				=		=				
		28			÷	6	=	5				

Temps: Score:

270.

	+		=	46					-		=	8
		+						+		×		
		50			+	50	=			14		
		=		+				=		=		
	+		=				+	80	=	98		
+				=								
36			+	93	=	96						16
=		+										+
45			-	7	=				+	45	=	
		=		×		+		+				=
		38			+	41	=	48				68
				=		=		=				
		20	+		=	69		55				

Temps: Score:

271.

	÷	11	=							
+				×						
	+	40	=	52						
=		-		=		+				
	+		=	52			+	33	=	39
		=				=				+
	-	11	=	26			-	30	=	
-										=
	×		=				+	12	=	45
=		+		-		+		+		
34			+	29	=	38				
		=		=		=		=		
	+	34	=	46		71		32		

Temps: Score:

272.

	-	24	=	1			+		=	82		
		-				+		-				
			×		=	60		10	+		=	37
		=		×		=		=		+		
	-	12	=	13		92		40				
+				=						=		+
25			+	65	=	97			+	68	=	94
=		÷						+				=
50			-		=	1		11				98
		=		+				=				
	×	2	=	40			+	37	=	76		
				=								
				55								

Temps: Score:

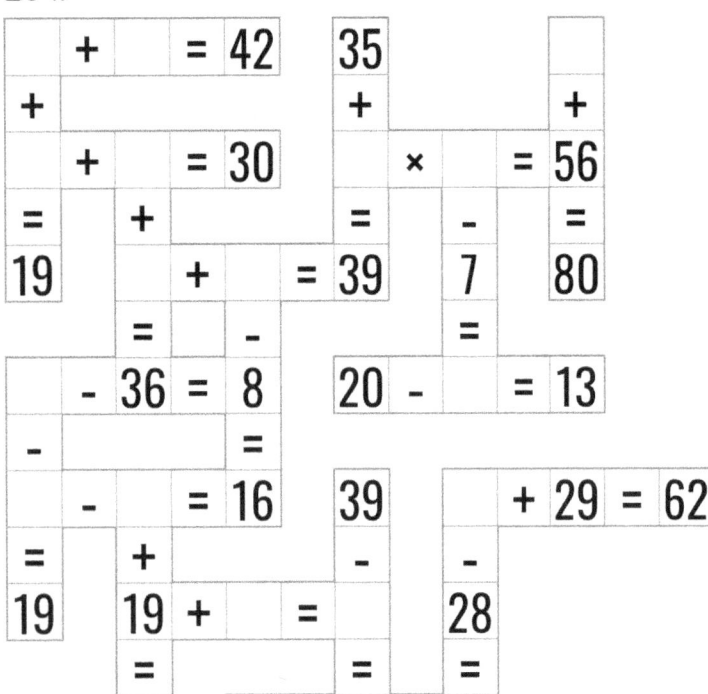

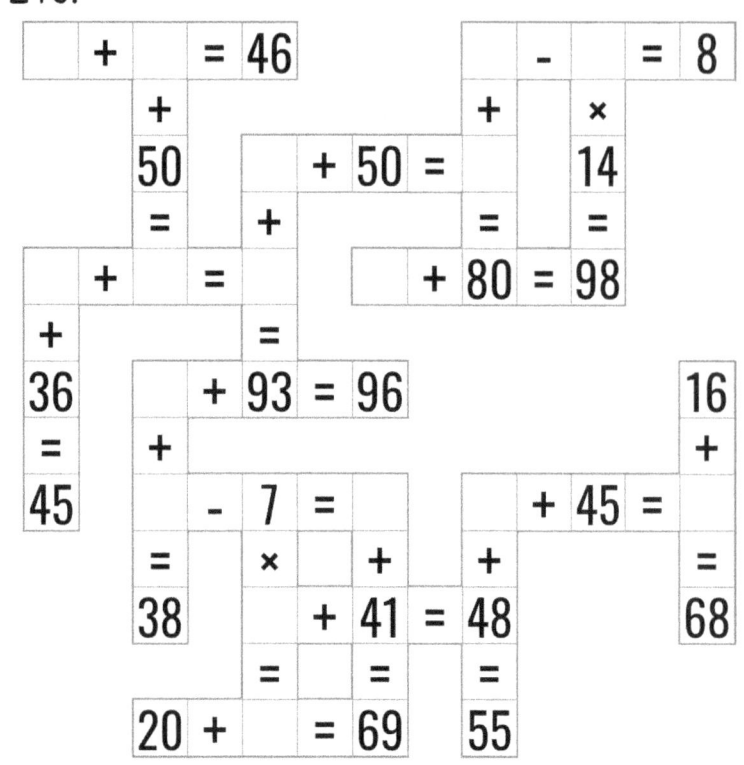

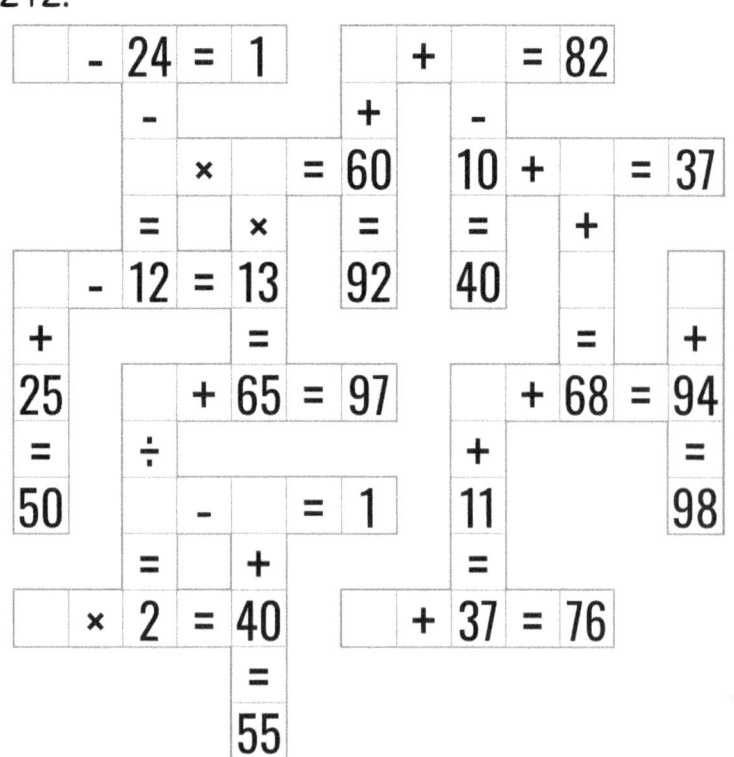

273.

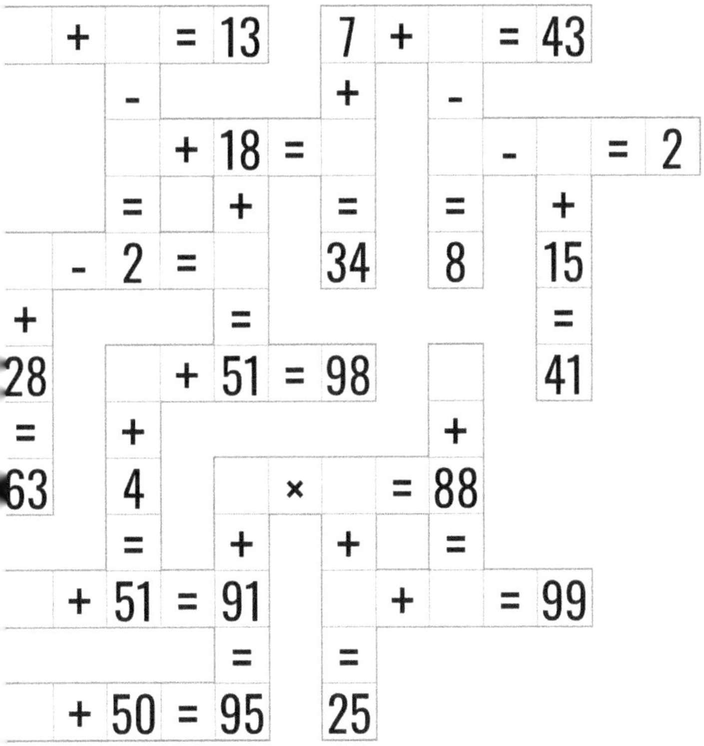

Temps:	Score:

274.

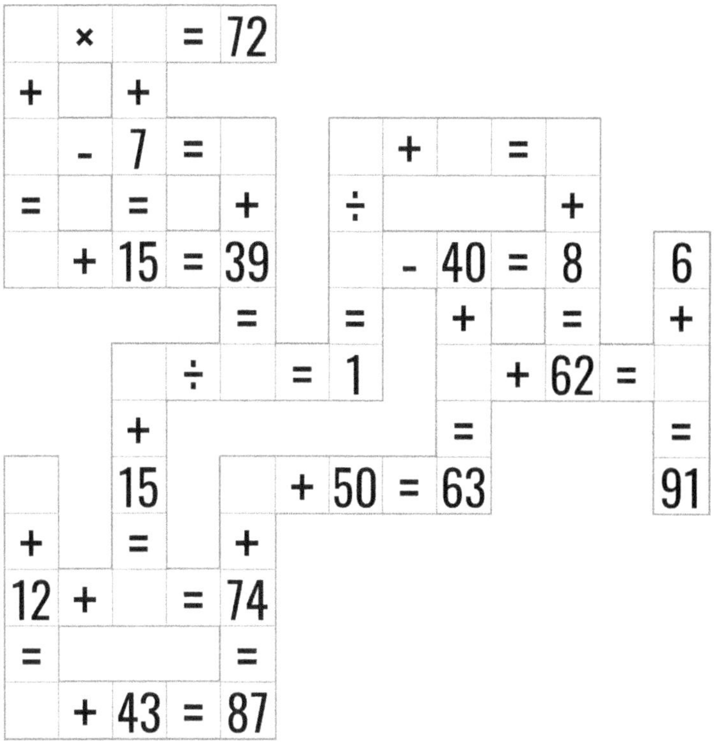

Temps:	Score:

275.

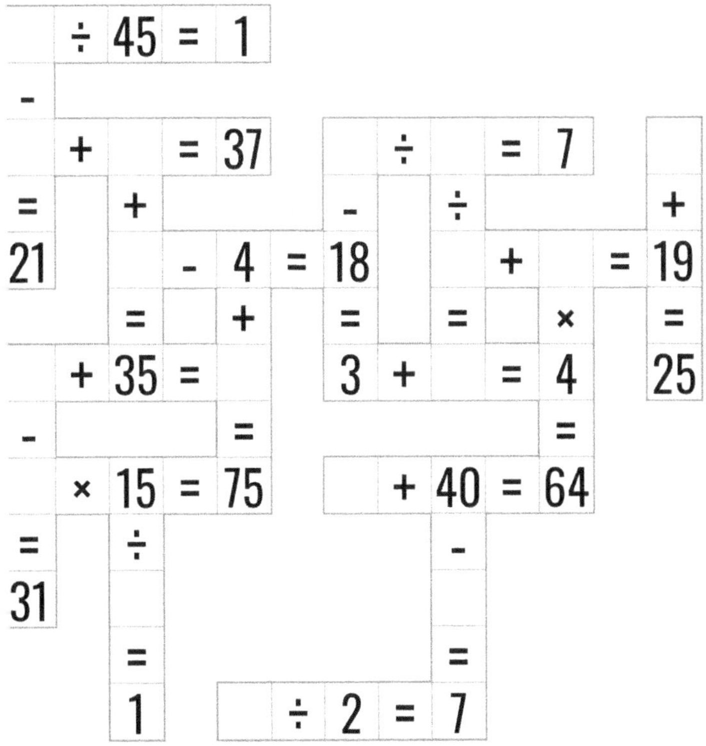

Temps:	Score:

276.

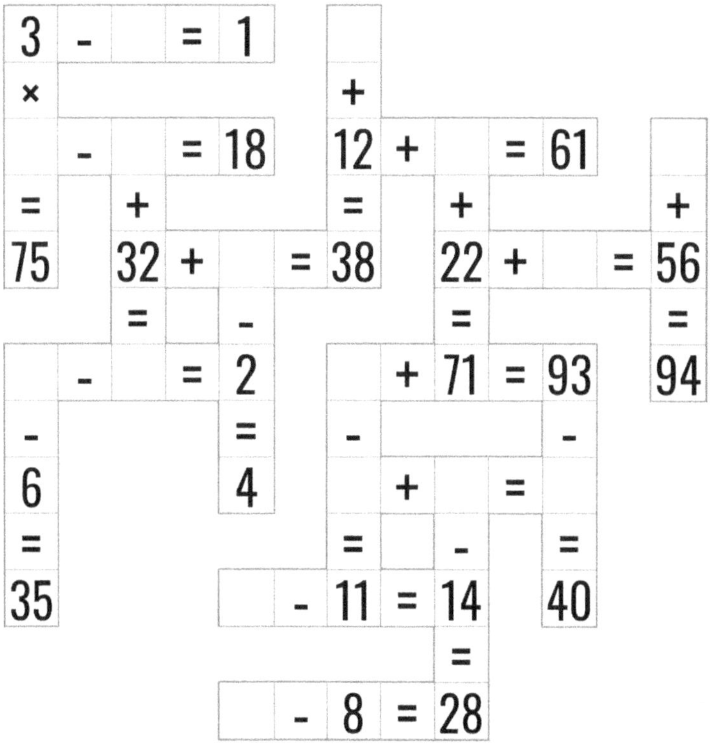

Temps:	Score:

277.

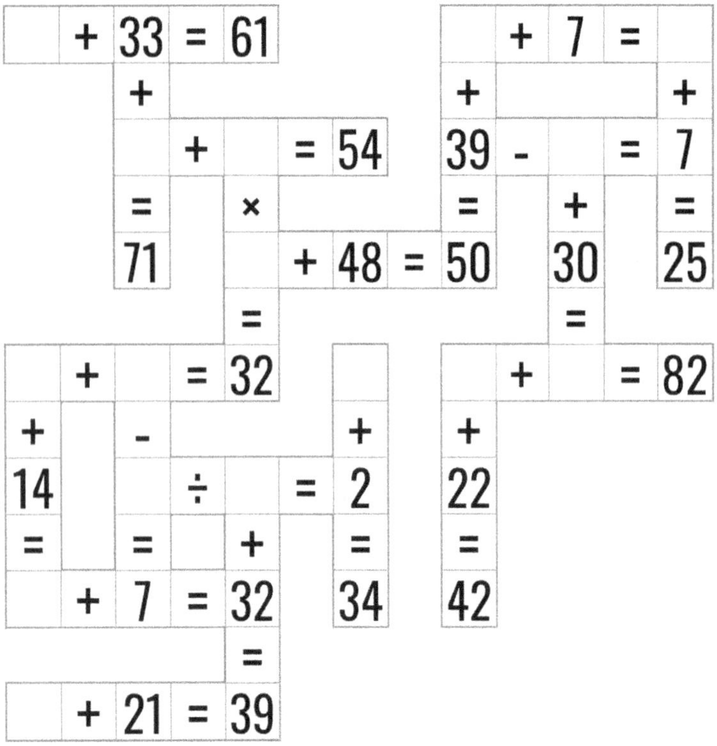

Temps: Score:

278.

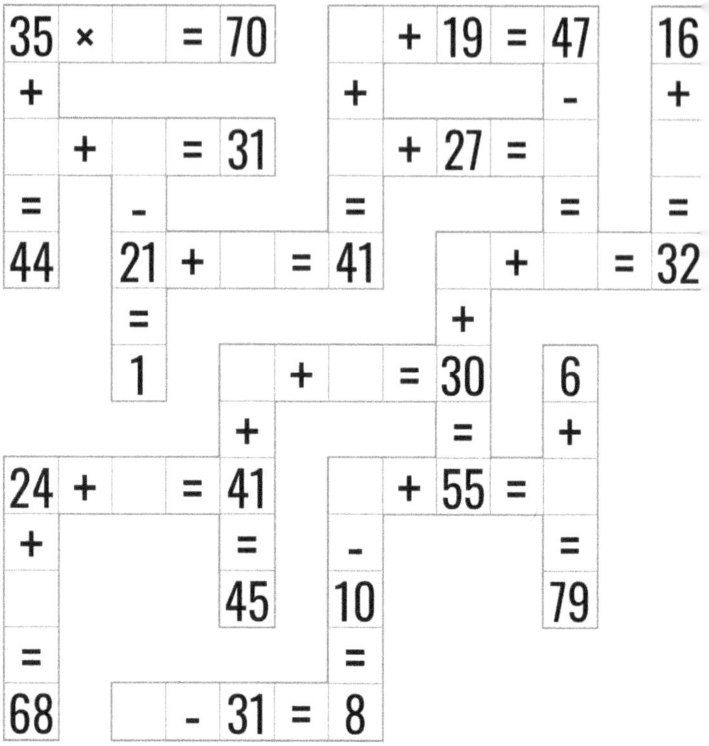

Temps: Score:

279.

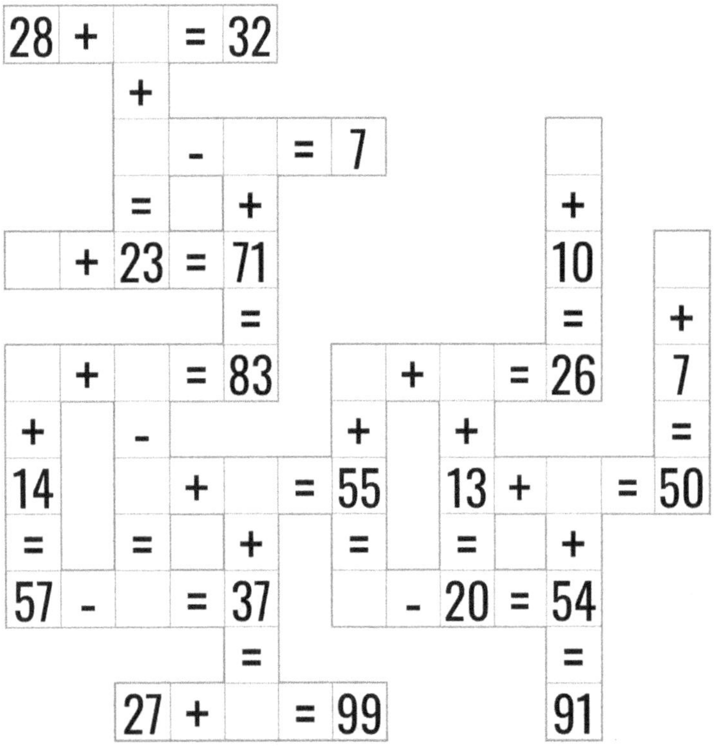

Temps: Score:

280.

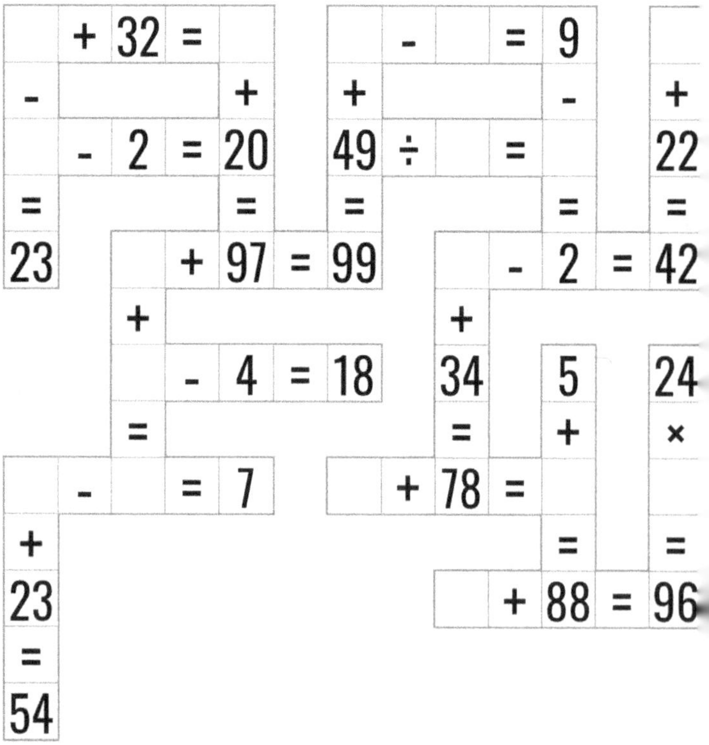

Temps: Score:

281.

	-		=	18			×		=	81		
-				+		×		+		-		
	×	3	=				-	4	=			
=				=		=		=		=		
9			+	75	=	87			+	56	=	87
		+										-
		3	+		=	5			+		=	
		=		+				+		+		=
		15			+	14	=			23		30
				=				=		=		
			-	12	=	33		32		72		

Temps: Score:

282.

36	+		=	52		2	+		=	12		
		+				×		+				+
			-		=				-		=	33
		=		-		=		=		+		=
		53		7	+		=	45		9		69
				=						=		
			+		=	17				11		
		+						+				
		28			-	7	=	38				
		=		-				=		+		
2	+		=				+	47	=	94		
				=						=		
			-	9	=	33				98		

Temps: Score:

283.

	-		=	41					+		=	41
+										+		+
	+		=	36			+		=	59		
=		+				+		+		=		=
57			-	38	=	6			+	71	=	83
		=				=		=				
	+	67	=				+	49	=	77		
+				-								
	+		=	51		28						
=		+		=		+						
62			+		=							
		=				=						
		24				79						

Temps: Score:

284.

44	+		=	76								
-		-										
	-		=							41		
=		=		×						-		
22	-		=	3			+	21	=			43
				=		×				=		-
12			-	27	=				+	8	=	
-		+				=		+				=
		15	+		=	36			-		=	10
=		=						=		×		
	+	45	=	51				49		4		
										=		
									+	56	=	58

Temps: Score:

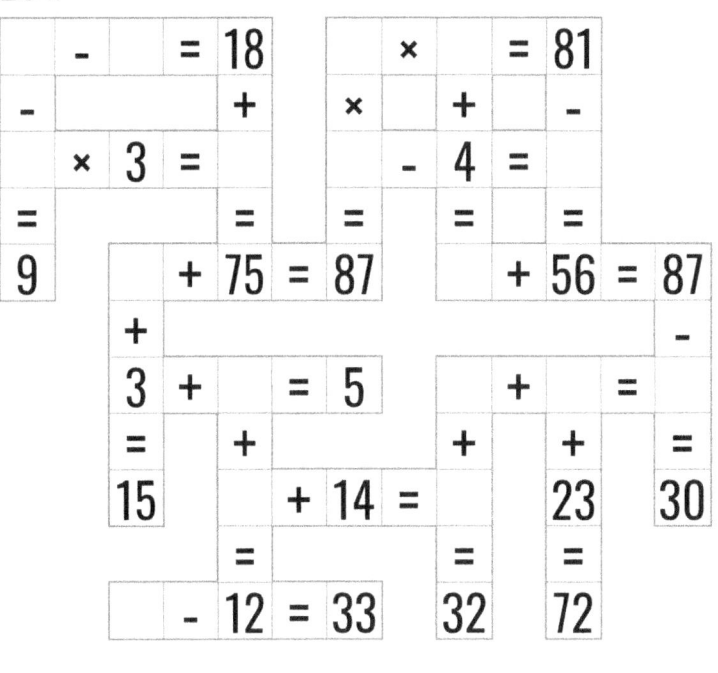

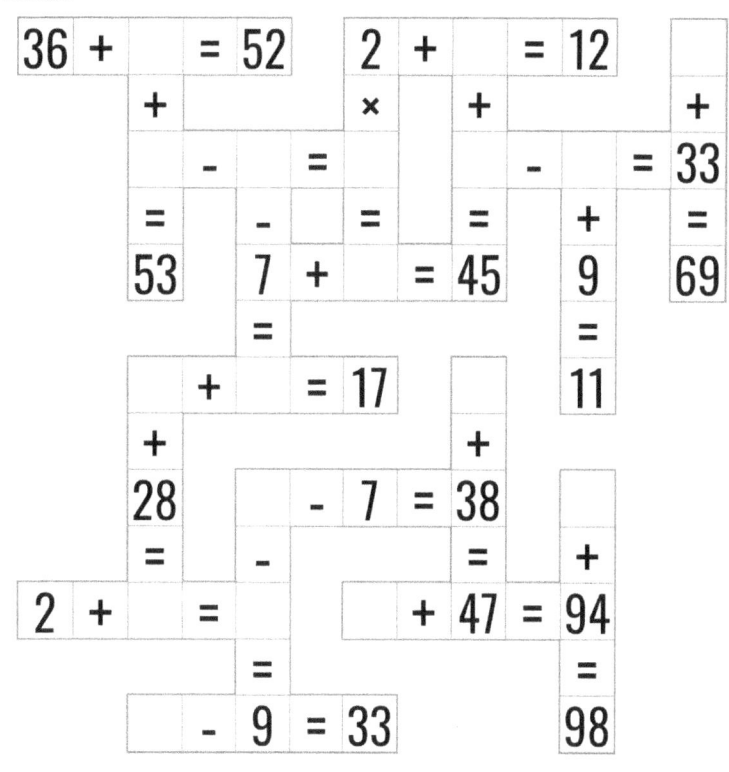

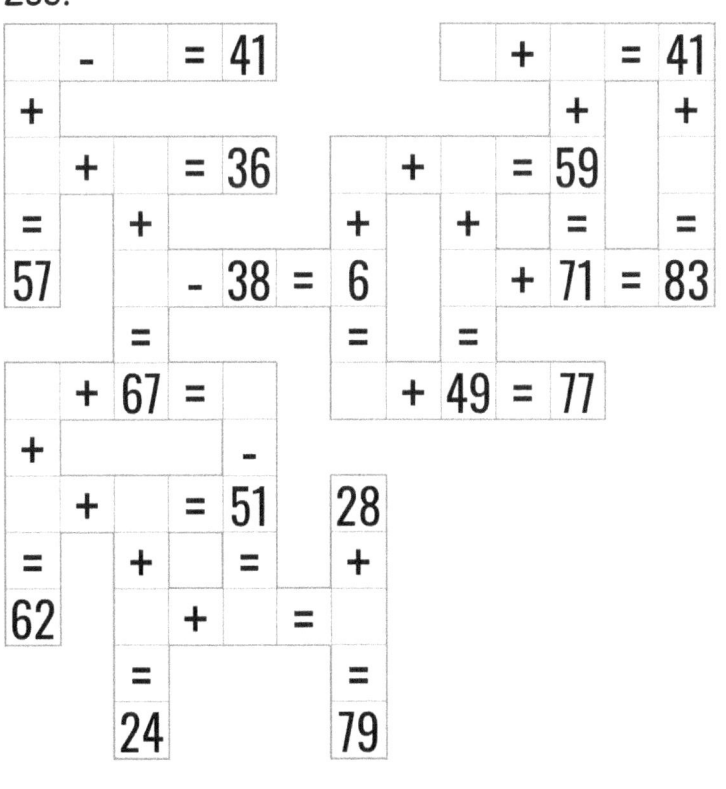

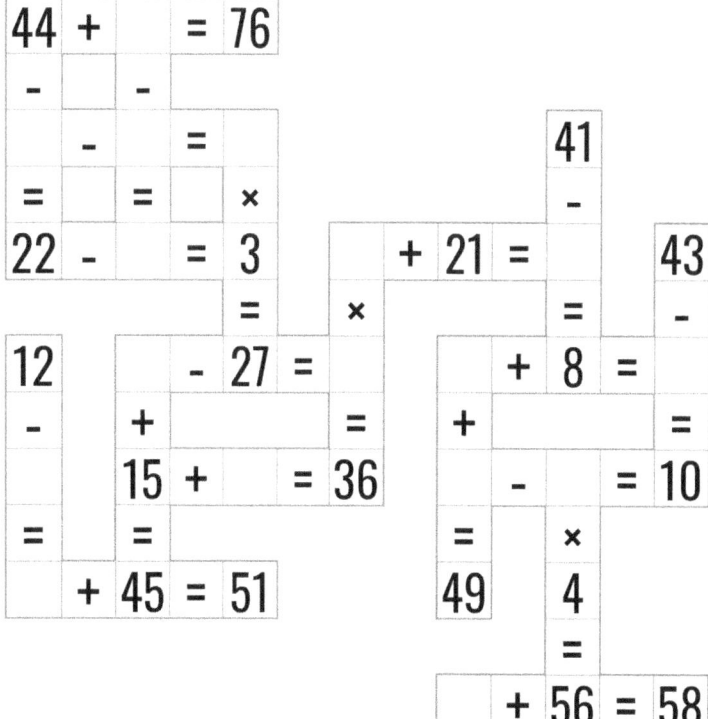

285.

	-	24	=	4					-	13	=	
		+										×
			-		=	29			-	20	=	4
		=		+				+				=
		55			+		=	55				8
				=		÷		=		+		
	-		=	13		2	+		=	81		
-		-				=				=		
	+	12	=			22		2	+		=	93
=		=		+				×				
	+	15	=	29								
				=				=				
				67				78				

Temps: Score:

286.

8	+		=									
+				+								
	-		=	18			+		=	80		
=		+		=		+		÷				
42			+		=	61		44				
		=				=		=				
33	+		=	74		97		1				
÷				-								
	+	37	=				+	45	=	85		
=				=		+		+				+
11			+	34	=				-	46	=	3
						=		=				=
					+	83	=	94				51

Temps: Score:

287.

	+		=	42								
		-										
			+	38	=	49						
+		=		-		-						
11	×		=									
=				=		=						
43	-		=	16			-	24	=			
		+								+		+
	-	24	=	8			+		=	78		47
		=		+		+		÷		=		=
8	+		=			48			+	93	=	97
				=		=		=				
			+	67	=	86		10				

Temps: Score:

288.

	+	26	=	45			+		=	48		
		+				-		÷				
			÷	3	=	14		29				
		=		+		=		=				
13	+		=			5		1				
+				=								
			+	84	=	99			-		=	
=		+						-		-		+
22			+		=	13			+		=	39
		=		+				=		=		=
		25			-	19	=	31		15		46
				=								
		41	+		=	94						

Temps: Score:

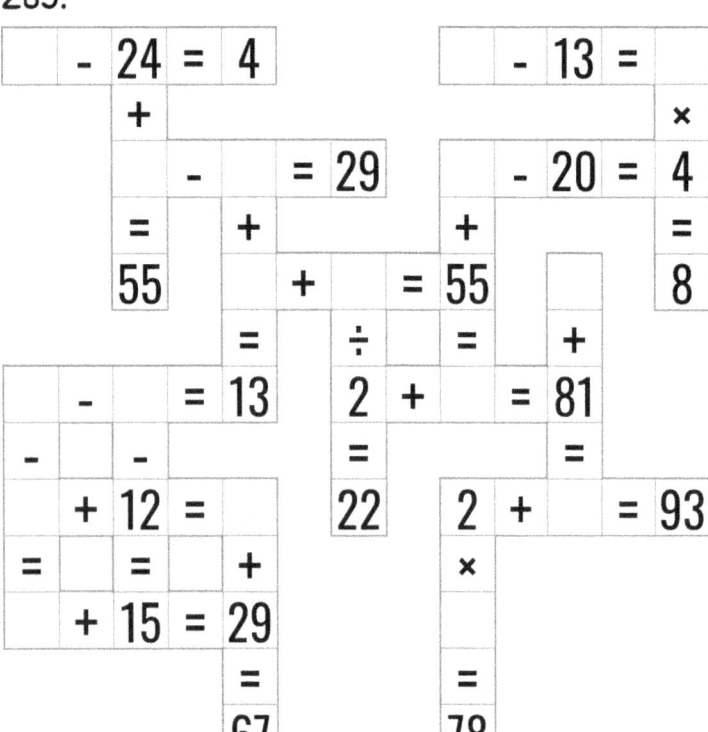

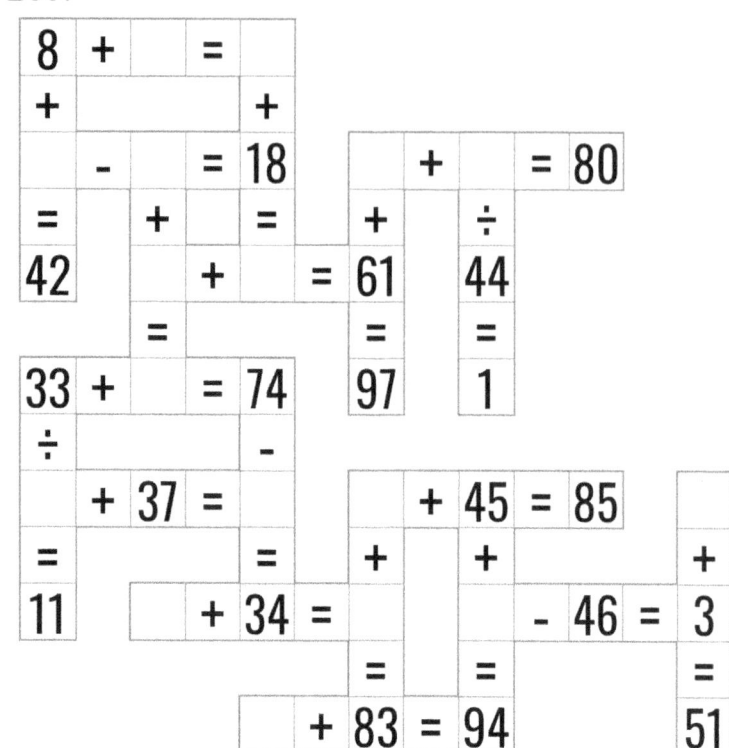

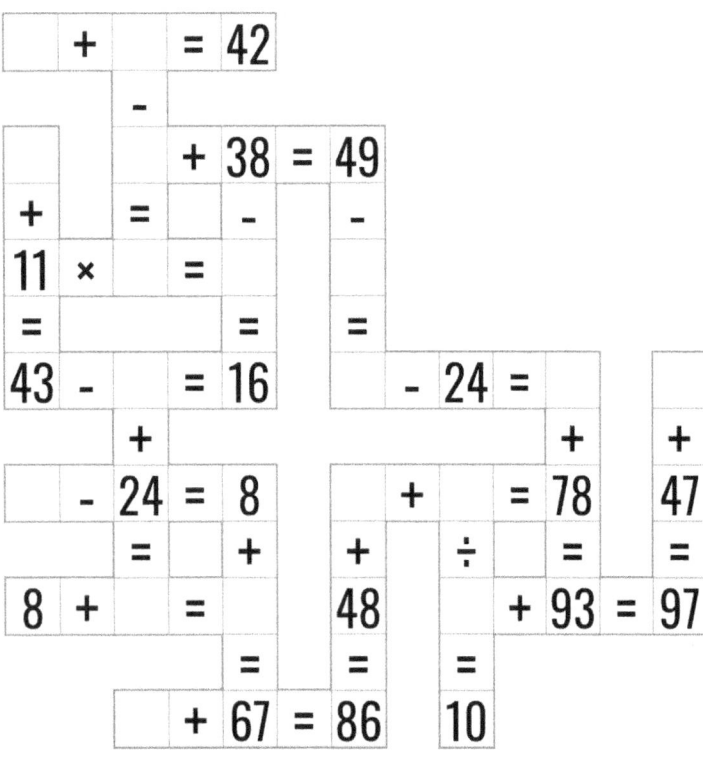

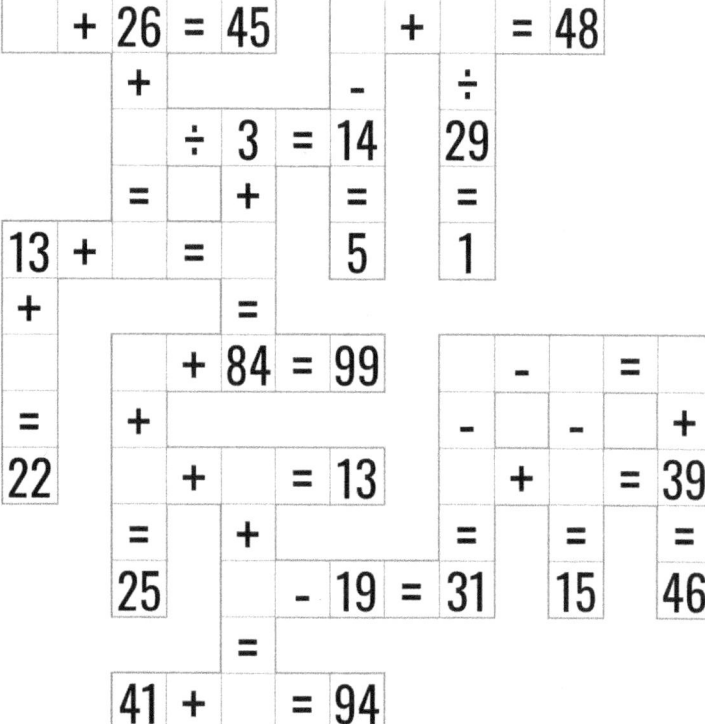

289.

	+		=				-	5	=			
		+		+						-		
		45			+		=	63		23		
		=		=		+				=		
8	+		=	85			-		=	4		
×						=		-				
				50	-		=	13		48		
=		-						=		-		
56		19					-	5	=			
		=				+				=		-
			+	30	=				+	16	=	18
						=						=
				14	+		=	86				11

Temps: Score:

290.

	+	27	=			30	÷		=			
+				+						+		
	-		=	28						40		
=				=						=		
	+		=	77			+	11	=	46		
		+				-		+				-
			-	20	=				-		=	24
		=				=		=		+		=
	+	55	=	94		20	+		=	76		5
+				-						=		
	+	21	=							97		
=				=								
69				43								

Temps: Score:

291.

	-	6	=	33					-	2	=	20
-								+		×		
	+		=	77				14				
=		+						=		=		
8		28			+	29	=	36		38		
		=		+		-						
	+		=				+	29	=	52		
+				=		=		-				
	+		=	92		6			+		=	45
=		-						=		+		
61			×	9	=	27		9		40		
		=								=		
	+	39	=	89						65		

Temps: Score:

292.

	-		=	12								
+		-										
16	-		=									
=		=		+								
	-	6	=	34								6
				=								+
23	+		=	44			-		=			
-		+						÷		×		=
	+	7	=			29		3	×		=	12
=		=		+		×		=		=		
	+	28	=	39			+	13	=	16		
				=		=						
			+	58	=	87						

Temps: Score:

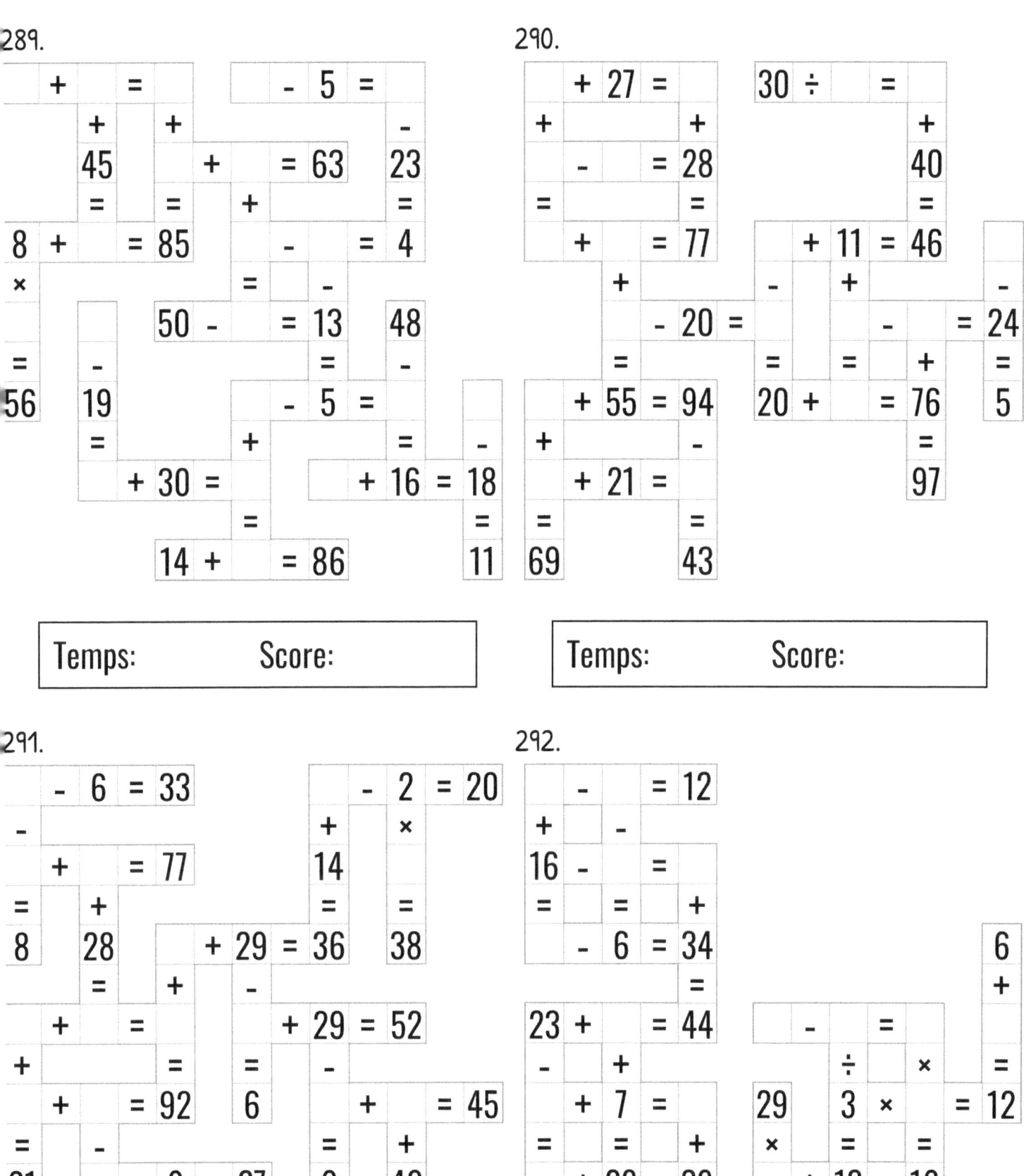

293.

39	+		=	63			+		=	41		
		+				+		+				
			-		=	27			+		=	81
		=		×		=		=		-		
		73		4		34		77				
				=						=		
			+	88	=	94				17		
		+										
					+		=	73		38		48
		=		+		+				+		×
	+	31	=			50	+		=			
				=		=				=		=
			+	95	=	98		3	+		=	96

Temps: Score:

294.

	-	7	=	27								
+		+										
	+		=									
=		=		-								
	-	38	=	19								44
				=						+		×
	+	10	=	35			+		=	50		
-		+				-				=		=
5			-		=	10		2	+		=	88
=		=		+		=		×				
	+	41	=	61		38			-		=	15
				=				=				
45	+		=	82				48				

Temps: Score:

295.

	+		=	42								
+		+										
26	+		=									
=		=		-						-		+
58	-		=	29						20		20
				=						=		=
			+		=	59			+	10	=	40
		+						+				
			-		=	2			-	23	=	18
-		=		+				=		-		
29		52			+	48	=	71				
=				=						=		
6	+		=	30			-	33	=	16		

Temps: Score:

296.

	-		=	18						
-		×								
47	×		=							
=		=		-		-		+		
	+	64	=	67			-	12	=	12
				=		=		=		+
35	-		=	27			+	33	=	
		+								=
		49		4			+		=	59
		=		+		×		+		
	+	57	=				+	34	=	41
				=		=		=		
			+	96	=	98		79		

Temps: Score:

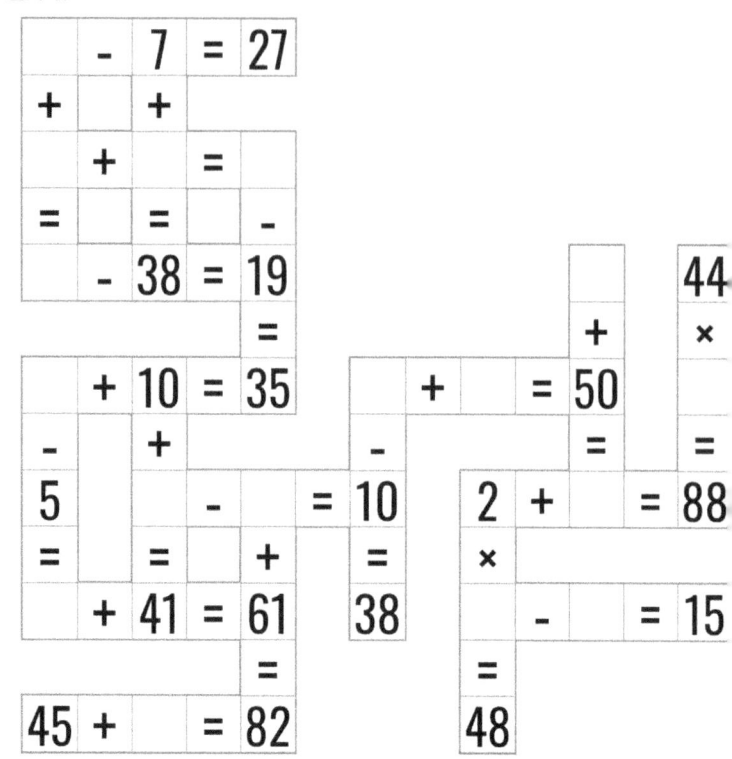

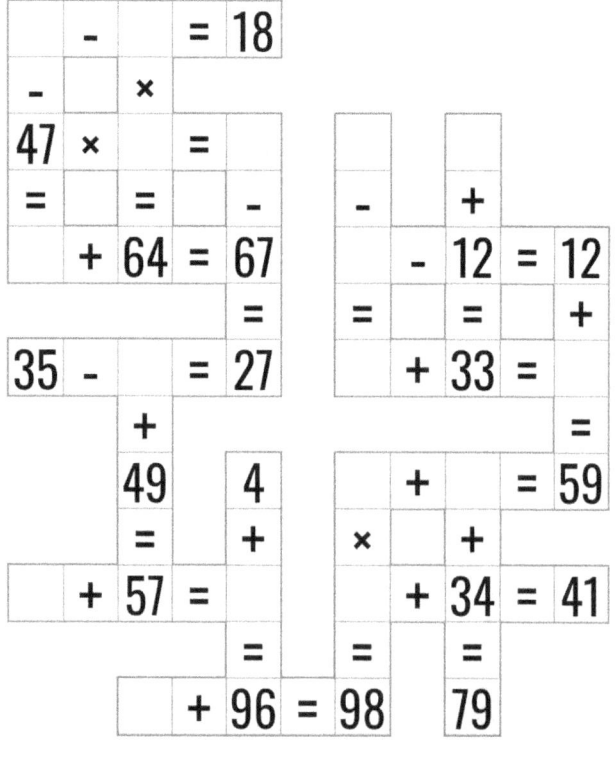

297.

	+		=	89								
+		-						-				
	+	34	=					15	+		=	58
=		=		-				=				
	-	12	=	72			+	21	=	66		
				=		-						
	÷		=	3								
-		-				=		+		+		
19		5			+	27	=	34		40		
=		=		-				=		=		
	-	5	=	6			+	78	=	81		
				=								
2	÷		=	1								

Temps: Score:

298.

23	+		=	40								
		+										×
			+		=	47			-		=	5
		=		-				+		+		=
		27			+	37	=	48		20		60
				=				=		=		
			+	26	=	46		76		43		
-		÷										
8	×		=	32		37	+		=	64		
=		=		-		-		+				
	+	5	=				-		=	14		
				=		=		=				
			÷	7	=	5		45				

Temps: Score:

299.

37	-		=	34		32	+		=	81		
		+				+		×				
			+	44	=			2				
		=				=		=				
		22			+	95	=	98				19
				+								+
				33	-		=	19				
				=		+						=
			+		=	44			+	10	=	26
-		+				=		+		×		
6		11		12	+		=	70				
=		=						=		=		
32	-		=	13					-	20	=	66

Temps: Score:

300.

	+		=	51						
+		-								
	+	6	=							
=		=		+						-
	-	39	=	15		17	-		=	15
				=						=
	+		=	69			-	4	=	8
+		-				+		+		
47		8	×		=	80				
=		=		+		=		=		+
	-	23	=	62		92	-		=	79
				=						=
39	+		=	72						81

Temps: Score:

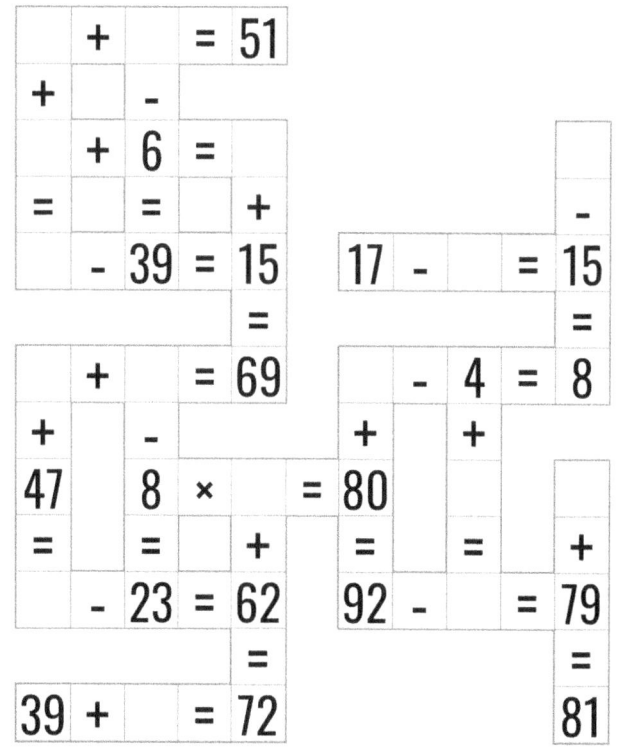

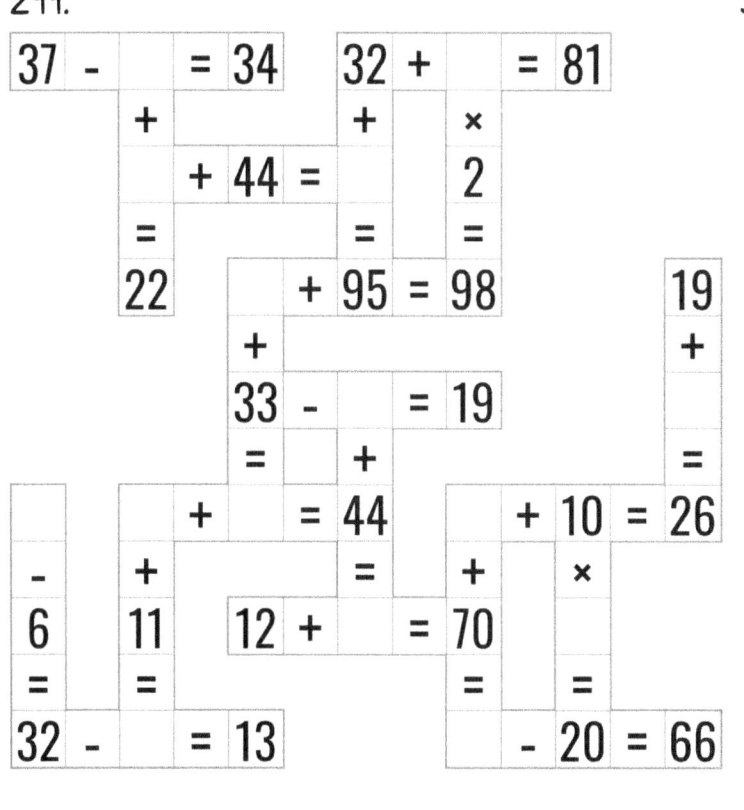

1.

49	+	46	=	95		20	-	9	=	11		
		+				+		+				
		32	-	16	=	16		23	-	19	=	4
		=		-		=		=		+		
		78		4		36		32		26		
				=						=		
		20	+	12	=	32		28	+	45	=	73
		+						-				
25		36	+	39	=	75		27	+	32	=	59
+		=		+				=		+		
21		56		27	÷	27	=	1		30		
=				=						=		
46	+	20	=	66						62		

2.

45	+	22	=	67		19	+	26	=	45		22
-						-				-		+
11	+	38	=	49		5		47	-	41	=	6
=		+				=				=		=
34		28	-	14	=	14		7	×	4	=	28
		=		+				+				
		66		23	+	12	=	35		7		43
				=		-		=		+		+
				37		2	+	42	=	44		42
						=				=		=
		14	-	4	=	10		34	+	51	=	85

3.

3	+	21	=	24				32	+	4	=	36
+										+		+
47	+	34	=	81		26	+	27	=	53		42
=		+				÷				=		=
50		32	-	6	=	26		21	+	57	=	78
		=		+		=		+				
13	+	66	=	79		1		19	-	3	=	16
+				=				=		×		
32		4	+	85	=	89		40		33		
=		×								=		
45		10				9	×	11	=	99		
		=										
		40										

4.

31	+	2	=	33				50	-	33	=	17
		+		+				+				
		31		17	+	17	=	34				10
		=		=				=				+
17	+	33	=	50		14	+	84	=	98		9
+						+						=
8		14	+	9	=	23		43	-	24	=	19
=		+				=		+		+		
25		25		18	+	37	=	55		47		
		=		+				=		=		
47	-	39	=	8				98		71		
				=								
		29	+	26	=	55						

5.

20	-	11	=	9								
		+										
		48	-	4	=	44						33
		=		+								+
		59		44	÷	4	=	11				45
				=		+		+				=
32	+	16	=	48		20		29	+	49	=	78
+		+				=		=		-		
18		16		16	+	24	=	40		45		2
=		=		+						=		+
50	+	32	=	82				16	×	4	=	64
				=								=
49	×	2	=	98				22	+	44	=	66

6.

41	+	37	=	78				49	-	42	=	7
		+						×		-		
		48	-	37	=	11		2		18		
		=		-				=		=		
		85		7	×	14	=	98		24		23
				=		+						-
47	-	17	=	30		6	+	31	=	37		12
-						=		+				=
4		4	×	5	=	20		22	-	11	=	11
=		+		+				=				
43		20	-	14	=	6		53				
		=		=								
		24	-	19	=	5						

7.

39	+	27	=	66		31	-	17	=	14		17
		-				-		-				+
		10	+	17	=	27		9	+	45	=	54
		=		+		=		=		-		=
		17		4	+	4	=	8		16		71
				=						=		
		41	+	21	=	62		14	+	29	=	43
		+				+		-				
		18	-	4	=	14		10		7		
		=				=		=		+		
15	+	59	=	74		76	÷	4	=	19		
										=		
										26		

8.

50	÷	10	=	5		3		12	+	26	=	38
		+				+		×				
		34	-	9	=	25		6	×	14	=	84
		=		+		=		=		+		
		44		44	+	28	=	72		41		
				=						=		
10		9	+	53	=	62		2	+	55	=	57
+		+				+		+				
14		35	-	9	=	26		31	+	38	=	69
=		=		+		=		=				
24	+	44	=	68		88		33				
				=								
				77								

9.

31	-	9	=	22		49	-	22	=	27		49
-				+		×				+		+
20	+	20	=	40		2	×	25	=	50		45
=		+		=		=				=		=
11		36	+	62	=	98		17	+	77	=	94
		=										
26	+	56	=	82		35						
-				-		+						
11	+	28	=	39		20						
=		-		=		=						
15		12	+	43	=	55						
		=										
47	+	16	=	63								

10.

34	-	12	=	22								
-				+								
9	+	38	=	47								
=		+		=								
25	+	44	=	69						42		
		=								-		
4	+	82	=	86						32		
×				-						=		
9	+	19	=	28		14	-	4	=	10		8
=		-		=		+		+				×
36		18	+	58	=	76		49	-	42	=	7
		=				=		=				=
9	-	1	=	8		90	-	53	=	37		56

11.

43	-	22	=	21				11	+	36	=	47
-										+		+
12	+	30	=	42		40	-	3	=	37		28
=		+				-				=		=
31		22	-	6	=	16		2	+	73	=	75
		=		+		=		×				
27	+	52	=	79		24		6	+	31	=	37
-				=				=		+		
11		10	+	85	=	95		12		16		
=		-								=		
16		4								47		
		=										
41	+	6	=	47								

12.

17	+	8	=	25						26		
+				+						+		
5	×	12	=	60		5	+	17	=	22		20
=		÷		=		+				=		+
22		2	+	85	=	87		17	+	48	=	65
		=				=						=
48	÷	6	=	8		92		48	+	37	=	85
-				+								
6	+	4	=	10		21						
=		×		=		+						
42		6	+	18	=	24						
		=				=						
2	+	24	=	26		45						

13.

39 - 8 = 31   2 + 21 = 23
+ + +
20   17 + 29 = 46   43
= = = +
20 + 28 = 48   7 + 48 = 55
- =
4 + 48 = 52   2 × 49 = 98
= - ×
16   7 + 13 = 20   17   46
= + = + +
41   16 + 40 = 56   43
= = =
29   16 + 73 = 89

14.

22 ÷ 22 = 1   21 + 37 = 58
+ - +
42 - 25 = 17   19 + 25 = 44
= - = = +
64   14 × 4 = 56   28   27
= = +
44 - 33 = 11   11 + 53 = 64
+ + =
17   43 + 41 = 84   45 + 46 = 91
= = + -
61   76   25   6 + 37 = 43
= =
66   3

15.

35 - 5 = 30   39
- + -
32 + 17 = 49   2 + 23 = 25
= + = + =
3   18 + 79 = 97   33 - 14 = 19
= = -
35 ÷ 35 = 1   99   15
+ + =
16 + 28 = 44   46 - 18 = 28
= + = ×
51   47 - 45 = 2
= =
10 + 75 = 85   92

16.

40 - 16 = 24   22 - 13 = 9
+ ×
10   23   17 - 2 = 15   8
+ = + + =
39 + 39 = 78   18 × 4 = 72   13
= = = × +
49 + 46 = 95   20   24 - 14 = 10
+ = + =
31 + 22 = 53   96   7   23
= - =
77   16   33 + 21 = 54
=
8 × 6 = 48

17.

2 + 36 = 38   50
+ + +
32 + 13 = 45   49 + 19 = 68
= = = -
34   16 + 83 = 99   2 + 34 = 36
- = + +
44 ÷ 2 = 22   32 - 17 = 15   18
= + + = =
24 + 14 = 38   50   5 + 49 = 54
+ = =
18 + 42 = 60   82
=
42

18.

22 - 10 = 12   35 + 49 = 84   17
+ + +
3 + 32 = 35   3 + 23 = 26
= + = + =
13   10 + 70 = 80   43
= =
42 + 41 = 83   40
+ +
32 - 15 = 17   10 × 2 = 20
+ + = + =
3   18 + 51 = 69   60
= = =
35   35 + 36 = 71

19.

40 + 12 = 52   16 + 7 = 23   4
+ + + +
48 - 19 = 29   47 + 48 = 95
= + = = =
60   9 + 45 = 54   99
=
29 + 28 = 57   20 - 7 = 13
- ÷ + +
28 - 27 = 1   49 + 37 = 86
= + = = =
1   12 + 57 = 69   99
=
39

20.

21 - 11 = 10
+ -
22 - 4 = 18   37 - 11 = 26
= = + +
43 + 7 = 50   18 + 49 = 67   44
= + + =
13   7 + 68 = 75   46 + 24 = 70
+ + = = +
29 + 16 = 45   93   95   15
= = - =
42 - 23 = 19   39
=
17 + 9 = 26

21.

8 + 25 = 33   3 × 8 = 24   47
+ + + -
4 × 21 = 84   28 ÷ 7 = 4
= + = = + =
43 + 29 = 72   87 - 36 = 51   43
- = =
14   3 + 93 = 96   19 + 58 = 77
= × +
29   16 + 44 = 60   18
= + =
48   20 + 17 = 37
=
64

22.

23 + 6 = 29   17 + 21 = 38   44
+ + + +
13 + 32 = 45   49 - 6 = 43
= + = = + =
39 + 19 = 58   62   70 + 17 = 87
- = =
14   6 + 90 = 96   23
= - -
25   4 + 5 = 9
= + =
33 × 2 = 66   87
=
18 + 71 = 89

23.

34 + 15 = 49   3 + 42 = 45   29
- + - +
6 × 16 = 96   21 + 25 = 46
= + = = + =
33 + 9 = 42   99   21   44   75
- = =
19   2 + 58 = 60   15 + 69 = 84
= × -
14   2 × 34 = 68   4
= + =
25 - 4 = 21   11
=
18 + 55 = 73

24.

13 + 20 = 33   21 + 37 = 58
- + -
8   9 + 46 = 55   9 + 39 = 48
- = - = = -
2 + 11 = 13   76   28   14   10
= = = +
6 + 27 = 33   24   20 + 25 = 45
- + =
4 + 28 = 32   25 + 30 = 55
= + =
24 + 23 = 47   56
=
75

25.

28 - 26 = 2   45 + 15 = 60   18
+   -   +   +
11 + 26 = 37   27 + 38 = 65
=   +   =   =   -   =
37 - 29 = 8   42   7   83
=   =
35 + 55 = 90   22 + 31 = 53
-    +   -
23   6 + 28 = 34
=   =   +   =
3 × 12 = 36   36 + 28 = 64   19
=
92

26.

35 + 39 = 74
-    -
4 × 19 = 76
=   =   -
31 + 20 = 51
=
9 + 16 = 25   43   5
+   -   +
24 + 29 = 53   38 + 35 = 73   10
=   +   +   =   -   =   +
33   26 - 21 = 5   9 + 78 = 87
=   =   =   =
19 + 55 = 74   50 - 26 = 24   97

27.

41 + 11 = 52   47 - 33 = 14   16
-    -   +   +
9 × 4 = 36   16 + 40 = 56
=   +   =   =   =
37 - 2 = 35   11 + 49 = 60   72
-    =
24   27 + 39 = 66   39
=   ÷   +
13   9   44 - 34 = 10
=   +   +   =
15 + 3 = 18   44   49
=   =
16 + 62 = 78

28.

35 + 21 = 56
÷
35 - 33 = 2   33 + 37 = 70   41
=   -   +   +   +   -
1   20 + 27 = 47   7 + 16 = 23
=   =   =   =   +   =
16 + 13 = 29   80 - 44 = 36   18
-    =
6 + 50 = 56   4 + 48 = 52
=   +   -
10   5   26
=   =
13 + 55 = 68   22

29.

5 × 16 = 80   13   19 + 5 = 24
+   +   +
40 - 37 = 3   27 + 25 = 52
=   =   +   +   =
56   31 + 16 = 47   12   76
=   =
22   44   24 + 50 = 74   37
+   -   +
10   41   11 + 50 = 61   28
=   =   =   -   -
32 + 3 = 35   28 - 4 = 24
=   =
47 + 22 = 69   4

30.

38 + 9 = 47   10 + 46 = 56
+   -   -
38 + 10 = 48   3 + 47 = 50   16
=   +   =   -   =   +
76   29 - 22 = 7   19 + 6 = 25
=   -   =   =
39   17 + 11 = 28   41
=   +
30 - 25 = 5   21
+   +   =
12   21 + 11 = 32
=   =
42 + 46 = 88

31.

41 + 5 = 46   36
+   +
18 + 38 = 56   17 + 34 = 51
=   +   +   -   =
59   47   38 + 10 = 48   87
=   =   =   -
9 + 85 = 94   7 + 27 = 34
÷   =   +
9 - 4 = 5   43 + 21 = 64
=   ×   +   =
1   2 + 13 = 15   98
=   =
8 + 50 = 58

32.

9 + 31 = 40   30 + 49 = 79   27
-    +   -   +
30 - 9 = 21   43 + 7 = 50
=   +   =   =   +   =
24 + 1 = 25   51 - 6 = 45   77
+   =   =
14 + 20 = 34   33 + 52 = 85
=   -   +
38   3   6   13
=   +   =
23 + 17 = 40   46
=
41 + 5 = 46

33.

28 + 31 = 59   27
+   +   -
24 - 21 = 3   30 - 8 = 22
=   =   ÷   -   =   +
52 ÷ 52 = 1   12 + 19 = 31   4
=   =   =   +
45   6 × 3 = 18   40 + 53 = 93
-    +   =
23   43 + 24 = 67   48 + 49 = 97
=   =   +
22 + 49 = 71   50
=
99

34.

23 + 19 = 42   42 + 18 = 60   30
+   +   +   -   +
47 + 15 = 62   9 + 18 = 27   39
=   -   =   =   =   =
70   12 + 39 = 51   36 + 33 = 69
=   +
3   2 × 41 = 82
=
30 + 41 = 71   3
+   -   +
3 × 23 = 69   18
=   =   =
33   42 ÷ 2 = 21

35.

3 + 21 = 24   10 + 32 = 42   19
+   +   +
25 + 38 = 63   4 × 7 = 28
=   +   =   +   =
46   13 + 73 = 86   2   47
=   =   +
7   51   2 + 90 = 92
-    =
2   37   47 × 2 = 94
=   -   -   ×
31 - 5 = 26   3   29 + 42 = 71
=   =   =
33 + 11 = 44   58

36.

36 + 33 = 69   27 - 20 = 7
-    +
22   50 + 2 = 52   2
=   +   =   +
12 - 11 = 1   17 + 79 = 96   15
+   =   +   =   -
28 + 23 = 51   7 × 14 = 98   4
=   +   =   +   =
40   30 - 6 = 24   47 - 36 = 11
=   +   =
53   35 + 26 = 61
=
41

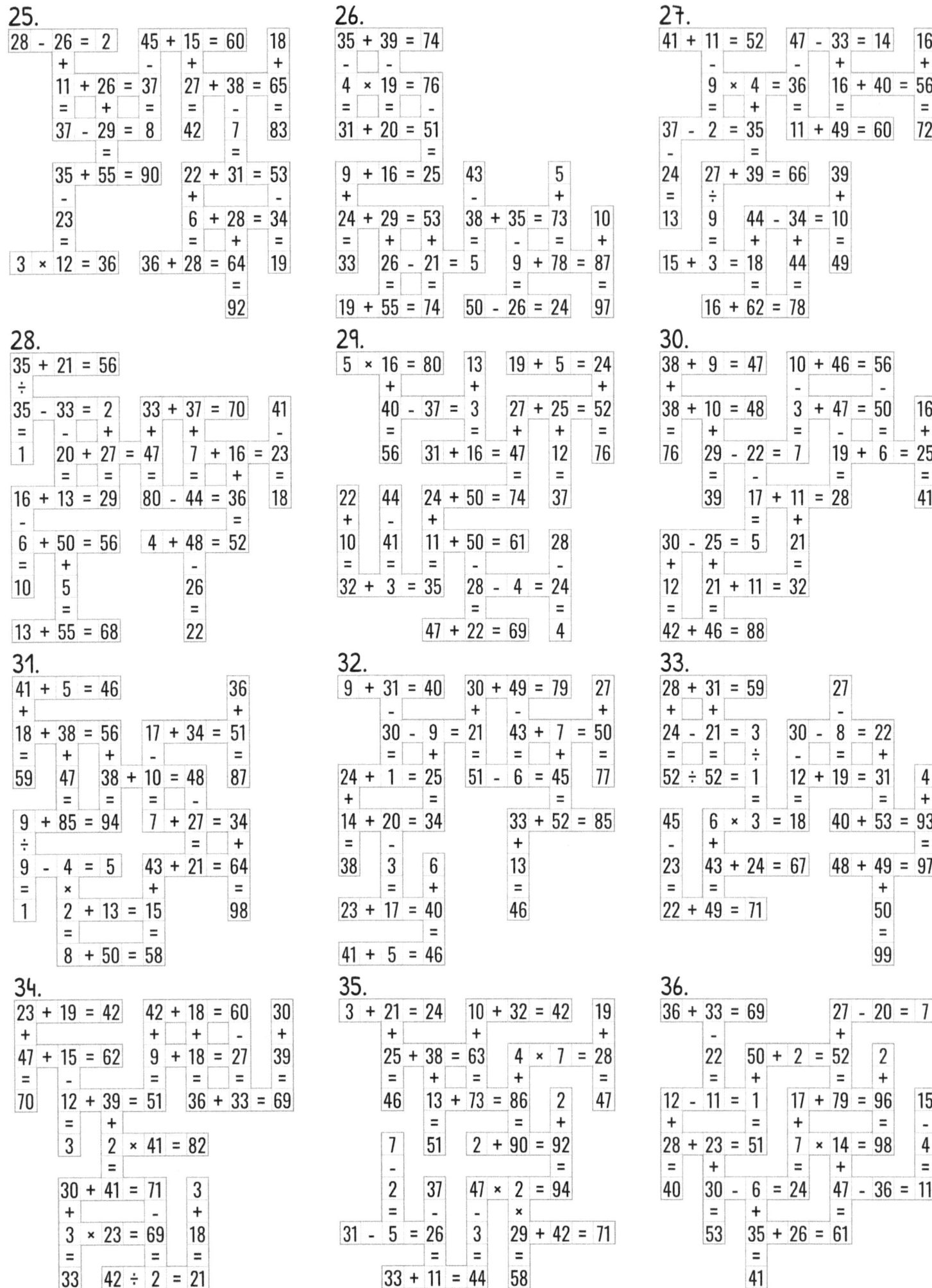

37.

Across: 40 - 11 = 29; 7 + 37 = 44; 2 + 34 = 36; 5 + 34 = 39; 80 - 45 = 35; 4 ÷ 2 = 2; 20 ÷ 20 = 1; 14 + 20 = 34; 37 + 44 = 81; 26 + 57 = 83

Down: 40 × 2 = 80; 11 + 34 = 45; 36 - 35 = 1; 7 - 5 = 2; 44 - 39 = 5; 2 × 34 = 68; 20 + 6 = 26; 20 + 37 = 57; 14 + 81 = 95; 20 + 42 = 62

38.

Across: 21 + 27 = 48; 13 + 24 = 37; 48 - 10 = 38; 8 + 3 = 11; 9 ÷ 3 = 3; 13 × 3 = 39; 28 + 46 = 74; 33 + 38 = 71; 12 + 87 = 99; 49 + 16 = 65

Down: 21 - 13 = 8; 48 - 37 = 11; 48 - 9 = 39; 38 - 3 = 35; 3 + 43 = 46; 13 + 74 = 87; 3 × 33 = 99; 38 - 22 = 16; 28 + 71 = 99; 28 + 16 = 44

39.

Across: 25 - 2 = 23; 10 + 4 = 14; 8 × 10 = 80; 20 - 13 = 7; 3 + 27 = 30; 7 + 2 = 9; 6 + 91 = 97; 43 - 37 = 6; 50 - 4 = 46; 2 + 87 = 89

Down: 25 + 8 = 33; 10 × 3 = 30; 27 - 21 = 6; 10 + 20 = 30; 13 × 7 = 91; 14 ÷ 7 = 2; 23 - 9 = 14; 43 - 41 = 2; 37 + 50 = 87; 46 + 46 = 92

40.

Across: 37 + 34 = 71; 13 + 30 = 43; 18 + 46 = 64; 35 - 4 = 31; 37 - 16 = 21; 6 + 25 = 31; 7 + 56 = 63; 22 + 37 = 59; 7 + 28 = 35; 23 - 2 = 21

Down: 34 - 18 = 16; 46 - 21 = 25; 13 + 64 = 77; 30 + 35 = 65; 4 × 14 = 56; 22 + 63 = 85; 37 - 11 = 26; 6 + 22 = 28; 37 - 35 = 2; 7 + 5 = 12

41.

Across: 11 - 9 = 2; 32 + 14 = 46; 19 + 23 = 42; 41 - 28 = 13; 74 - 37 = 37; 8 + 36 = 44; 30 + 63 = 93; 11 + 28 = 39; 4 + 19 = 23; 6 - 5 = 1

Down: 9 + 19 = 28; 23 + 13 = 36; 32 + 42 = 74; 14 + 23 = 37; 26 + 37 = 63; 41 - 24 = 17; 8 + 11 = 19; 28 - 23 = 5; 44 - 39 = 5; 30 - 15 = 15

42.

Across: 27 + 46 = 73; 18 ÷ 2 = 9; 34 + 43 = 77; 9 + 8 = 17; 61 - 3 = 58; 8 ÷ 2 = 4; 2 × 19 = 38; 43 + 7 = 50; 5 + 86 = 91; 49 + 49 = 98

Down: 27 + 34 = 61; 46 - 43 = 3; 77 - 58 = 19; 46 - 8 = 38; 18 ÷ 9 = 2; 8 - 4 = 4; 9 + 17 = 26; 20 ÷ 4 = 5; 2 × 43 = 86; 7 + 91 = 98

43.

Across: 44 + 11 = 55; 6 + 28 = 34; 48 - 27 = 21; 3 + 45 = 48; 92 - 38 = 54; 33 + 49 = 82; 24 + 75 = 99; 46 + 37 = 83; 19 + 8 = 27; 3 + 30 = 33

Down: 44 + 48 = 92; 11 + 27 = 38; 21 + 54 = 75; 34 + 48 = 82; 3 × 33 = 99; 49 + 46 = 95; 37 - 7 = 30; 9 + 83 = 92; 24 - 19 = 5; 8 + 15 = 23

44.

Across: 17 + 46 = 63; 24 + 3 = 27; 29 + 29 = 58; 16 + 23 = 39; 35 + 5 = 40; 14 - 8 = 6; 34 + 64 = 98; 56 - 9 = 47; 37 × 2 = 74; 71 - 47 = 24

Down: 17 + 29 = 46; 29 + 35 = 64; 63 - 58 = 5; 16 + 40 = 56; 23 - 14 = 9; 39 + 8 = 47; 27 - 21 = 6; 34 + 37 = 71; 98 - 74 = 24; 2 × 47 = 94

45.

Across: 33 + 46 = 79; 23 + 44 = 67; 35 ÷ 5 = 7; 41 + 7 = 48; 30 - 11 = 19; 23 + 24 = 47; 22 + 15 = 37; 29 + 12 = 41; 26 + 63 = 89; 9 × 11 = 99

Down: 46 - 35 = 11; 5 + 19 = 24; 23 + 7 = 30; 44 + 41 = 85; 7 + 8 = 15; 22 + 37 = 59; 30 - 28 = 2; 23 + 4 = 27; 22 + 41 = 63; 10 + 89 = 99

46.

Across: 47 + 32 = 79; 2 × 6 = 12; 21 × 4 = 84; 6 + 37 = 43; 17 + 9 = 26; 39 + 49 = 88; 26 + 31 = 57; 18 + 35 = 53; 4 + 84 = 88; 2 + 28 = 30

Down: 47 + 21 = 68; 4 + 17 = 21; 32 - 6 = 26; 2 + 37 = 39; 6 + 43 = 49; 9 + 26 = 35; 31 + 53 = 84; 16 ÷ 8 = 2; 18 + 10 = 28; 10 + 88 = 98

47.

Across: 30 + 35 = 65; 32 - 27 = 5; 18 + 38 = 56; 7 × 5 = 35; 10 + 17 = 27; 88 - 34 = 54; 46 + 13 = 59; 42 - 15 = 27; 23 + 40 = 63; 11 + 67 = 78

Down: 35 - 18 = 17; 65 - 38 = 27; 32 + 56 = 88; 27 + 7 = 34; 5 + 54 = 59; 7 + 35 = 42; 13 + 27 = 40; 15 + 23 = 38; 4 + 63 = 67; 36 + 42 = 78

48.

Across: 16 - 11 = 5; 6 + 38 = 44; 26 - 21 = 5; 2 × 14 = 28; 4 × 1 = 4; 26 - 17 = 9; 10 + 30 = 40; 3 + 22 = 25; 4 + 22 = 26; 37 + 27 = 64

Down: 16 + 26 = 42; 5 ÷ 5 = 1; 6 - 2 = 4; 21 × 4 = 84; 14 + 26 = 40; 50 - 9 = 41; 10 + 16 = 26; 30 + 3 = 33; 22 + 37 = 59; 2 + 25 = 27

49.

Across: 9 + 22 = 31; 37 - 16 = 21; 46 + 6 = 52; 19 - 7 = 12; 33 - 22 = 11; 30 + 11 = 41; 34 + 11 = 45; 24 ÷ 8 = 3; 8 + 56 = 64; 4 + 88 = 92

Down: 9 + 37 = 46; 16 + 6 = 22; 31 + 21 = 52; 24 ÷ 2 = 12; 33 + 34 = 67; 11 - 8 = 3; 11 + 45 = 56; 19 - 11 = 8; 41 - 3 = 38; 24 + 64 = 88

50.

Across: 39 - 38 = 1; 43 - 9 = 34; 18 × 4 = 72; 29 + 22 = 51; 2 × 36 = 72; 25 - 12 = 13; 34 + 11 = 45; 6 + 37 = 43; 34 + 57 = 91; 97 - 79 = 18

Down: 39 - 18 = 21; 4 ÷ 2 = 2; 43 + 29 = 72; 34 + 51 = 85; 36 - 25 = 11; 36 + 7 = 43; 12 + 45 = 57; 34 - 28 = 6; 6 + 91 = 97; 37 + 42 = 79

51.

Across: 29 + 2 = 31; 26 + 39 = 65; 39 + 30 = 69; 29 + 41 = 70; 16 + 50 = 66; 17 - 10 = 7; 12 × 4 = 48; 2 + 65 = 67; 22 + 72 = 94; 26 + 73 = 99

Down: 2 + 39 = 41; 26 + 69 = 95; 39 - 15 = 24; 50 - 43 = 7; 29 + 16 = 45; 70 - 66 = 4; 17 + 48 = 65; 12 × 6 = 72; 6 + 67 = 73; 49 + 50 = 99

52.

Across: 40 - 9 = 31; 2 × 32 = 64; 2 + 11 = 13; 4 + 35 = 39; 11 - 7 = 4; 36 - 32 = 4; 31 + 44 = 75; 14 + 44 = 58; 18 + 47 = 65; 6 + 45 = 51

Down: 9 - 2 = 7; 11 × 4 = 44; 2 + 13 = 15; 32 + 4 = 36; 43 - 39 = 4; 11 + 11 = 22; 31 + 14 = 45; 75 - 58 = 17; 32 + 15 = 47; 19 + 65 = 84

53.

Across: 3 + 40 = 43; 22 + 3 = 25; 3 × 14 = 42; 25 ÷ 5 = 5; 7 + 37 = 44; 4 × 22 = 88; 45 ÷ 9 = 5; 7 + 45 = 52; 3 + 13 = 16; 7 + 89 = 96

Down: 40 - 3 = 37; 22 + 42 = 64; 3 × 25 = 75; 5 × 14 = 70; 7 × 4 = 28; 22 + 45 = 67; 9 × 5 = 45; 9 + 7 = 16; 37 + 52 = 89; 49 + 47 = 96

54.

Across: 26 + 5 = 31; 49 + 36 = 85; 48 + 3 = 51; 40 + 50 = 90; 12 + 76 = 88; 9 + 17 = 26; 30 ÷ 3 = 10; 6 + 32 = 38; 5 + 54 = 59; 33 + 41 = 74

Down: 26 + 49 = 75; 42 + 48 = 90; 48 + 51 = 99; 36 + 40 = 76; 3 + 14 = 17; 12 + 30 = 42; 9 × 6 = 54; 26 + 38 = 64; 3 + 38 = 41; 32 + 59 = 91

55.

Across: 49 - 18 = 31; 30 + 8 = 38; 6 × 9 = 54; 22 + 4 = 26; 32 + 18 = 50; 21 + 20 = 41; 15 + 72 = 87; 26 - 17 = 9; 46 + 32 = 78; 6 + 87 = 93

Down: 18 ÷ 6 = 3; 38 - 26 = 12; 19 + 2 = 21; 9 + 32 = 41; 22 + 50 = 72; 20 × 2 = 40; 15 + 17 = 32; 26 + 46 = 72; 9 + 78 = 87; 43 + 50 = 93

56.

Across: 48 - 22 = 26; 20 + 43 = 63; 48 ÷ 3 = 16; 25 - 2 = 23; 24 + 70 = 94; 2 + 97 = 99; 30 - 17 = 13; 37 ÷ 37 = 1; 23 + 39 = 62; 50 + 49 = 99

Down: 22 + 48 = 70; 20 + 16 = 36; 43 + 25 = 68; 3 + 94 = 97; 2 + 15 = 17; 24 + 24 = 48; 20 - 13 = 7; 99 ÷ 1 = 99; 2 + 37 = 39; 37 + 62 = 99

57.

Across: 48 + 6 = 54; 17 - 6 = 11; 22 - 16 = 6; 3 + 65 = 68; 38 + 45 = 83; 21 + 18 = 39; 90 - 54 = 36; 15 × 2 = 30; 6 + 3 = 9; 14 + 6 = 20

Down: 48 + 17 = 65; 6 × 3 = 18; 54 + 11 = 65; 22 + 68 = 90; 16 + 38 = 54; 6 + 83 = 89; 45 + 36 = 81; 21 - 15 = 6; 39 - 30 = 9; 2 × 3 = 6

58.

Across: 3 + 39 = 42; 24 + 13 = 37; 34 + 48 = 82; 28 - 3 = 25; 16 ÷ 8 = 2; 2 × 41 = 82; 34 + 45 = 79; 19 + 49 = 68; 19 × 4 = 76; 2 + 95 = 97

Down: 3 × 24 = 72; 13 + 28 = 41; 34 + 25 = 59; 48 + 16 = 64; 27 × 2 = 54; 2 + 34 = 36; 21 + 68 = 89; 45 + 19 = 64; 19 + 76 = 95; 49 + 48 = 97

59.

Across: 4 + 7 = 11; 30 + 39 = 69; 18 + 15 = 33; 34 + 46 = 80; 47 + 13 = 60; 17 + 22 = 39; 8 + 29 = 37; 27 - 13 = 14; 6 + 59 = 65; 46 + 46 = 92

Down: 4 + 30 = 34; 11 + 69 = 80; 46 - 33 = 13; 18 + 21 = 39; 46 - 17 = 29; 22 + 37 = 59; 41 - 14 = 27; 8 + 48 = 56; 27 + 65 = 92; 13 + 38 = 51

60.

Across: 3 × 11 = 33; 44 + 12 = 56; 45 + 49 = 94; 46 + 36 = 82; 46 - 38 = 8; 36 - 2 = 34; 6 ÷ 6 = 1; 14 + 12 = 26; 22 - 10 = 12; 28 + 60 = 88

Down: 3 + 45 = 48; 44 + 38 = 82; 11 - 3 = 8; 49 - 46 = 3; 36 ÷ 36 = 1; 46 - 34 = 12; 38 - 12 = 26; 2 × 14 = 28; 6 + 22 = 28; 6 × 10 = 60

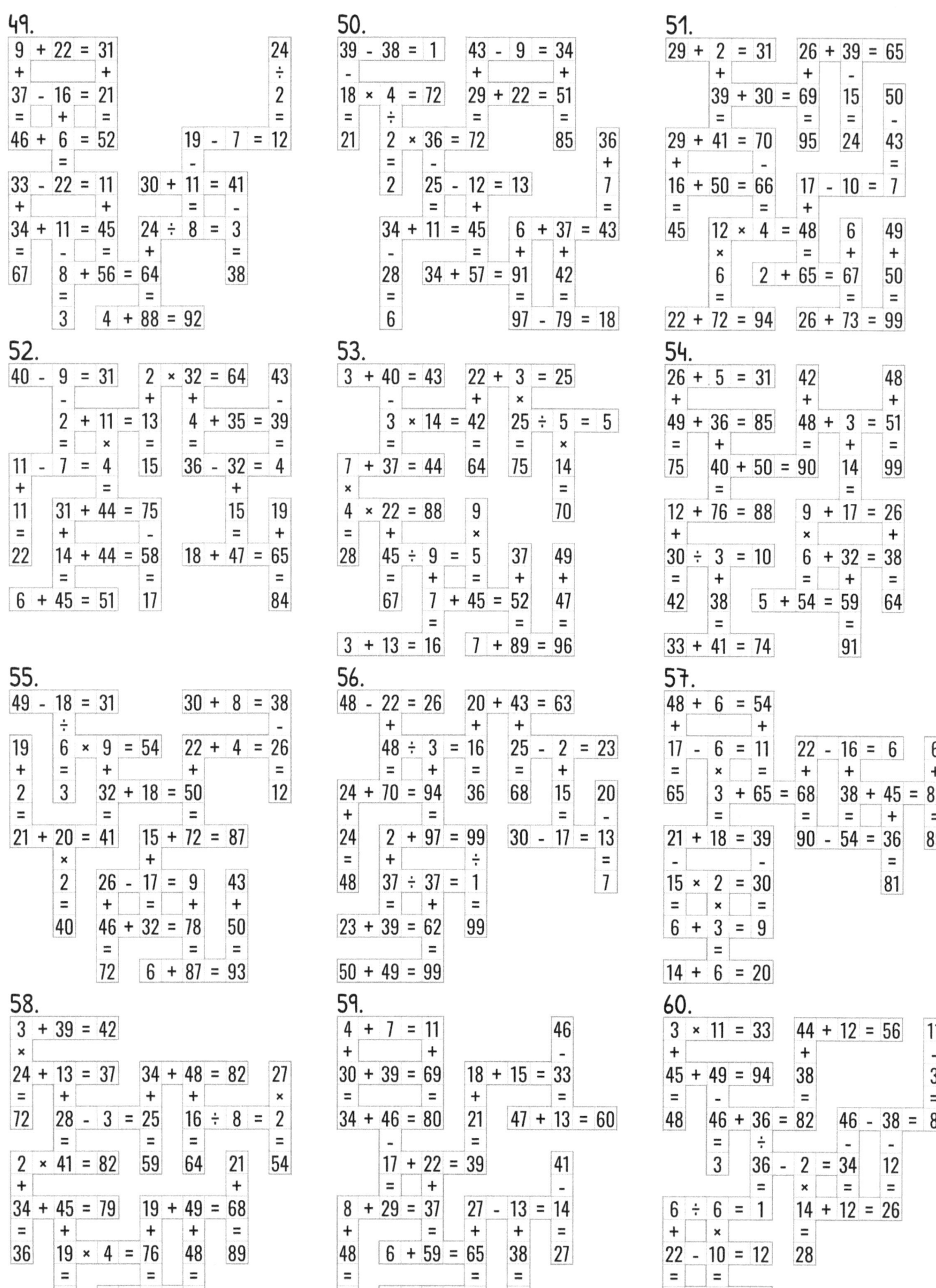

61.

```
6  +  44 =  50    42 -  14 =  28    23
×                 +           -     -
6  ×  3  =  18    18 -  13 =  5     8
=     ×           =     +     =     =
36    12 ×  5  =  60    38 -  23 =  15
      =     +           =
      36    14    15 +  51 =  66
            =
44 -  25 =  19    33
÷     +           +
11    36 +  28 =  64
=     =           =
4  +  61 =  65    97
```

62.

```
14 +  41 =  55                      48
      -                             +
20    34 -  19 =  15    15 +  7  =  22
-     =     +           +           =
12    7     13 +  42 =  55    3     70
=           =     ÷     =     +
8  ×  4  =  32    21 +  70 =  91    50
      ×           =           =     +
      23          2  ×  47 =  94    7
      =                 +           =
7  +  92 =  99          15 +  42 =  57
                        =
            49 +  13 =  62
```

63.

```
17 +  49 =  66
+
33 -  20 =  13    39 +  19 =  58
=     +     -     -     +
50    18    12 -  4  =  8     50
      =     =     =     =     +
39 -  38 =  1     35 -  27 =  8     7
-                             =     +
8  ×  2  =  16    2     14 +  58 =  72
=     ×           +                 =
31    49 +  46 =  95    43 +  36 =  79
      =           =
      98          97
```

64.

```
2  ×  19 =  38    47    18 +  13 =  31
      +     +     -     +
      36    34 +  45 =  79
      =     =     =     =
17 +  55 =  72    2  +  97 =  99
+
5  ×  15 =  75                14
=     ×                       +
22    4     2  ×  11 =  22    22
      =     +     -     +     =
36 +  60 =  96    9  +  27 =  36
            =     =     =
            98 ÷  2  =  49
```

65.

```
30 +  7  =  37          48 +  16 =  64
-                       -     ÷
15 +  49 =  64    37 -  33 =  4     42
=     -           +     =     =     +
15    8  +  45 =  53    15 +  4  =  19
      =     +     =                 =
44 -  41 =  3     90                61
+           =
25    39 +  48 =  87
=     +           -
69    50 +  35 =  85
      =           =
4  +  89 =  93    2
```

66.

```
37 +  40 =  77
+
46 -  33 =  13    4  +  3  =  7
=     +                       +
83    27 +  13 =  40          2
      =     +     +           =
4  +  60 =  64    46 -  37 =  9     13
+           =     =     +           +
19    9  +  77 =  86    24 +  28 =  52
=     -                 =     +     =
23    8           8  +  61 =  69    65
      =                       =
4  +  1  =  5                 97
```

67.

```
14 -  8  =  6     37 -  7  =  30    50
      +           +     +     +     +
      6  +  40 =  46    16 +  30 =  46
      =     ×     =     =     =     =
14 ÷  14 =  1     83 -  23 =  60    96
+           =
31    15 +  40 =  55
=     +           +
45    35 +  9  =  44
      =     +     =
      50 +  49 =  99
            =
      14 +  58 =  72
```

68.

```
8  +  33 =  41    6
+                 +
29 +  31 =  60    37    22
=     +           =     +
37    34 +  9  =  43    46 -  39 =  7
      =     +           =
      65    45 +  23 =  68    10    49
            =     +           +     +
18 +  36 =  54    48 +  39 =  87    50
+     -           =           =     =
21    31 +  40 =  71    2  +  97 =  99
=     =
39 -  5  =  34
```

69.

```
34 +  28 =  62                15    50
-           -                 +     +
22 +  17 =  39    23 -  2  =  21    26
=           =     +           =     =
12    9  +  23 =  32    40 +  36 =  76
                  =     +
      37 +  18 =  55    9     2
            +           =     +
34 -  3  =  31    41 +  49 =  90
+           =     ×           =
14    49 ÷  49 =  1           92
=                 =
48          49 +  41 =  90
```

70.

```
11 -  3  =  8
+     ×
39 -  5  =  34    24 +  7  =  31
=     =     +           +     +
50 +  15 =  65          26    31
            =           =     =
9  ×  11 =  99    29 +  33 =  62
×                 -
6  +  19 =  25    11    48
=     +     +     =     +
54    12    33 -  18 =  15
      =     =           =
27 +  31 =  58    29 +  63 =  92
```

71.

```
31 -  11 =  20    11
+                 -
15 +  18 =  33    9                 31
=     +           =                 +
46    40 ÷  20 =  2     34 +  30 =  64
      =     -           +           =
      58    9  +  7  =  16    13    95
            =     ×     =     +
32 -  21 =  11    12 +  50 =  62
+     +           =           =
38 +  5  =  43    84    7  +  75 =  82
=     =
70 -  26 =  44
```

72.

```
28 ÷  7  =  4     22 +  34 =  56    12
      +           +     +           +
      2  +  14 =  16    2  ×  16 =  32
      =           =     =           =
27 ÷  9  =  3     38 -  36 =  2     44
+
37 -  32 =  5           44
=     +                 -
64    9     39    50    25    20
      =     +     +     =     +
3  +  41 =  44    45 +  19 =  64
            =     =           =
      12 +  83 =  95          84
```

73.

37 + 15 = 52
42 - 37 = 5
18 + 17 = 35
22 + 48 = 70
2 × 13 = 26
5 + 43 = 48
12 ÷ 6 = 2
20 + 4 = 24
3 + 61 = 64
2 + 84 = 86

15 + 18 = 33
48 - 35 = 13
37 + 48 = 85
5 + 70 = 75
22 + 26 = 48
9 + 3 = 12
5 - 2 = 3
43 + 18 = 61
38 + 24 = 62
20 + 64 = 84

74.

48 + 16 = 64
9 × 5 = 45
8 + 2 = 10
4 × 15 = 60
26 - 2 = 24
90 - 9 = 81
24 + 48 = 72
21 × 2 = 42
10 + 45 = 55
31 + 57 = 88

16 ÷ 8 = 2
9 × 10 = 90
5 + 4 = 9
11 + 60 = 71
2 × 24 = 48
26 + 39 = 65
15 + 81 = 96
24 + 21 = 45
72 - 42 = 30
2 + 55 = 57

75.

16 × 4 = 64
10 + 19 = 29
44 + 25 = 69
5 + 17 = 22
6 - 4 = 2
33 - 2 = 31
22 ÷ 2 = 11
9 + 26 = 35
13 + 28 = 41
10 × 5 = 50

4 + 44 = 48
10 ÷ 5 = 2
29 - 22 = 7
41 - 8 = 33
25 + 6 = 31
4 + 22 = 26
19 - 11 = 8
2 × 35 = 70
2 + 26 = 28
9 + 41 = 50

76.

36 - 18 = 18
32 - 9 = 23
18 + 27 = 45
14 + 17 = 31
22 + 48 = 70
35 + 49 = 84
44 - 19 = 25
8 + 45 = 53
3 × 20 = 60
11 + 53 = 64

18 + 18 = 36
3 + 45 = 48
23 + 31 = 54
14 + 70 = 84
17 - 8 = 9
47 - 44 = 3
39 - 19 = 20
35 + 25 = 60
49 + 8 = 57
45 + 8 = 53

77.

3 × 25 = 75
26 + 18 = 44
5 + 42 = 47
46 - 5 = 41
30 + 43 = 73
12 + 85 = 97
4 + 26 = 30
3 × 11 = 33
8 × 4 = 32
48 + 43 = 91

25 + 5 = 30
26 + 47 = 73
18 + 46 = 64
18 + 41 = 59
42 + 43 = 85
5 + 21 = 26
12 ÷ 3 = 4
97 - 33 = 64
4 + 41 = 45
11 + 32 = 43

78.

9 + 29 = 38
10 × 8 = 80
36 + 48 = 84
19 + 26 = 45
94 - 27 = 67
21 + 59 = 80
2 + 93 = 95
5 + 49 = 54
27 + 55 = 82
11 + 87 = 98

29 + 36 = 65
10 + 84 = 94
8 + 19 = 27
3 + 45 = 48
48 + 11 = 59
26 + 67 = 93
21 + 34 = 55
2 + 54 = 56
5 + 82 = 87
49 + 49 = 98

79.

16 - 9 = 7
38 - 6 = 32
4 + 19 = 23
18 - 5 = 13
28 + 36 = 64
25 + 49 = 74
36 + 46 = 82
9 + 18 = 27
8 + 8 = 16
25 + 29 = 54

9 × 4 = 36
19 + 17 = 36
38 - 33 = 5
36 + 13 = 49
34 + 40 = 74
18 + 64 = 82
25 - 9 = 16
18 - 8 = 10
36 - 7 = 29
46 + 8 = 54

80.

38 - 5 = 33
47 - 42 = 5
19 + 38 = 57
50 - 10 = 40
7 + 90 = 97
52 + 45 = 97
2 × 15 = 30
11 + 48 = 59
50 - 24 = 26
7 + 67 = 74

38 + 19 = 57
33 + 57 = 90
47 + 50 = 97
42 + 10 = 52
5 + 40 = 45
50 + 47 = 97
7 + 2 = 9
15 + 11 = 26
8 + 59 = 67
48 + 7 = 55

81.

50 - 12 = 38
2 + 14 = 16
6 + 28 = 34
7 - 5 = 2
3 × 18 = 54
68 + 2 = 70
8 + 82 = 90
6 + 75 = 81
3 × 5 = 15
26 + 40 = 66

12 + 6 = 18
2 × 34 = 68
14 ÷ 7 = 2
28 + 54 = 82
5 + 70 = 75
8 + 81 = 89
3 × 8 = 24
8 × 3 = 24
90 - 15 = 75
5 × 8 = 40

82.

24 + 35 = 59
50 + 19 = 69
20 - 7 = 13
5 + 50 = 55
36 + 10 = 46
6 + 43 = 49
10 + 67 = 77
35 + 59 = 94
6 + 30 = 36
47 + 49 = 96

24 - 20 = 4
50 - 4 = 46
19 - 5 = 14
23 + 55 = 78
7 + 36 = 43
50 + 17 = 67
10 + 49 = 59
2 + 94 = 96
10 × 6 = 60
30 + 45 = 75

83.

5 ÷ 5 = 1
25 + 24 = 49
30 - 29 = 1
41 + 34 = 75
44 + 5 = 49
34 - 17 = 17
32 - 25 = 7
47 - 27 = 20
31 + 37 = 68
44 + 49 = 93

5 + 25 = 30
5 + 24 = 29
49 × 1 = 49
41 - 34 = 7
4 × 5 = 20
17 + 47 = 64
44 - 13 = 31
5 + 32 = 37
25 + 68 = 93
27 + 36 = 63

84.

24 + 30 = 54
22 + 2 = 24
7 × 8 = 56
10 - 4 = 6
4 + 23 = 27
12 + 6 = 18
30 - 28 = 2
48 ÷ 24 = 2
12 + 53 = 65
44 + 49 = 93

30 - 22 = 8
54 + 2 = 56
12 - 6 = 6
7 + 4 = 11
10 ÷ 5 = 2
4 × 12 = 48
20 - 18 = 2
23 + 30 = 53
28 + 65 = 93
24 - 14 = 10

85.

45 ÷ 5 = 9   13
+ + +
41 + 44 = 85   12   6
= = = +
7 + 46 = 53   32 - 25 = 7
+ + =
23 + 39 = 62   23 - 10 = 13
= - = +
30   22 + 33 = 55   17 × 3 = 51
= - = +
8 + 17 = 25   27   6
= =
50 + 8 = 58   9

86.

11 + 46 = 57
× +
8 + 13 = 21
= = +
88 - 59 = 29   4
= +
2 + 48 = 50   11
+ - =
3 × 23 = 69   47 - 15 = 32   49
= = -   + +   +
5 + 25 = 30   11 + 18 = 29   50
= = = =
19 + 39 = 58   38 + 61 = 99

87.

46 + 41 = 87   27 - 25 = 2   35
+   +   -
23 + 36 = 59   10 + 15 = 25   2
= +   = +   =
69   23 + 14 = 37   11 + 22 = 33
= ×   = -
59   7   29 - 26 = 3
=   =
50 + 48 = 98   38 - 19 = 19
-   + +
31   2   12
=   = =
19   14 + 26 = 40   31

88.

34 + 41 = 75   26 - 24 = 2
+ -   ×
35 + 24 = 59   19 + 11 = 30
= =   + - =
69   44 + 16 = 60   7   60
= =
31   44 + 35 = 79   4   10
+ -   +
5 + 40 = 45   4 × 14 = 56
= = -   × =
36 ÷ 4 = 9   11   66
= =
8 + 36 = 44

89.

33 - 7 = 26
+
29 + 6 = 35   9 × 2 = 18   25
= +   + ×   +
62   43 + 25 = 68   47 - 25 = 22
= + =   = + =
49   17 + 77 = 94   49   47
=   =
22 + 20 = 42   48   17 + 74 = 91
+ -   -
17   5 ÷ 5 = 1
= =   =
39 + 15 = 54   47

90.

43 - 29 = 14   36 - 18 = 18
-   - +
10 + 19 = 29   30 + 35 = 65
= ×   = = +
23 - 19 = 4   7 + 48 = 55
- =   =
18   5 + 76 = 81   14   90
= +   ×
5   34   10 - 8 = 2
= + × =
49 + 39 = 88   4   28
= =
49 + 49 = 98   32

91.

40 - 2 = 38   44 + 3 = 47
×   +
28 + 35 = 63   15 × 3 = 45
= +   + + =
56   24 + 23 = 47   31   92
= +   = =
15 + 59 = 74   62 + 34 = 96
+ =
20   2 + 97 = 99   48
= + - +
35   29 - 7 = 22   43
= = =
31   14 + 77 = 91

92.

39 + 25 = 64   39   30
-   -   +
22 - 13 = 9   5 + 26 = 31   22
= +   = - =
17   50 - 16 = 34   13 × 4 = 52
=   = +
23 + 63 = 86   13 + 13 = 26
-   =
17 - 5 = 12   48 - 18 = 30
= ×   + +
6   2 + 39 = 41   38
= = =
10   89   56

93.

21 - 13 = 8   6   22   14
+   + ÷ +
25 + 50 = 75   28 - 6 = 22   13
= +   = + = =
46   9 + 25 = 34   26 + 1 = 27
=   =
7 + 59 = 66   33 - 32 = 1
+
6 + 14 = 20   49   39
= -   × +
13   11 ÷ 11 = 1   19
= = =
3   9 + 49 = 58

94.

18 + 39 = 57   3 + 23 = 26
-   + -
21 + 42 = 63   18   8   2
=   = = + ×
31 + 18 = 49   66 + 5 = 71   47
+ +   = =
13 + 17 = 30   2   15 + 79 = 94
= + =   + +
44   48   79   35   27 + 24 = 51
=   = =
13 + 65 = 78   37 + 42 = 79

95.

36 - 21 = 15   33 + 3 = 36   40
÷   + + +
3 × 11 = 33   10 - 2 = 8
= + =   = × =
33 + 7 = 40   66   13 + 35 = 48
+ =   =
31   37 + 51 = 88   8 + 70 = 78
= + -   +
64   36 + 36 = 72   22
= =   =
4 + 73 = 77   16   30

96.

46 - 25 = 21   2 + 34 = 36
-   + -
15 - 9 = 6   6 + 14 = 20   30
= ×   + = = +
31   3 + 22 = 25   16 + 14 = 30
= + =   =
45 - 27 = 18   31   10 + 50 = 60
+ =   + +
25   49 - 40 = 9   24   13
=   = =
70   17 + 17 = 34   63

97.

20 + 14 = 34   5
×   -   -
3 + 11 = 14   17 - 14 = 3   37
=   +   =   +   =   +
60   47 + 20 = 67   4 × 2 = 8
=   =   =
28 + 58 = 86   84   4 + 41 = 45
-   +   -
23 + 16 = 39   10   27
=   +   =   =
5   39 + 38 = 77   14   14
=
3 + 55 = 58

98.

37 + 18 = 55   48 + 26 = 74
÷   -
3 + 9 = 12   36 - 5 = 31
=   -   +   =   +   +
6   5 + 7 = 12   8   21
=   =   =   =
34   15 + 4 = 19   39 + 13 = 52
-   +   -
4 × 15 = 60   12 - 10 = 2
=   =   -   =
30 ÷ 30 = 1   27
=
59

99.

28 + 46 = 74   2 + 37 = 39   41
-   -   ×   +   +
26 + 39 = 65   6   23 + 34 = 57
=   =   =   =   =
2   21 - 9 = 12   60 + 38 = 98
÷
21 + 7 = 28
=   +
38 × 1 = 38   17   34
+   =   +   +
34   10 + 45 = 55   50
=   =   =
72   12 + 72 = 84

100.

49 - 4 = 45   17 + 8 = 25   22
+   +   +   +
3 × 27 = 81   30 - 13 = 17
=   -   =   =   +   =
9 - 7 = 2   98 - 38 = 60   39
+   =   =
7   7 + 25 = 32   73
=   +   +
16   17 + 27 = 44
=   +   =
38 + 24 = 62   76
=
5 + 89 = 94

101.

7 × 13 = 91   37 - 12 = 25   45
+   +   +   +
10 + 14 = 24   48   14 - 3 = 11
=   +   =   =   =
17   38 + 47 = 85   26 + 30 = 56
=   -
2 + 52 = 54   3 + 14 = 17   35
+   +   =   +
48   35   47 + 13 = 60
=   =   ÷   =
50   38   47   95
=
38 + 1 = 39

102.

5 × 14 = 70   19 - 7 = 12
+   +
7 + 36 = 43   29
=   +   =
37 - 21 = 16   45 - 4 = 41   33
-   =   +   +
27 + 25 = 52   31   17 + 34 = 51
=   +   =   +   +   =
10   39 + 37 = 76   20   41   84
=   +   =   =
64   13 + 24 = 37   75
=
46 + 50 = 96

103.

5 + 35 = 40   5 + 31 = 36
×   -   +   +
3 × 7 = 21   25 - 7 = 18   31
=   +   =   +   =   =
15   44 - 19 = 25   18 + 49 = 67
=   =   +
15 + 51 = 66   50   7   15
+   -   =   +
36 + 6 = 42   23 + 25 = 48
=   =   =
51   10 + 24 = 34   63

104.

17 + 36 = 53   34 + 44 = 78
-   +   -
13 + 25 = 38   21 - 9 = 12
=   +   =   =   ×
27 - 23 = 4   72   23   10
-   =   =
13   10 + 29 = 39   37   90
=   ÷   -
14   10   13 + 4 = 17
=   -   -   =
11 + 1 = 12   2 × 20 = 40
=   =
3 - 1 = 2

105.

36 - 5 = 31   50 - 8 = 42
+   +   +
40 - 17 = 23   45 - 2 = 43   47
=   -   +   ×   =   =
76   6 + 3 = 9   38 + 51 = 89
=   =   =
41 + 11 = 52   54   76
×   +
2 + 3 = 5   17 + 37 = 54
=   +   =   +
82   7 + 57 = 64
=   =
10   81

106.

4 + 37 = 41   46 + 3 = 49
+   -   -
38 + 44 = 82   9 + 33 = 42
=   -   =   =
75   42 - 5 = 37   32   7
=   +   -
30 ÷ 15 = 2   33 - 6 = 27   42
+   +   =   +   =   ÷
8   46 - 8 = 38   15 ÷ 5 = 3
=   =   =   =
38   61   46 - 25 = 21   14

107.

36 + 2 = 38   11 + 39 = 50   22
×   +   -   +
27 - 13 = 14   25 + 20 = 45
=   +   =   -   =
25 + 54 = 79   25 - 14 = 11   67
+   =   =
34   2 + 92 = 94   3 × 9 = 27
=   ×   +
59   20 ÷ 5 = 4   20
=   +   =
41 - 40 = 1   23
=
6

108.

2 × 34 = 68   2 + 14 = 16   12
-   ×   +   -
19   22 - 4 = 18   25 - 19 = 6
+   =   -   =   =   ×   =
3   12   3 + 36 = 39   2   6
=   =   =
22 - 21 = 1   49 + 38 = 87
+
18   35 - 16 = 19
-   =   +
8 + 56 = 64
=   =
10 × 8 = 80

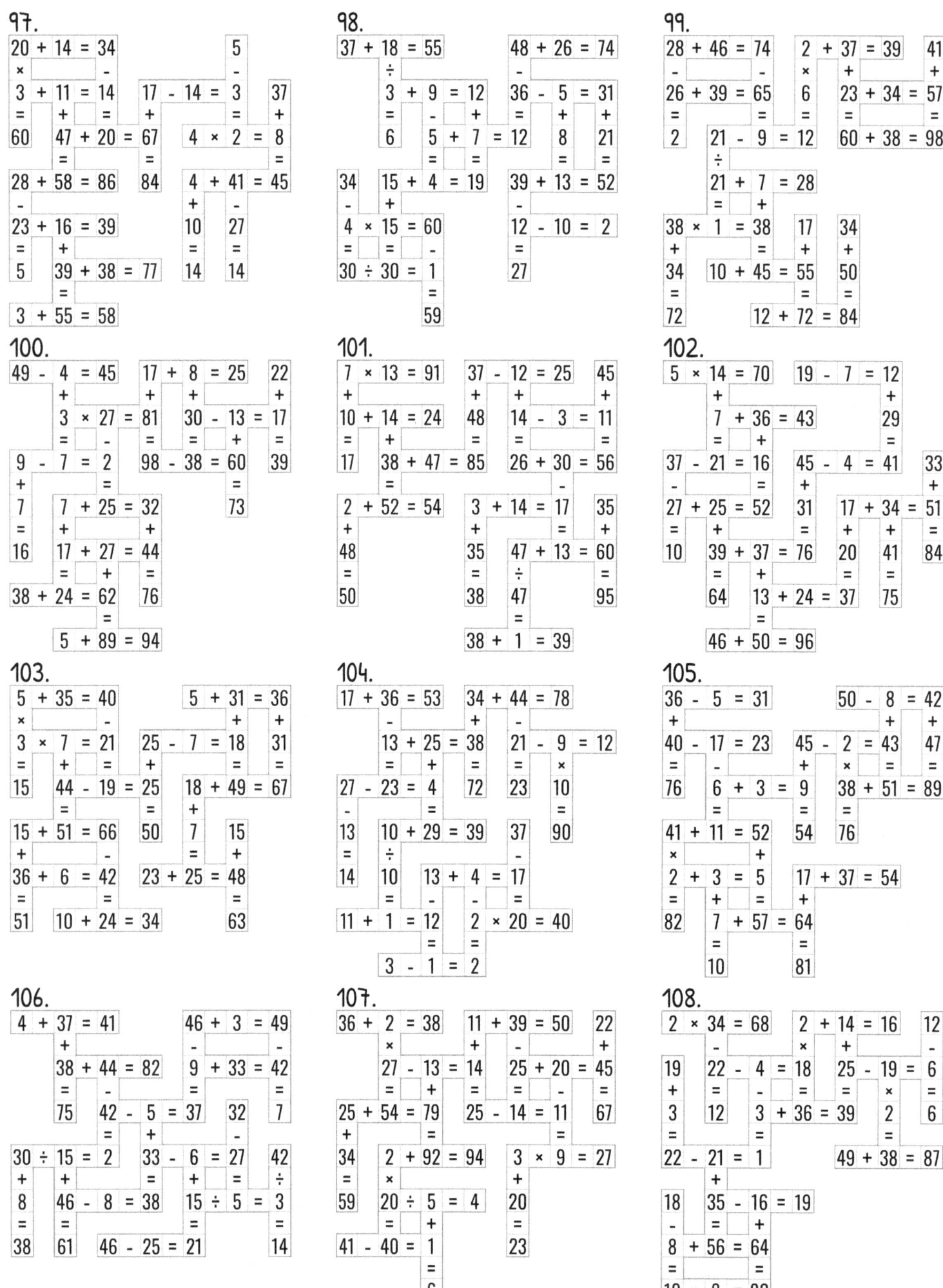

109.

9	-	6	=	3		7	+	10	=	17		4
		+				+		×				+
		50	+	32	=	82		2	+	50	=	52
		=		-		=		=		-		=
		56		16		89		20		16		56
				=						=		
		8	+	16	=	24		41	-	34	=	7
		+						+				
		10		48	+	2	=	50		2		
		=		+				=		+		
48	-	18	=	30		5	+	91	=	96		
				=						=		
		13	+	78	=	91				98		

110.

14	+	13	=	27		46	-	21	=	25
×				+		+				+
3	×	21	=	63		49	-	42	=	7
=		+		=		=		-		=
42		5	+	90	=	95		21		32
		=						=		
10	+	26	=	36		28	-	21	=	7
+						÷				-
44	-	42	=	2		28	-	25	=	3
=		-				=				=
54		17	÷	17	=	1				4
		=								
		25								

111.

13	+	30	=	43								
×		+										
7	+	48	=	55						16		
=		=		+						+		
91	-	78	=	13						6		
				=						=		
50	+	18	=	68				46	-	22	=	24
		+										+
46		45	+	19	=	64		42	-	15	=	27
-		=		+				-		-		=
19		63		46	÷	2	=	23		14		51
=				=				=		=		
27	+	38	=	65		20	-	19	=	1		

112.

40	-	22	=	18		27	-	9	=	18		45
-						-				+		+
34	+	8	=	42		17	+	9	=	26		48
=		+				=				=		=
6		19	-	9	=	10		49	+	44	=	93
		=		+								
23	+	27	=	50		5						
-				=		+						
10		22	+	59	=	81		5				
=		-				=		+				
13		2		7	+	86	=	93				
		=						=				
40	-	20	=	20				98				

113.

17	-	11	=	6		49	-	16	=	33		9
+						+		-				+
32	-	14	=	18		9		15	×	6	=	90
=		+				=		=		+		=
49		25	+	33	=	58		1		4		99
		=		+						=		
26	+	39	=	65				17	+	10	=	27
				=				+				+
7	×	14	=	98				14	+	34	=	48
+								=				=
25	+	25	=	50				31				75
=												
32												

114.

4	-	2	=	2								
×				+								
5	+	34	=	39								47
=		+		=								+
20	+	21	=	41				44				15
		=						-				=
37	+	55	=	92		6		39	+	23	=	62
+						×		=		×		
45	+	46	=	91		5	÷	5	=	1		
=		+		-		=				=		
82		10	+	20	=	30		41	-	23	=	18
		=		=								
15	+	56	=	71								

115.

36	+	5	=	41		15	+	19	=	34		
		+								-		
		6	+	38	=	44				5		
		=		÷		-				=		
22	÷	11	=	2		41	-	12	=	29		49
+				=		=		+				-
33		22	-	19	=	3		5	+	31	=	36
=		÷						=		-		=
55		22	+	38	=	60		17	-	4	=	13
		=		+						=		
		1		9		16	+	11	=	27		
				=								
				47								

116.

17	-	14	=	3		43	-	28	=	15		8
		+				+		+				+
		47	-	4	=	43		29	+	24	=	53
		=		+		=		=				=
		61		42		86	-	57	=	29		61
				=						+		
		8	+	46	=	54				28		
		×								=		
4	-	2	=	2		40	+	17	=	57		
+		=		+		+						
47	+	16	=	63		29						
=				=		=						
51		4	+	65	=	69						

117.

35	-	22	=	13								35
+				+								+
8	+	33	=	41		7	+	22	=	29		43
=				=		+		+				=
43		37	+	54	=	91		26	×	3	=	78
		+				=		=		+		
42	-	4	=	38		98	-	48	=	50		
		=		-						=		
47	-	41	=	6		24	+	29	=	53		
-				=		+						
43	-	11	=	32		13						
=						=						
4						37						

118.

39	+	6	=	45		2	×	2	=	4		
+										+		
10	+	11	=	21		29	+	43	=	72		10
=		+				+				=		+
49		33	+	14	=	47		11	+	76	=	87
		=		+		=						=
39	+	44	=	83		76		48	+	49	=	97
				=				÷				
49	+	48	=	97		31		4				
+		+				+		=				
11		46	-	39	=	7		12				
=		=				=						
60		94				38						

119.

5	+	44	=	49								
×				+								
11	+	13	=	24								
=		+		=								
55	+	18	=	73						45		
		=								-		
31	+	31	=	62		18	×	2	=	36		18
+				-						=		+
38	+	9	=	47		28	-	19	=	9		16
=		×		=		-		-				=
69		9	+	15	=	24		12	+	22	=	34
		=				=		=				
7	+	81	=	88		4		7				

120.

32	+	50	=	82						46		
+										-		
27	-	12	=	15		47	-	30	=	17		46
=		+				+		+		=		+
59		8	+	32	=	40		43	-	29	=	14
		=		+		=		=				=
32	-	20	=	12		87	-	73	=	14		60
				=								
38	+	6	=	44		27						
-		×				+						
8		11	+	30	=	41						
=		=				=						
30	+	66	=	96		68						

121.

10	-	7	=	3		20	+	48	=	68		17
		+				+		×				+
		3	×	17	=	51		2	×	25	=	50
		=		+		=		=				=
46	-	10	=	36		71		96	-	29	=	67
+				=						+		
2		45	+	53	=	98				43		
=		+								=		
48		47				28	+	44	=	72		
		=				÷		+				
2	+	92	=	94		2		35	+	43	=	78
						=		=				
						14		79				

122.

47	-	14	=	33				17	+	19	=	36
		×						+				+
		4	+	8	=	12		10	+	40	=	50
		=		+				=		-		=
		56		7	+	20	=	27		32		86
				=		+				=		
34	-	19	=	15		30	-	22	=	8		
+		-				=						
35		8		49	+	50	=	99				
=		=		-				-				
69		11		44	+	15	=	59				
				=				=				
		15	÷	5	=	3		40				

123.

43	+	49	=	92		36	-	30	=	6		
		+				+		+				
		12	+	17	=	29		19	+	35	=	54
		=		+		=		=		-		
16	+	61	=	77		65	-	49	=	16		
-				=						=		
15		5	+	94	=	99		10		19		
=		+						+				
1		46		4	+	48	=	52				
		=		+		-		=				
19	+	51	=	70		39		62				
				=		=						
25	+	49	=	74		9						

124.

45	+	20	=	65				16				
		+						+				
		14	×	5	=	70		5		24		
		=						=		+		
47	-	34	=	13		29	-	21	=	8		
+						+				=		
50	-	31	=	19		19	+	13	=	32		
=		+				=		+				
97		23	+	25	=	48		5		33		28
		=		-				=		÷		+
		54		21		18	÷	18	=	1		49
				=						=		=
24	÷	6	=	4				44	+	33	=	77

125.

22	+	20	=	42								
+				+								
31	-	29	=	2								
=		-		=								
53	-	9	=	44								
		=										
25	-	20	=	5		28	+	7	=	35		21
+				+						+		+
13	+	19	=	32		17	-	9	=	8		33
=		+		=		+		×		=		=
38		21	+	37	=	58		11	+	43	=	54
		=				=		=				
		40		24	+	75	=	99				

126.

49	+	22	=	71				2	÷	2	=	1
+								×				
5	+	41	=	46		11	-	3	=	8		14
=		+		+				=		×		+
54		16		30	-	24	=	6		4		29
		=		=		+				=		=
19	+	57	=	76		44		11	+	32	=	43
+						=		+				
14				17	+	68	=	85				
=				+				=				
33				16	×	6	=	96				
				=								
41	-	8	=	33								

127.

25	+	11	=	36		48	-	3	=	45		
+						-		+				
30	+	20	=	50		12		49	+	15	=	64
=		+				=		=				
55		16	+	20	=	36		52		4		
		=								+		
43	-	36	=	7						24		12
+				×						=		+
34	-	28	=	6		15		36	-	28	=	8
=				=		÷		-				=
77		47	-	42	=	5		3				20
						=		=				
				11	×	3	=	33				

128.

11	-	5	=	6				49	+	36	=	85
		+						-				
		34		17	+	19	=	36		40		
		=		-				=		+		
48	-	39	=	9		30	+	13	=	43		
-				=		-				=		
33	-	25	=	8		13		23		83		
=		+				=		+				
15		43		43	+	17	=	60		6		9
		=						=		+		×
30	+	68	=	98		8	+	83	=	91		11
										=		=
								2	+	97	=	99

129.

39	+	35	=	74		34	+	37	=	71		
		-				+						
		24	-	6	=	18						
		=		+		=						
17	-	11	=	6		52						
-				=								
4		7	×	12	=	84		10				25
=		×				÷		+				+
13		14	-	2	=	12		5	+	13	=	18
		=		×		=		=		×		=
		98		8	+	7	=	15		6		43
				=						=		
45	-	29	=	16		2	×	39	=	78		

130.

32	-	11	=	21		11	+	34	=	45		21
+				+		×		-		-		+
28	+	18	=	46		9	+	3	=	12		43
=				=		=		=		=		=
60		32	+	67	=	99		31	+	33	=	64
		-										
		23	+	14	=	37		38	+	10	=	48
		=		+				+				
		9		3	+	29	=	32				
				=		-		=				
		45	-	17	=	28		70				
						=						
						1						

131.

47	-	44	=	3		10	-	5	=	5		
		-				+		+				
		28	+	8	=	36		7	+	2	=	9
		=		×		=		=		+		
27	-	16	=	11		46		12		5		
				=						=		
		5	+	88	=	93		48	-	7	=	41
		×				-		-				+
		12	-	6	=	6		27	+	23	=	50
		=		+		=		=				=
		60		35		87		21				91
				=								
		10	+	41	=	51						

132.

48	+	31	=	79								
+				-								
37	+	4	=	41		36	-	25	=	11		
=		+		=		+		-				
85		22	+	38	=	60		9		17		
		=				=		=		+		
48	+	26	=	74		96	-	16	=	80		
÷										=		
24	+	46	=	70		7		2	+	97	=	99
=		+		+		+						
2		50	-	28	=	22						
		=		=		=						
2	+	96	=	98		29						

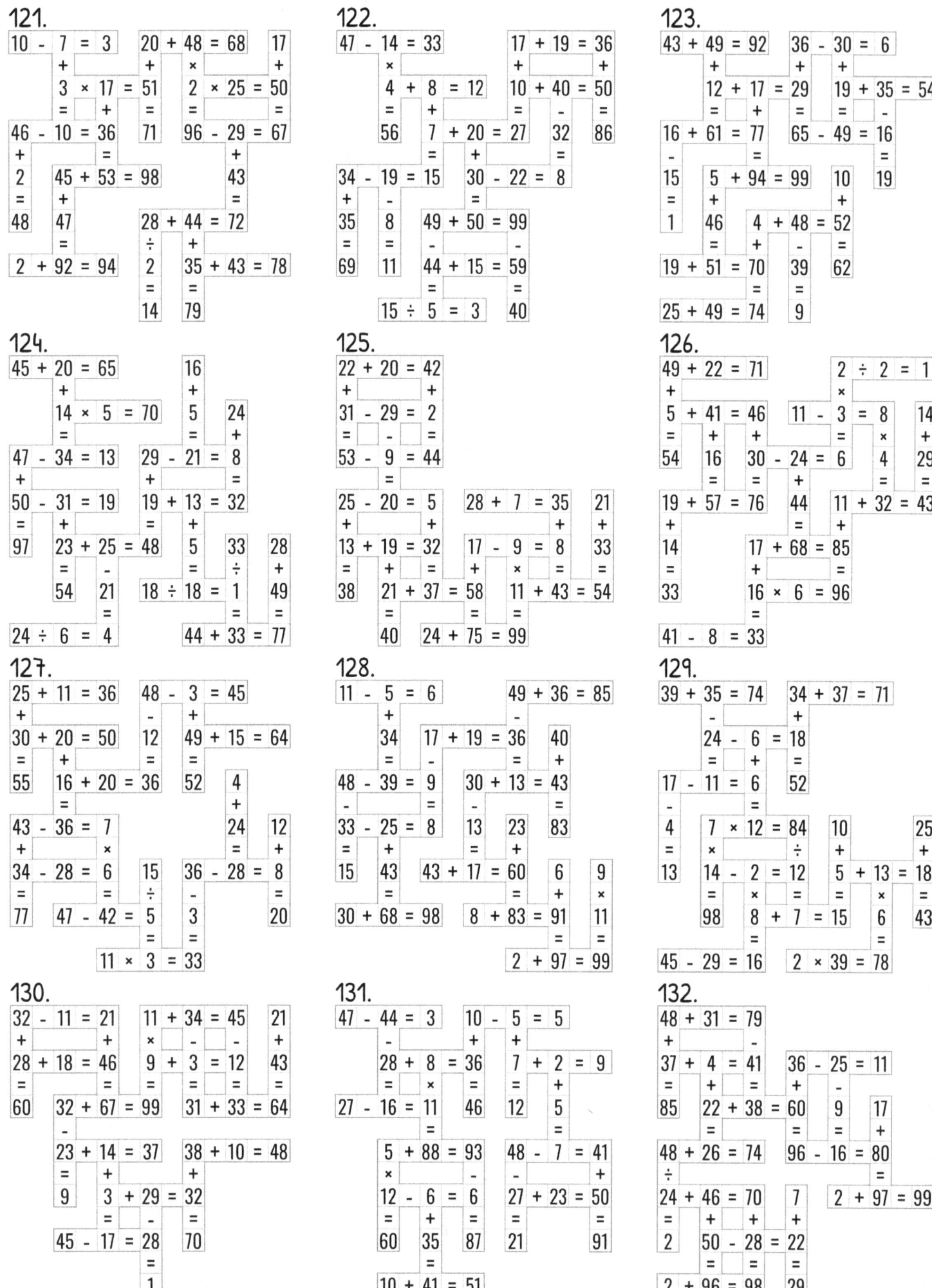

133.

46	-	27	=	19								
		-										
		7	+	33	=	40		45	+	4	=	49
		=		-		+						-
34	-	20	=	14		26	+	24	=	50		37
+				=		=		+				=
47		47	+	19	=	66		27	-	15	=	12
=		-						=		×		
81		34		27	+	24	=	51		4		
		=		+		+				=		
44	-	13	=	31		34				60		
				=		=						
				58	÷	58	=	1				

134.

42	-	41	=	1				42				
		-						-				
		4		8	-	4	=	4		4		
		=		+				=		+		
49	+	37	=	86		45	-	38	=	7		14
+				=						=		×
5		5	+	94	=	99		14	-	11	=	3
=		+				-						=
54		22	+	46	=	68		11	+	31	=	42
		=		-		=		+				
		27		29	+	31	=	60				
				=				=				
		35	-	17	=	18		71				

135.

16	÷	2	=	8		47				41		
+				+		+				+		
31	+	41	=	72		47	+	5	=	52		
=		-		=		=				=		
47		14	+	80	=	94		6	+	93	=	99
		=						+				-
35	+	27	=	62		44		4	+	33	=	37
-						+		=				=
32	-	25	=	7		44		10				62
=		-				=						
3		4	×	22	=	88						
		=										
33	-	21	=	12								

136.

11	+	44	=	55				32		24		35
		+						÷		-		-
		14	+	2	=	16		2	+	4	=	6
		=		+				=		=		=
17	+	58	=	75		4	+	16	=	20		29
+				=		×						
7	×	11	=	77		13	+	45	=	58		
=		+				=						
24		31	+	21	=	52		44				
		=		-				-				
		42		8	×	2	=	16				
				=				=				
		39	+	13	=	52		28				

137.

41	+	7	=	48		4	×	11	=	44		
		+				×		×				
		5	+	5	=	10		9	+	11	=	20
		=		+		=		=				
17	+	12	=	29		40		99				
+				=								
39		2	×	34	=	68						49
=		+										-
56		42	+	49	=	91		2	×	23	=	46
		=		+		+		+				=
		44		20	×	4	=	80				3
				=		=		=				
		26	+	69	=	95		82				

138.

37	+	45	=	82				33				
		-						÷				
		35		14	+	19	=	33		36		
		=		×				=		-		
30	÷	10	=	3		28	×	1	=	28		50
-				=		+				=		-
6		27	+	42	=	69		12	-	8	=	4
=		+				=						=
24		49	+	48	=	97		40	+	6	=	46
		=		-				-				
		76		3	×	12	=	36				
				=				=				
		34	+	45	=	79		4				

139.

27	+	40	=	67								
+				-								
11	+	47	=	58		34	+	41	=	75		
=		-		=		-		+				
38		3	+	9	=	12		6		5		45
		=				=		=		+		+
18	+	44	=	62		22	+	47	=	69		49
-				-						=		=
2	×	23	=	46				20	+	74	=	94
=		+		=								
16		4	×	16	=	64						
		=										
29	+	27	=	56								

140.

47	-	22	=	25		43	-	34	=	9		
		-		+						+		
		19		23	+	50	=	73		15		18
		=		=		-				=		+
45	+	3	=	48		29	-	5	=	24		48
-						=		+				=
4	+	14	=	18		21		26	+	40	=	66
=		-						=		-		
41		9	+	16	=	25		31		9		
		=		+						=		
15	×	5	=	75		3	+	28	=	31		
				=								
				91								

141.

3	+	39	=	42		42	-	31	=	11		
+				+						+		
6	+	5	=	11		38	+	39	=	77		
=				=		+				=		
9		4	+	53	=	57				88		
		+				=						
		7		4	+	95	=	99		20		
		=		×						-		
7	+	11	=	18		5	+	6	=	11		
+				=		+		×		=		
30		20	+	72	=	92		9		9		
=						=		=				
37		48	+	49	=	97		54				

142.

2	+	18	=	20		11	+	4	=	15		49
+				+		×						-
27	+	22	=	49		7	×	14	=	98		43
=		+		=		=		+				=
29		8	+	69	=	77		3	×	2	=	6
		=						=		+		
40	+	30	=	70				17		40		
-				-						=		
20	+	43	=	63				42	+	42	=	84
=				=				-				
20	-	13	=	7				14				
								=				
								28				

143.

28	-	24	=	4				28	+	2	=	30
		+						÷				
		50	-	3	=	47		4		17		
		=		+				=		-		
16	+	74	=	90		3	+	7	=	10		
+				=		+				=		
23		3	+	93	=	96		15	+	7	=	22
=		×				=		+				+
39		32				99		9	+	48	=	57
		=						=		+		=
2	+	96	=	98		22	+	24	=	46		79
										=		
										94		

144.

45	-	24	=	21								
		-										
		21		44	+	25	=	69		7		
		=		+						+		
33	+	3	=	36		12	+	25	=	37		34
-				=		+				=		+
6		5	+	80	=	85		15	+	44	=	59
=		-				=						=
27		2		13		97		49	+	44	=	93
		=		+				+		+		
18	-	3	=	15				21	×	3	=	63
				=				=		=		
		3	+	28	=	31		70		47		

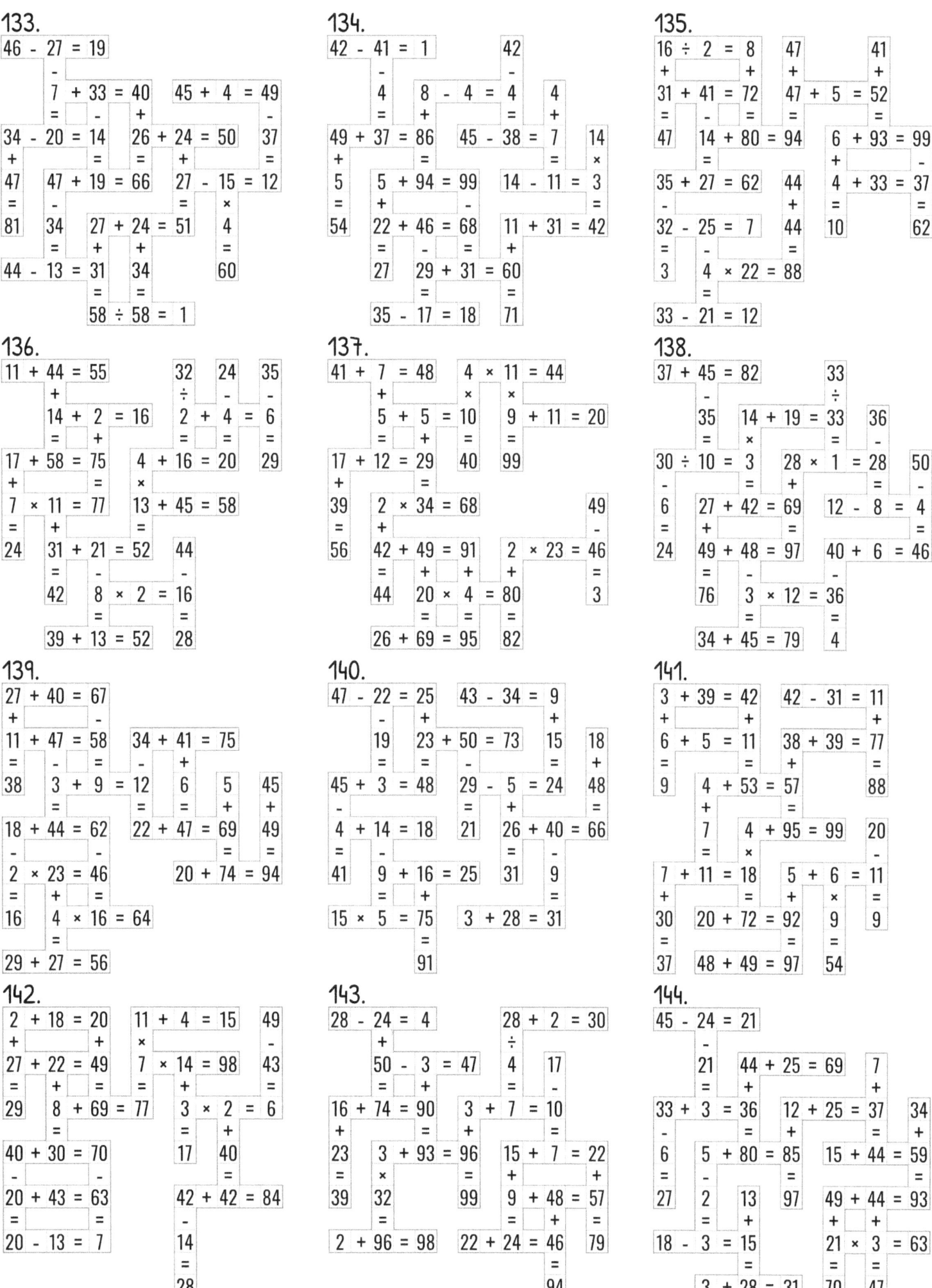

145.

18	÷	2	=	9				13	+	27	=	40
+		+						+				+
49	+	37	=	86				15	+	34	=	49
=		=		-				=		+		=
67	-	39	=	28		41	-	28	=	13		89
				=						=		
17	+	41	=	58		2	+	45	=	47		
+		+				+		-				
2		36	+	4	=	40		5				
=		=				=		=				
19	+	77	=	96		42		40				

146.

3	+	36	=	39		50						
+				-		-						
10	+	5	=	15		33	+	12	=	45		
=				=		=		+				
13		41	-	24	=	17		14				
		-						=				
		34	+	17	=	51		26		7		
		=		+		-				+		
22	+	7	=	29		3	×	22	=	66		16
-				=		=				=		+
13		2	+	46	=	48		9	+	73	=	82
=												=
9								7	×	14	=	98

147.

15	+	42	=	57		21	+	23	=	44		
+				-		-				÷		
40	+	4	=	44		6	+	5	=	11		38
=				=		=				=		+
55		28	-	13	=	15		15	-	4	=	11
		+						-				=
		42		38	-	26	=	12		25		49
		=		+				=		+		
		70		33	÷	11	=	3		26		
				=		+				=		
				71		16	+	35	=	51		
						=						
				17	+	27	=	44				

148.

7	×	12	=	84		29	+	12	=	41		30
		-				+		+				+
		11	+	6	=	17		34	-	3	=	31
		=		+		=		=		÷		=
7	+	1	=	8		46	÷	46	=	1		61
+				=						=		
10		3	+	14	=	17		4	+	3	=	7
=		×						+				
17		4						31		45		
		=						=		-		
		12				45	-	35	=	10		
										=		
								43	+	35	=	78

149.

6	×	9	=	54				46	-	13	=	33
+				-								+
2	+	32	=	34		27	+	8	=	35		12
=				=		÷		×				=
8	+	12	=	20		9		7	+	38	=	45
		+				=		=		+		
		6	÷	2	=	3		56		25		
		=		×						=		
27	-	18	=	9		29				63		
÷				=		+						
27		39	+	18	=	57						
=						=						
1				8	+	86	=	94				

150.

30	+	35	=	65		31	-	10	=	21		
-										-		
10	+	49	=	59		28	-	23	=	5		7
=		+				+				=		÷
20		11	-	8	=	3		17	-	16	=	1
		=		+		=		-				=
24	+	60	=	84		31		13				7
+				=				=				
12		2	+	92	=	94		4				
=		×				-						
36		7	+	4	=	11						
		=				=						
30	-	14	=	16		83						

151.

31	+	5	=	36		23						
		+				+						
		35	+	4	=	39		2	+	35	=	37
		=		+		=		+		+		
		40		31	+	62	=	93		24		13
				=				=		=		+
41		48	+	35	=	83		95	-	59	=	36
-		+										=
11	+	18	=	29				39	+	10	=	49
=		=						÷		+		
30	+	66	=	96				3		42		
								=		=		
						4	×	13	=	52		

152.

36	+	40	=	76		43	+	26	=	69		49
+				-		-				-		-
5	+	33	=	38		31	+	9	=	40		7
=		+		=		=		+		=		=
41		50	-	38	=	12		13	+	29	=	42
		=						=				
2	+	83	=	85		33	-	22	=	11		
×				-								
3	+	21	=	24		22						
=				=		+						
6		2	+	61	=	63						
						=						
						85						

153.

37	+	16	=	53								
+		+										
11	+	24	=	35		43	-	12	=	31		
=		=		-		+				+		
48	-	40	=	8		12	+	29	=	41		
				=		=				=		
		28	+	27	=	55				72		
		+										
		17	+	23	=	40		9	+	21	=	30
		=		+		-		+		+		
		45		20	+	34	=	54		41		
				=		=		=		=		
		49	-	43	=	6		63		62		

154.

24	+	32	=	56				35	+	3	=	38
		-						+				
10		28	+	5	=	33		36	+	28	=	64
+		=		+				=		+		
7		4		41	+	30	=	71		7		34
=				=		+				=		+
17	+	29	=	46		39		8	+	35	=	43
		+				=		+				=
		15		20	+	69	=	89				77
		=		+				=				
31	+	44	=	75		2	+	97	=	99		
				=								
				95								

155.

42	+	43	=	85		26	-	7	=	19		18
-						+		+				+
29	+	36	=	65		50		45	-	27	=	18
=		-				=		=		-		=
13		30	+	46	=	76		52	-	16	=	36
		=		-						=		
		6		26		19	-	8	=	11		15
				=				+				+
		27	-	20	=	7		38	-	9	=	29
								=		+		=
						29	+	46	=	75		44
										=		
										84		

156.

31	-	21	=	10		2	×	44	=	88		44
		÷				+		+				-
		7	×	12	=	84		44	-	26	=	18
		=		-		=		=		+		=
		3		2	+	86	=	88		9		26
				=						=		
		13	-	10	=	3		23	+	35	=	58
		+				+		+				
		41	-	30	=	11		36				
		=		+		=		=				
		54		45	+	14	=	59				
				=								
		19	+	75	=	94						

157.

27 - 5 = 22 | 12 + 15 = 27 | 39
- - | + | +
6 + 9 = 15 | 31 + 27 = 58 | 9
= + = | = - | =
21 | 50 - 7 = 43 | 23 + 25 = 48
= | = +
59 | 18 - 14 = 4 | 44
- | =
13 | 44 + 25 = 69
= | - +
30 - 5 = 25 | 17
= =
19 + 42 = 61

158.

5 × 16 = 80 | 27
- | -
5 × 4 = 20 | 8 × 4 = 32
= ÷ | = +
11 | 4 + 15 = 19 | 21 | 20
= - | = +
27 - 26 = 1 | 12 + 13 = 25 | 36
÷ + | = + | =
9 | 38 - 35 = 3 | 40 + 16 = 56
= = + | =
3 | 64 | 24 + 29 = 53
=
21 + 38 = 59

159.

43 + 12 = 55
- -
12 - 4 = 8 | 11 | 37
= + = | + | +
31 | 15 + 47 = 62 | 10
= | = | =
39 - 19 = 20 | 73 - 47 = 26 | 7
+ ÷ | + | ×
30 ÷ 3 = 10 | 29 + 28 = 57 | 14
= = | - | = | =
69 | 8 × 2 = 16 | 15 + 83 = 98
=
22 - 9 = 13

160.

3 + 17 = 20
+
43 + 7 = 50 | 28 + 37 = 65 | 17
= + | + | +
46 | 4 + 44 = 48 | 25 + 44 = 69
= | = | - + =
41 - 11 = 30 | 76 | 10 | 46 | 86
- + | = =
40 - 30 = 10 | 6 × 15 = 90
= + = | +
1 | 11 + 40 = 51
= | =
38 + 41 = 79 | 57

161.

50 - 34 = 16 | 10 | 20
- | × | ×
45 + 28 = 73 | 8 ÷ 4 = 2
= + | = | =
5 | 35 + 45 = 80 | 50 + 40 = 90
=
36 + 63 = 99 | 32 | 45
+ - | - | +
44 + 30 = 74 | 11 - 4 = 7
= + = | = × =
80 | 46 - 25 = 21 | 18 | 52
= | =
18 + 76 = 94 | 72

162.

50 + 22 = 72 | 43 - 7 = 36
+ + | -
21 + 32 = 53 | 17 + 33 = 50 | 32
= = - | - - | =
71 - 54 = 17 | 3 | 26 - 22 = 4
= | = | = +
50 - 36 = 14 | 7 | 50
=
35 + 37 = 72 | 39
- - | ÷
11 | 29 - 16 = 13
= = | =
24 + 8 = 32 | 3

163.

50 + 15 = 65 | 26 - 13 = 13
- | +
8 × 4 = 32 | 37 - 26 = 11 | 50
= + | + + | =
42 | 30 + 18 = 48 | 41 + 22 = 63
= + | = | = | +
4 + 34 = 38 | 85 | 67 | 4
+ = | =
37 + 19 = 56 | 24 + 2 = 26
= - | +
41 | 4 | 31
= | =
15 | 26 + 55 = 81

164.

49 - 11 = 38 | 29
- - | -
6 | 6 + 33 = 39 | 2
= = + + | =
37 - 5 = 32 | 4 | 31 - 27 = 4
+ | = =
21 | 40 | 33 + 37 = 70 | 25
= - + | ÷
58 - 25 = 33 | 11 + 14 = 25
= = + | =
15 + 66 = 81 | 2 ÷ 1 = 2
=
42 + 50 = 92

165.

27 + 12 = 39 | 26 + 26 = 52
× + | + +
5 + 30 = 35 | 13 | 33
= = | = = | +
9 + 60 = 69 | 61 - 39 = 22
+ | =
18 + 38 = 56 | 39 + 16 = 55
= - | + ÷
27 | 12 - 6 = 6 | 16
= + | = =
10 + 26 = 36 | 45 | 1
=
5 + 37 = 42

166.

38 + 12 = 50 | 41 | 21 - 4 = 17
- + | +
3 × 16 = 48 | 2 + 49 = 51
= = | + + =
9 | 8 + 89 = 97 | 32 | 68
= | =
18 | 31 | 3 × 33 = 99 | 81
+ - +
2 | 22 | 8 + 44 = 52 | 11
= = = + | +
20 - 9 = 11 | 8 × 9 = 72
= =
52 | 11 + 83 = 94

167.

36 + 19 = 55 | 34 - 11 = 23 | 35
+ | + + | +
26 + 27 = 53 | 47 - 15 = 32
= + = | = + =
5 + 45 = 50 | 87 - 58 = 29 | 67
× = | =
19 | 5 + 77 = 82 | 4 + 44 = 48
= × | +
95 | 11 | 15 - 13 = 2
= | = ×
55 | 23 - 4 = 19 | 7
=
91

168.

19 + 50 = 69 | 2 + 38 = 40
- | + -
7 | 25 + 34 = 59 | 8 | 7
= + | = = +
8 + 43 = 51 | 61 + 30 = 91
+ = | =
50 + 26 = 76 | 8 + 49 = 57 | 98
= + | + +
58 | 46 + 41 = 87 | 25 + 36 = 61
= = | = +
72 + 23 = 95 | 74 | 39
=
75

169.

2	+	46	=	48		2						44
+				+		×						+
13	-	3	=	10		40		24	+	12	=	36
=				=		=						=
15		22	+	58	=	80		16	×	5	=	80
		+						+				
		4		35	+	37	=	72		6		
		=		+				=		+		
21	+	26	=	47		4	+	88	=	92		
-				=		+				=		
4		11	+	82	=	93				98		
=						=						
17		50	+	47	=	97						

170.

37	+	45	=	82		16	+	18	=	34		
		-				+		+				
		22	+	24	=	46		32	÷	4	=	8
		=		+		=		=		+		
50	-	23	=	27		62	-	50	=	12		20
+				=						=		+
24				51				48	+	16	=	64
=								÷				=
74		15		28	-	20	=	8				84
		+		+				=				
		22		14	-	8	=	6				
		=		=								
5	+	37	=	42								

171.

48	-	35	=	13								
		-		+								
		23		41	+	37	=	78		47		
		=		=		+				+		
42	+	12	=	54		46	-	18	=	28		3
-						=				=		+
22	-	18	=	4		83		20	+	75	=	95
=		-										=
20		14	÷	7	=	2		2	×	49	=	98
		=		+				×		-		
		4		2	×	6	=	12		47		
				=				=		=		
				9		26	-	24	=	2		

172.

21	+	33	=	54				19	+	28	=	47
		-						+				
		4	+	50	=	54		20		20		
		=		-				=		-		
		29		27	+	12	=	39		16		15
				=		+				=		-
		45	+	23	=	68		15	-	4	=	11
		+				=		+				=
		40	+	40	=	80		17	-	13	=	4
		=		-				=		+		
		85		8	+	24	=	32		38		
				=						=		
43	-	11	=	32						51		

173.

6	+	13	=	19		30				15		
+						-				+		
22	+	9	=	31		3	×	25	=	75		
=		÷				=				=		
28		3	+	24	=	27		5	+	90	=	95
		=		-				-				
24	-	3	=	21				4		29		
+				=				=		+		
36	-	33	=	3		29	+	1	=	30		
=		-				×				=		
60		29				2		38	+	59	=	97
		=				=						
38	+	4	=	42		58						

174.

39	-	20	=	19				45	-	43	=	2
		+						+				+
		34	+	7	=	41		37	+	48	=	85
		=		+				=		-		=
		54		48	+	34	=	82		42		87
				=						=		
35		22	+	55	=	77		23	+	6	=	29
+		+						-				+
2		35		4				9	-	8	=	1
=		=		+				=				=
37	+	57	=	94		43	+	14	=	57		30
				=								
				98								

175.

28	+	41	=	69				25	+	35	=	60
		+						-				
		23	+	40	=	63		4	+	8	=	12
		=		+		-		=		+		
		64		10	+	11	=	21		20		
				=		=				=		
		2	+	50	=	52				28		
		×										
33		25	-	20	=	5		49		15		
-		=		÷				-		+		
4		50		10	+	26	=	36		37		
=				=				=		=		
29	-	27	=	2		39	+	13	=	52		

176.

30	-	14	=	16		36		6	-	2	=	4
		+				-		+				
		46		5	+	6	=	11		38		
		=		+		=		=		+		
22	+	60	=	82		30	-	17	=	13		3
+				=						=		+
23		11	+	87	=	98		31	+	51	=	82
=		+										=
45		48	-	37	=	11		50	+	35	=	85
		=		+				-				
		59		40				41				
				=				=				
		9	+	77	=	86		9				

177.

47	+	20	=	67				20	+	40	=	60
		+		+				×				
		42		7	-	6	=	1		35		
		=		=				=		-		
12	+	62	=	74		10	+	20	=	30		28
+										=		+
19	+	46	=	65		22		46	+	5	=	51
=		+				+		+				=
31		24	+	43	=	67		48				79
		=		-		=		=				
		70		5	+	89	=	94				
				=								
		34	+	38	=	72						

178.

44	+	34	=	78				2	×	9	=	18
		-		-				+				
		14		20	+	39	=	59		49		
		=		=				=		+		
38	+	20	=	58		2		61		17		
+						+				=		
50	-	20	=	30		42	+	24	=	66		
=		-				=		+				
88		10	+	34	=	44		26		5		
		=		+				=		+		
31	+	10	=	41		36	+	50	=	86		
				=						=		
		24	+	75	=	99				91		

179.

27	+	12	=	39								
+		+										
39	+	29	=	68		27	-	19	=	8		
=		=		-		+				+		
66	-	41	=	25		47	+	21	=	68		
				=		=		+		=		
		31	+	43	=	74		37		76		
								=				
		49		43		41	+	58	=	99		
		-		-		+				-		
		16		26		9	+	8	=	17		
		=		=		=				=		
		33	+	17	=	50		12	+	82	=	94

180.

45	+	49	=	94		9	+	35	=	44		
-				+		×				+		
6	÷	3	=	2		11	+	18	=	29		
=				=		=		+		=		
39		3	+	96	=	99		47		73		
		×						=				
		9	×	6	=	54		65		8		
		=		+						+		
38	+	27	=	65		9	×	7	=	63		
-				=		+				=		
28		17	+	71	=	88				71		
=						=						
10		47	+	50	=	97						

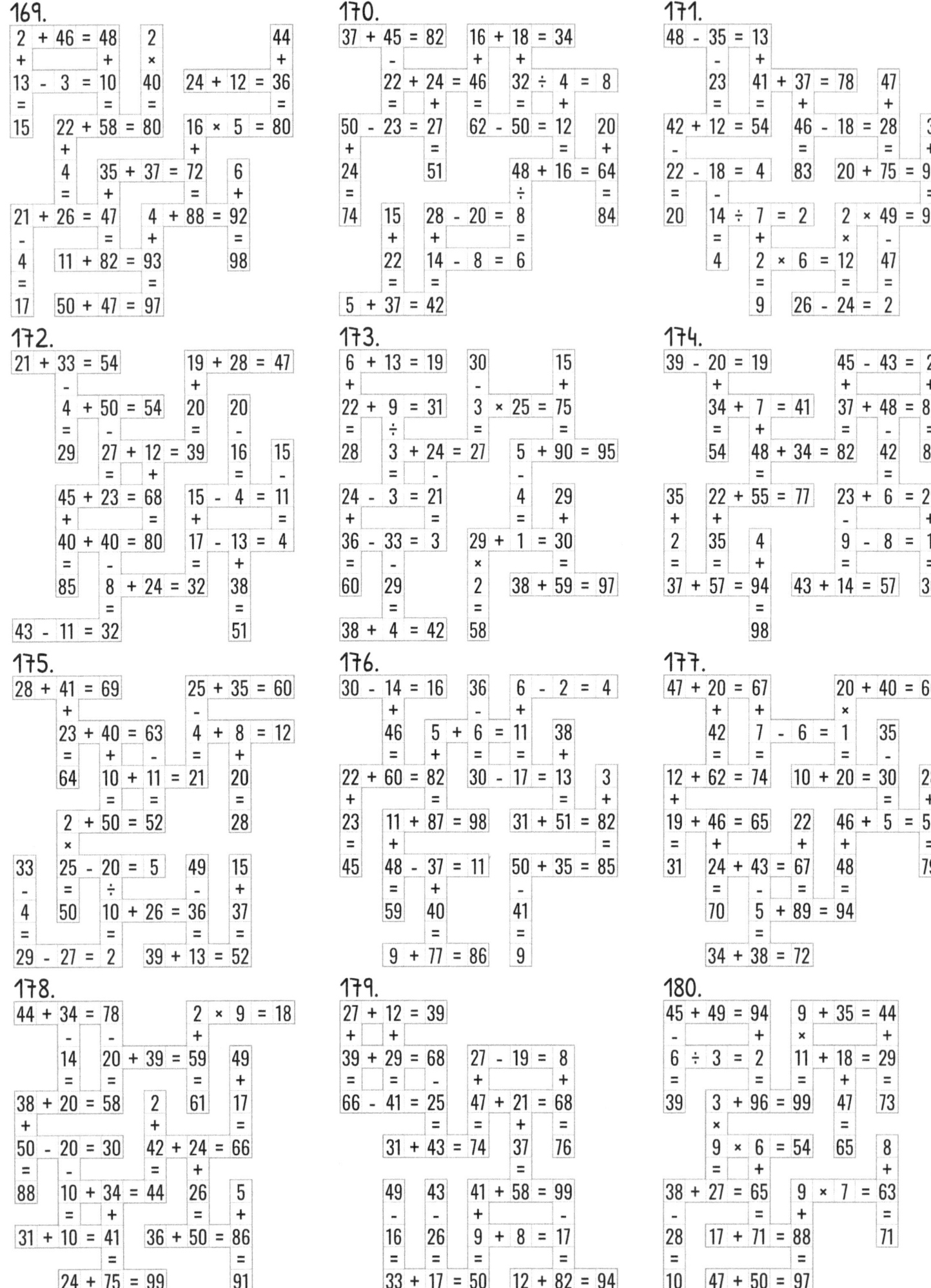

181.

```
6   +   13  =   19      21                      3
×               +       +                       ×
9   +   26  =   35      39  +   5   =   44      2
=       -       =       =       ×               =
54      6   +   54  =   60      19  -   13  =   6
        =                       =       +
48  -   20  =   28      21      95      3
-                       +               =
37  +   22  =   59      34  -   18  =   16
=       +               =
11      13  +   42  =   55
        =
14  +   35  =   49
```

182.

```
37  +   13  =   50                      22
+               -                       ÷
30  -   25  =   5       2   +   9   =   11
=       +       =       +               =
67      50  +   45  =   95      32  ÷   2   =   16
        =               =       +
2   +   75  =   77      97      14      14
+                               =       +
19  +   28  =   47      24  +   46  =   70
=       +               +               =
21      50  -   44  =   6                   84
        =               =
16  +   78  =   94      30
```

183.

```
27  +   32  =   59              30  -   24  =   6
+               -                               +
22  +   25  =   47                              12
=       +       =                               =
49  -   37  =   12              31  -   13  =   18
        =                       -       +
33  +   62  =   95      49      18  +   49  =   67
+               +       +       =       =
9   ÷   9   =   1       49  +   13  =   62
=       -       =       =
42      2   +   96  =   98
        =
        7
```

184.

```
33  +   19  =   52              24  +   23  =   47
÷                               ÷
3   +   15  =   18              3   +   27  =   30
=       +                       =       +
11      24      34  -   26  =   8       17      15
        =       +       -               =       +
19  +   39  =   58      13      39  +   44  =   83
                =       =       +               =
46  +   46  =   92      13      46      3       98
+                               =       +
21  -   20  =   1       11  +   85  =   96
=                                       =
67                                      99
```

185.

```
5   ×   14  =   70      19  +   42  =   61      50
        +       +       +       +               -
        45  -   7   =   38      22  +   27  =   49
        =       =       =       =       +       =
18  +   59  =   77      57      64      37      1
+                                       =
17  +   18  =   35      14  +   50  =   64
=       +               +
35      23  -   12  =   11
        =       +       =
40  +   41  =   81      25
                =
        6   +   93  =   99
```

186.

```
10  +   49  =   59
+               -
13  +   16  =   29      50      22  +   8   =   30
=               =       -               +       +
23      30  ÷   30  =   1       3       25      38
                        =       +       =       =
24      7   +   42  =   49      35  +   33  =   68
+       -       +               =
23      6       4   +   34  =   38
=       =       =       +
47  -   1   =   46      37  -   16  =   21
                        =
                19  +   71  =   90
```

187.

```
35  +   20  =   55      31  -   2   =   29
        +       -       +       +
        9   +   15  =   24      22  +   3   =   25
        =       =       =       =       +
11  +   29  =   40      55  +   24  =   79      6
+                                       =       +
45                      29      11  +   82  =   93
=                       -       ÷               =
56                      25      11  ×   9   =   99
                        =       =       +
                5   -   4   =   1       50
                                        =
                        13  +   46  =   59
```

188.

```
34  +   45  =   79                      2
-                                       +
25  +   12  =   37                      7
=       -                               =
9       10  +   29  =   39      26  -   9   =   17
        =       +                               +
18  ×   2   =   36      10      4               9
-               =       +       ×               =
14      11  +   65  =   76      24  +   2   =   26
=       +               =       =       ×
4       23      10  +   86  =   96      10
        =                               =
29  +   34  =   63      35  -   15  =   20
```

189.

```
11  +   25  =   36                      9
×                                       +
5   +   30  =   35      43  -   40  =   3       35
=       +       +       +               =       +
55      8   +   28  =   36      36  +   12  =   48
        =       =       =       -               =
25  +   38  =   63      79      11              83
+                               =
2   ×   35  =   70      33  -   25  =   8
=       +               -
27      21  -   14  =   7
        =               =
32  +   56  =   88      26
```

190.

```
47  -   39  =   8       36  -   30  =   6
        -               +       -
        8   +   15  =   23      24      23
        =       ×       =       =       +
37  -   31  =   6       59  +   6   =   65
+               =                       =
14      9   +   90  =   99      3   +   88  =   91
=       +               -       ×
51      24  +   22  =   46      22
        =       +       =       =
34  +   33  =   67      53      66
                =
        9   +   89  =   98
```

191.

```
45  +   46  =   91      2   ×   18  =   36      24
        -               +       ÷               +
        44  +   8   =   52      9   +   47  =   56
        =       +       =       =       +       =
43  -   2   =   41      54      2   ×   40  =   80
+               =                       =
44  +   5   =   49      37      11  +   87  =   98
=       +               +       +
87      11  +   2   =   13      49
        =               =       =
        16      10  +   50  =   60
```

192.

```
21  +   15  =   36      31      21  -   2   =   19
        -               -                       -
        10  +   9   =   19      35  -   23  =   12
        =               =       +       -       =
        5   +   7   =   12      14  ÷   2   =   7
                +               =       =
                44  +   5   =   49      21
                =       ×
28  +   23  =   51      18  -   5   =   13
÷                       =       +       ÷
7                       90      28      13
=                               =       =
4                       33  ÷   33  =   1
```

193.

47	-	20	=	27						34		38
+										+		+
48	+	47	=	95		48	+	4	=	52		50
=		+		-		-				=		=
95		38	+	3	=	41		2	+	86	=	88
		=		=		=		+				
7	+	85	=	92		7		21	+	40	=	61
+								=		-		
19	-	10	=	9		38	-	23	=	15		
=		+								=		
26		46	+	25	=	71				25		
		=										
		56										

194.

42	+	39	=	81				35	-	8	=	27
		-						+				
		17	÷	17	=	1		3	×	19	=	57
		=		+				=		+		
		22		20	+	18	=	38		9		17
				=		+				=		+
2		43	+	37	=	80		48	+	28	=	76
+		+				=						=
10		41		2		98		50	+	43	=	93
=		=		+				+				
12	+	84	=	96				17				
				=				=				
49	×	2	=	98				67				

195.

42	-	16	=	26		28	-	19	=	9		
		+		×		-		+				
		18	+	3	=	21		20				
		=		=		=		=				
44	+	34	=	78		7		39				
-												
39	-	33	=	6				15	+	18	=	33
=		-										-
5		7	+	36	=	43		37	-	17	=	20
		=		+				+		-		=
		26		25	-	16	=	9		11		13
				=				=		=		
		32	+	61	=	93		46		6		

196.

14	+	16	=	30		50	-	11	=	39		37
-				+		+						+
3	×	21	=	63		48	+	32	=	80		19
=		+		=				+				=
11		5	+	93	=	98		29	+	27	=	56
		=						=				
11	+	26	=	37		33	+	61	=	94		
+				-		+						
12				17	-	11	=	6				
=				=		=		+				
23				20	+	44	=	64				
								=				
								70				

197.

2	+	22	=	24		20	-	3	=	17		
		+				+						
		19	+	17	=	36		2				
		=		+		=		+				
46		41		36	+	56	=	92		44		
-				=				=		-		
29		6	+	53	=	59		94		11		
=		×								=		
17	-	5	=	12		11	×	3	=	33		
		=		-		-		+				
41	-	30	=	11		6	+	4	=	10		
				=		=		=				
		4	+	1	=	5		7				

198.

35	+	11	=	46				2				
+		+						+				
36	-	19	=	17		39	-	10	=	29		
=		=		+				=		-		
71	-	30	=	41		8	+	12	=	20		23
				=		+				=		+
		27	+	58	=	85		45	+	9	=	54
						=		+				=
		50	+	43	=	93		17				77
		-		+				=				
		32		47	+	15	=	62				
		=		=								
5	×	18	=	90								

199.

38	-	13	=	25				2	+	6	=	8
+		-						+				
2	+	5	=	7		48	+	2	=	50		
=		=		×				=		+		
40	÷	8	=	5		14	+	4	=	18		10
				=		+				=		+
		26	+	35	=	61		11	+	68	=	79
						=		×				=
41		44	+	31	=	75		6				89
-		+						=				
32		34						66				
=		=										
9	+	78	=	87								

200.

26	÷	26	=	1				6				
+		+						+				
30	÷	3	=	10				13				
=		=		+				=				
56	+	29	=	85		44	-	19	=	25		
				=		+				+		
50	+	45	=	95		49	+	17	=	66		
÷		+				=		+		=		
25		31	×	3	=	93		22		91		
=		=		+				=				
2	+	76	=	78		46	+	39	=	85		
				=								
		14	+	81	=	95						

201.

10	+	19	=	29		40	+	41	=	81		
		+				+		-				
		24	+	15	=	39		5	+	21	=	26
		=		+		=		=				
34	+	43	=	77		79		36				
-				=								
21		6	+	92	=	98						
=		+										
13		10		5		38		40		46		
		=		+		+		-		-		
48	+	16	=	64		37	-	24	=	13		
				=		=		=		=		
		6	+	69	=	75		16	+	33	=	49

202.

37	+	33	=	70				30				
		-						÷				
		6	-	4	=	2		3	+	31	=	34
		=		+				=		+		
46	-	27	=	19		30	-	10	=	20		19
				=		+				=		+
42	-	19	=	23		5		16	+	51	=	67
÷		-				=		+				=
7		14		48	+	35	=	83				86
=		=		×				=				
6	-	5	=	1				99				
				=								
		39	+	48	=	87						

203.

21	+	43	=	64		47	-	7	=	40		
		-				+		×				
		2	×	15	=	30		6	+	44	=	50
		=		×		=		=		+		
47	-	41	=	6		77	-	42	=	35		
-				=						=		
44		3	+	90	=	93		8		79		
=		+						+				
3		28		39		10		3				
		=		+		×		=				
39	-	31	=	8		8	+	11	=	19		
				=		=						
		33	+	47	=	80						

204.

28	-	24	=	4								
-				+								
22	+	19	=	41								
=		+		=								
6	+	39	=	45						42		
		=								+		
19	+	58	=	77						28		
+				-						=		
16	+	8	=	24		25	+	45	=	70		30
=		+		=		+		-				+
35		14	+	53	=	67		10	+	50	=	60
		=				=		=				=
35	+	22	=	57		92	-	35	=	57		90

205.

41 - 19 = 22   25 × 2 = 50
+ +   + +
25 + 17 = 42   3 × 31 = 93   49
= + =   + = =
66   28 + 64 = 92   4 + 95 = 99
= =   +
25 + 45 = 70   95   24 + 23 = 47
- -   = +
23 + 43 = 66   43 + 28 = 71
= =   =
2   4   94

206.

18 - 15 = 3   24 - 2 = 22
+   × +
39 + 19 = 58   9 + 20 = 29   50
= + ÷ + = =
57   20 + 29 = 49   14 + 58 = 72
= = = +
41 - 39 = 2   58   13 + 3 = 16
+ =
9 + 23 = 32   28   27
= + +
50   14 + 50 = 64
= =
37   92

207.

3 × 19 = 57   20 + 7 = 27
+ + +
18 + 35 = 53   25 - 8 = 17
= + = =
37 + 36 = 73   32   11
= +
10 + 71 = 81   29 + 41 = 70
+ - + =
29   48 + 32 = 80   7   81
- = + = =
8   58   35 + 1 = 36
= =
21 + 46 = 67

208.

30 + 31 = 61   3 + 18 = 21
- + +
4 × 24 = 96   4 - 2 = 2
= + = = +
38 - 27 = 11   99 - 22 = 77
+ = =
40   40 - 35 = 5   20 + 79 = 99
= + ÷
78   9   11   2   18
= + = -
6 + 49 = 55   7 + 10 = 17
= =
66   1

209.

24 - 18 = 6   28 + 37 = 65
- + -
17 + 10 = 27   18 - 15 = 3
= = = -
7   43 - 33 = 10   10
+ =
26   30 - 5 = 25
= - +
19 + 69 = 88   12 × 3 = 36
+ - = + =
7 × 5 = 35   18   39   61
= = =
26   18 + 53 = 71   42

210.

29 - 8 = 21   23   8
+ + +
17 + 49 = 66   47 - 31 = 16   17
= - = = +
46   28 + 42 = 70   45 - 24 = 21
= - + =
8 + 21 = 29   31   42 - 4 = 38
× = + =
4   48 + 13 = 61   87
= + =
32   44 + 48 = 92
=
4 + 92 = 96

211.

36 × 2 = 72   40 - 37 = 3
÷ - + +
12 - 4 = 8   37 + 14 = 51
= = = =
3   13 + 64 = 77   43   54
+ -
17 - 12 = 5   22   9
= - = +
38 - 30 = 8   42 - 21 = 21
+ = + =
40   5 × 4 = 20   30
= =
78   41 + 21 = 62

212.

48 ÷ 4 = 12   27 + 3 = 30
× + +
22 × 3 = 66   39
= + = =
2 + 88 = 90   93   42   40
× = -
24   6 + 93 = 99   21   30
= + - =
48   12 + 31 = 43   4 × 10 = 40
= + + =
18 + 18 = 36   48 + 17 = 65
= =
24 + 67 = 91

213.

3 + 18 = 21   35 + 23 = 58   8
- ÷ + +
9 - 8 = 1   6 × 5 = 30
= + = = × =
9   12   35 - 29 = 6   38
= =
40 ÷ 20 = 2   43 + 30 = 73
- + +
29 + 24 = 53   7 + 32 = 39
= = = -
19 - 11 = 8   55   50   22
=
10

214.

4 + 19 = 23   42 + 43 = 85
× + + -
13 + 13 = 26   20 + 11 = 31   3
= = = + = +
52   13 + 49 = 62   40 + 54 = 94
+ = =
21 + 49 = 70   51 + 46 = 97
= +
40 + 34 = 74   38 + 3 = 41
+ × =
38   12   87
= =
78   36

215.

23 - 6 = 17   46 + 24 = 70
+ ÷ -
10 - 8 = 2   2 + 19 = 21
= + = = + +
16 ÷ 16 = 1   23   22   17   40
- = = =
11   45 + 9 = 54   25 + 36 = 61
= + - +
5   33 + 15 = 48   8
= = =
13 + 78 = 91   6 + 33 = 39

216.

15 + 12 = 27   28 + 46 = 74   22
× + × +
8 + 32 = 40   2 + 41 = 43
= = = + =
3 + 96 = 99   68   92   35   65
+ =
20 + 15 = 35   44   11 + 76 = 87
= - - +
23   10 + 32 = 42   16
= + = =
5   25 + 2 = 27
=
26 + 57 = 83

217.

Across: 2 + 15 = 17; 30 + 23 = 53; 38 + 32 = 70; 76 + 11 = 87; 5 × 6 = 30; 26 - 23 = 3; 3 + 76 = 79; 2 × 37 = 74; 26 - 22 = 4; 28 + 50 = 78

Down: 2 × 38 = 76; 17 + 70 = 87; 30 - 24 = 6; 8 - 5 = 3; 46 + 30 = 76; 37 + 42 = 79; 11 + 26 = 37; 3 × 17 = 51; 2 + 26 = 28; 74 + 4 = 78

218.

Across: 18 ÷ 9 = 2; 22 + 26 = 48; 7 + 18 = 25; 25 + 9 = 34; 22 + 16 = 38; 32 + 24 = 56; 37 - 18 = 19; 21 + 35 = 56; 78 - 45 = 33; 26 + 68 = 94

Down: 9 + 7 = 16; 22 + 25 = 47; 26 + 25 = 51; 18 + 38 = 56; 9 + 9 = 18; 32 + 46 = 78; 24 + 21 = 45; 37 + 8 = 45; 35 + 33 = 68; 56 + 38 = 94

219.

Across: 34 + 37 = 71; 8 × 4 = 32; 48 - 30 = 18; 2 × 15 = 30; 48 - 5 = 43; 14 + 34 = 48; 15 + 78 = 93; 49 - 16 = 33; 50 + 48 = 98; 10 + 38 = 48

Down: 34 + 48 = 82; 4 + 30 = 34; 32 + 16 = 48; 30 + 48 = 78; 2 + 43 = 45; 5 + 93 = 98; 14 + 49 = 63; 16 + 32 = 48; 15 + 50 = 65; 48 + 8 = 56

220.

Across: 33 - 11 = 22; 20 - 13 = 7; 50 + 7 = 57; 50 ÷ 2 = 25; 77 - 63 = 14; 40 + 49 = 89; 6 × 14 = 84; 18 - 16 = 2; 28 + 30 = 58; 19 + 42 = 61

Down: 11 + 50 = 61; 20 + 57 = 77; 13 + 50 = 63; 7 × 2 = 14; 25 + 25 = 50; 7 + 42 = 49; 40 + 6 = 46; 40 + 18 = 58; 14 + 28 = 42; 16 + 44 = 60

221.

Across: 9 + 16 = 25; 35 - 7 = 28; 15 - 11 = 4; 22 + 43 = 65; 41 + 29 = 70; 13 + 43 = 56; 19 + 52 = 71; 92 - 56 = 36; 41 + 47 = 88; 13 + 39 = 52

Down: 9 + 15 = 24; 25 + 4 = 29; 28 + 28 = 56; 11 + 41 = 52; 22 + 70 = 92; 43 + 13 = 56; 43 - 36 = 7; 19 + 41 = 60; 47 + 13 = 60; 40 + 52 = 92

222.

Across: 46 + 34 = 80; 34 + 42 = 76; 34 + 13 = 47; 68 + 13 = 81; 12 ÷ 6 = 2; 40 ÷ 10 = 4; 39 + 14 = 53; 8 × 12 = 96; 18 + 34 = 52; 54 - 5 = 49

Down: 34 + 34 = 68; 34 + 47 = 81; 48 ÷ 12 = 4; 6 ÷ 2 = 3; 6 × 16 = 96; 13 + 40 = 53; 10 - 8 = 2; 14 - 9 = 5; 39 + 15 = 54; 12 + 18 = 30

223.

Across: 20 + 2 = 22; 12 + 12 = 24; 17 + 35 = 52; 6 + 15 = 21; 14 + 74 = 88; 27 + 45 = 72; 6 + 49 = 55; 5 + 15 = 20; 3 + 3 = 6; 37 + 18 = 55

Down: 20 - 17 = 3; 22 + 52 = 74; 35 + 14 = 49; 12 + 15 = 27; 24 + 21 = 45; 34 + 38 = 72; 6 + 88 = 94; 6 + 5 = 11; 15 + 3 = 18; 17 + 6 = 23

224.

Across: 2 × 24 = 48; 46 - 12 = 34; 33 + 46 = 79; 6 + 18 = 24; 25 + 49 = 74; 33 - 9 = 24; 50 + 49 = 99; 20 + 32 = 52; 6 × 8 = 48; 3 + 41 = 44

Down: 2 × 46 = 92; 35 + 39 = 74; 12 ÷ 6 = 2; 33 - 24 = 9; 25 + 24 = 49; 49 + 50 = 99; 13 + 7 = 20; 35 - 32 = 3; 33 + 19 = 52; 50 - 6 = 44

225.

Across: 40 - 20 = 20; 29 + 19 = 48; 18 + 10 = 28; 4 × 14 = 56; 6 + 38 = 44; 27 × 2 = 54; 2 × 23 = 46; 45 - 42 = 3; 7 × 6 = 42; 36 - 35 = 1

Down: 20 + 18 = 38; 29 + 28 = 57; 19 × 4 = 76; 21 + 56 = 77; 10 + 44 = 54; 33 - 6 = 27; 2 × 45 = 90; 42 - 7 = 35; 2 × 3 = 6; 23 + 19 = 42

226.

Across: 3 + 8 = 11; 45 - 27 = 18; 2 × 33 = 66; 10 - 4 = 6; 27 - 4 = 23; 24 + 43 = 67; 6 × 16 = 96; 8 + 42 = 50; 8 + 84 = 92; 18 + 48 = 66

Down: 8 - 2 = 6; 45 - 39 = 6; 27 - 8 = 19; 33 - 10 = 23; 4 × 24 = 96; 43 + 41 = 84; 27 - 19 = 8; 6 + 42 = 48; 16 + 50 = 66; 2 + 92 = 94

227.

Across: 21 + 17 = 38; 21 + 42 = 63; 1 + 59 = 60; 31 + 3 = 34; 44 - 17 = 27; 7 + 9 = 16; 38 - 3 = 35; 24 - 18 = 6; 7 + 33 = 40; 20 - 6 = 14

Down: 21 ÷ 21 = 1; 17 + 42 = 59; 63 - 60 = 3; 50 - 33 = 17; 31 + 7 = 38; 34 - 16 = 18; 44 - 38 = 6; 9 + 24 = 33; 3 × 2 = 6; 27 + 35 = 62

228.

Across: 42 ÷ 3 = 14; 7 + 27 = 34; 3 × 18 = 54; 5 × 6 = 30; 25 + 23 = 48; 13 + 48 = 61; 3 + 13 = 16; 9 + 86 = 95; 48 - 43 = 5; 20 - 14 = 6

Down: 3 + 3 = 6; 7 + 16 = 23; 18 + 30 = 48; 50 + 16 = 66; 25 + 61 = 86; 17 + 31 = 48; 13 + 30 = 43; 3 + 95 = 98; 13 × 4 = 52; 9 + 5 = 14

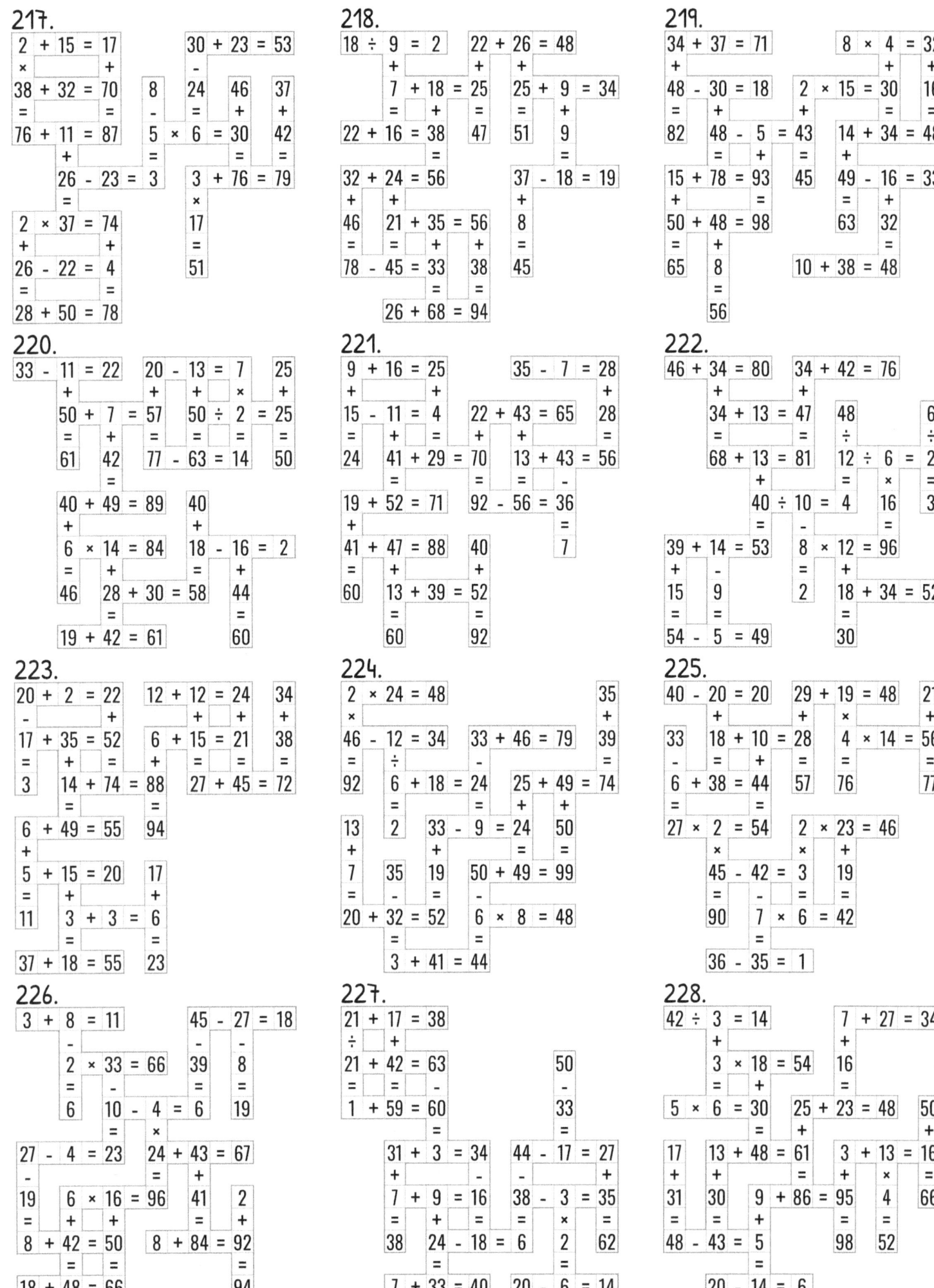

229.

24 + 28 = 52
+ +
17 + 9 = 26 13
= = - +
41 - 37 = 4 11 + 12 = 23 30
= × =
23 - 22 = 1 35 + 8 = 43
- = - +
37 13 13 - 11 = 2 5
- = + = =
19 + 10 = 29 46 - 33 = 13
= =
18 + 24 = 42

230.

41 + 4 = 45 23 - 21 = 2
+ + +
10 + 25 = 35 16 ÷ 2 = 8
= + = = ×
14 + 44 = 58 37 28
= =
3 + 69 = 72 56 2
+ - +
28 + 36 = 64 24 + 50 = 74
= + = + =
31 4 + 8 = 12 76
= =
43 - 40 = 3 36

231.

23 + 41 = 64 49 + 14 = 63
+ + +
36 + 42 = 78 5 + 15 = 20
= + = + =
77 27 × 2 = 54 7 83
= + =
36 + 33 = 69 13 45 + 22 = 67
+ ÷ = -
35 33 17 + 15 = 32 4
= = = +
71 1 5 + 13 = 18
=
30 - 8 = 22

232.

48 ÷ 4 = 12 2 + 12 = 14 48
+ + +
4 + 35 = 39 42 - 39 = 3 27
= × = ÷ =
52 2 × 22 = 44 39 + 36 = 75
= - = -
70 21 ÷ 21 = 1 20
= + =
38 ÷ 38 = 1 10 23 - 16 = 7
- + =
26 16 + 15 = 31
= =
12 54

233.

6 + 26 = 32 44 - 31 = 13 13
+ - + +
8 + 16 = 24 40 + 12 = 52
= - = = =
43 - 34 = 9 20 + 71 = 91 65
- =
4 + 3 = 7 7 + 6 = 13
= + ÷ +
39 43 - 42 = 1 5
= + = =
46 18 - 7 = 11
=
60

234.

9 + 10 = 19 37 + 12 = 49
× +
9 - 4 = 5 25 32
= + = +
90 38 + 24 = 62 25
= + =
49 - 7 = 42 21 + 36 = 57
- × = +
29 11 + 34 = 45 23 32 49
= = = + +
20 + 77 = 97 4 + 59 = 63 49
= =
3 + 95 = 98

235.

48 - 41 = 7 13 + 4 = 17
+ - + +
16 + 26 = 42 49 8 + 17 = 25
= = + + = + =
64 - 15 = 49 48 + 21 = 69 42
= = =
6 + 91 = 97 10 + 86 = 96
+ +
26 + 21 = 47 11
= - =
32 4 + 17 = 21
=
17

236.

48 + 8 = 56
+ +
26 + 42 = 68 41
= = + -
74 - 50 = 24 8
= =
3 + 92 = 95 8 + 33 = 41
× +
49 28 + 37 = 65 37 - 15 = 22
- = + + + =
15 84 17 + 39 = 56 49 63
= = = =
34 + 20 = 54 93 - 64 = 29

237.

5 × 13 = 65 15 + 30 = 45 20
+ - + +
11 + 50 = 61 33 - 13 = 20 50
= + = + × = =
16 26 - 4 = 22 5 + 65 = 70
= = =
76 10 + 55 = 65
+
15 + 3 = 18
= - +
50 ÷ 25 = 2 9
= =
27 × 1 = 27

238.

16 + 41 = 57 18 + 16 = 34
+ + +
48 + 13 = 61 35 - 21 = 14
= = = ÷
7 + 89 = 96 79 51 21 31
+ = -
30 9 - 5 = 4 28 - 1 = 27
= + + - =
37 49 - 35 = 14 6 - 2 = 4
= = = ×
40 - 18 = 22 40
=
80

239.

36 + 37 = 73 5 + 40 = 45
÷ + -
9 + 6 = 15 3 + 4 = 7 20
= = × × = +
4 × 22 = 88 21 13 + 38 = 51
+ = = =
47 + 16 = 63 52 + 19 = 71
= + -
10 + 69 = 79 11
- = =
2 95 8 × 8 = 64
=
8

240.

12 + 19 = 31
+
41 - 32 = 9 24 48
= - + - +
53 19 24 + 19 = 43 2
= = = = +
46 - 13 = 33 5 + 91 = 96
- =
7 + 26 = 33 49 + 49 = 98
= + - +
39 27 - 24 = 3 19 + 25 = 44
= = =
25 + 53 = 78 46 68

241.

```
35 + 38 = 73   22 × 2 = 44   45
+   -   +   -
12 + 6 = 18   49 + 46 = 95   9
=   =   =   -   =
47   16 + 55 = 71   9 + 27 = 36
+   =   +
46 + 4 = 50   37   23
=   +   =
30 + 62 = 92   45 + 5 = 50
-   =   +
17   2 + 96 = 98   35
=   =
13   40
```

242.

```
23 × 4 = 92   26 + 22 = 48
×   +
3 - 2 = 1   28   13
=   +   =   +
69   4 + 50 = 54   33
=   +   =
6   33 + 13 = 46   18
=   +   ×
36 + 47 = 83   10 + 18 = 28   5
-   -   =   +   =
3 + 46 = 49   23   48 + 42 = 90
=   =   =
33 - 1 = 32   66
```

243.

```
10 + 10 = 20   38
+   +
24 + 24 = 48   10 - 5 = 5   33
=   +   +   +   =
34   4 × 21 = 84   31 + 40 = 71
=   +   =   =   +
48 - 28 = 20   94 - 36 = 58
=   =
28 + 13 = 41   7 × 14 = 98
+   +   +
44 + 46 = 90   5
=   =   =
72   59   12
```

244.

```
23 + 35 = 58   39 - 19 = 20   48
+   ÷   -   +
32   10 + 29 = 39   18 + 32 = 50
-   =   +   =   =   =
4 + 45 = 49   1 ÷ 1 = 1   98
=   =   ×
28 + 50 = 78   27 - 20 = 7
-   +   =
24 + 44 = 68   7
=   +   =
25 + 26 = 51   95
=
95
```

245.

```
38 - 6 = 32   48 - 45 = 3
×   ÷   -
2 × 2 = 4   3 + 45 = 48
=   ×   =   =   +
14 + 12 = 26   12   42   49
=   =
26 × 2 = 52   94
+   ×
31   45 + 9 = 54   22   35
=   =   ÷   -   -
57   90   3 + 11 = 14   13
=   =   =
39 ÷ 13 = 3   30 - 8 = 22
```

246.

```
17 + 22 = 39   30 + 45 = 75
+   +   +
38 + 10 = 48   34 - 4 = 30
=   =   =   +
38 + 60 = 98   78   79   4   13
+   ÷   =   +
23 - 16 = 7   24   42 + 8 = 50
=   +   =   +   =
61   30 - 14 = 16   20 + 43 = 63
=   =   -
2 × 46 = 92   40   14
=
6
```

247.

```
39 - 10 = 29   17 + 35 = 52
×   +
4 + 7 = 11   38
=   +   =
40   21 + 34 = 55   8
=   ×   +
11   28 ÷ 28 = 1   10 + 49 = 59
+   ÷   =   ×   +   =
8   14   43 - 34 = 9   50   67
=   =   +   =   =
19 × 2 = 38   9 + 90 = 99
=
3 + 81 = 84
```

248.

```
49 - 2 = 47   6 + 47 = 53   29
+   +   -   +
2 × 30 = 60   15 - 9 = 6
=   +   =   =   +   =
30 + 4 = 34   66 - 32 = 34   35
+   =   =
42   5 + 64 = 69   3 + 43 = 46
=   +
72   4   27   20
=   +   -
5 + 9 = 14   16
=   =
45 - 41 = 4
```

249.

```
30 - 15 = 15   37   2 × 2 = 4
+   -   +
48 - 40 = 8   35 - 8 = 27
=   +   =   +   =
63   31 + 29 = 60   31
=   =
6   15 + 71 = 86   95
+   +
27   4   27 + 30 = 57   15
=   =   -   -   +
33 - 19 = 14   8 + 29 = 37
=   =   =
9 + 13 = 22   52
```

250.

```
45 + 3 = 48   39 - 18 = 21   40
+   -   +   +
45 + 16 = 61   31 - 5 = 26   49
=   +   =   +   =   =
90   16 ÷ 2 = 8   42 + 47 = 89
=   ×   =
43 - 32 = 11   17 + 47 = 64
+   =   +
41 - 19 = 22   16
=   +   =
84   32   25 + 33 = 58
=
51
```

251.

```
34 + 8 = 42   38 - 23 = 15
+   ×   +
33 + 2 = 35   7
=   =   +   =
67 - 16 = 51   2 × 45 = 90   10
=   +   +
18   3 + 86 = 89   2 + 44 = 46
+   +   =   +   =
18   30   4 + 91 = 95   56
=   =   +   =
36 - 33 = 3   2 + 97 = 99
=
7
```

252.

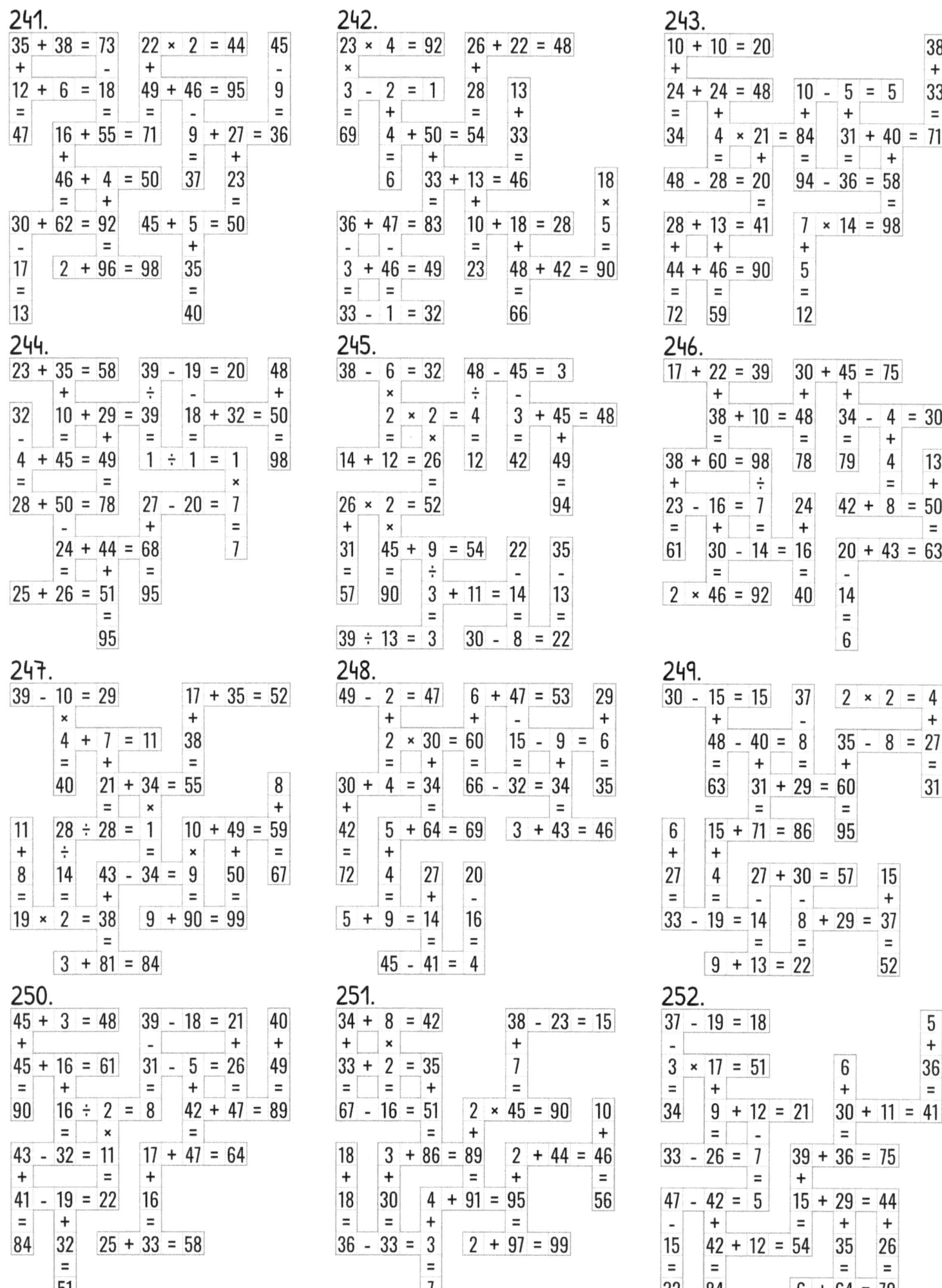

```
37 - 19 = 18   5
-   +
3 × 17 = 51   6   36
=   +   +   =
34   9 + 12 = 21   30 + 11 = 41
=   -   =
33 - 26 = 7   39 + 36 = 75
=   +
47 - 42 = 5   15 + 29 = 44
-   +   =   +   +
15   42 + 12 = 54   35   26
=   =   =   =
32   84   6 + 64 = 70
```

253.

13 + 7 = 20   42 + 30 = 72
+   +   +
12 + 39 = 51   38
=   +   =   =
48 - 19 = 29   93   68
-   =
41   12 + 68 = 80   18   22
=   +   -   +
7   41 - 2 = 39   5 + 23 = 28
=   +   =   -   =
53   45 - 32 = 13   21   50
=   =
13 + 34 = 47   10 ÷ 5 = 2

254.

4 × 3 = 12   43 - 24 = 19
×   -   +
20 + 35 = 55   37 + 29 = 66   2
=   -   =   =   +
80   22 - 16 = 6   8 + 85 = 93
=   +   ×   =
13   5 + 3 = 8   95
=   +   =
47   43 - 21 = 22   64
-   +   =
35   11 + 14 = 25
=   =
12 + 54 = 66

255.

37 + 11 = 48   9 + 4 = 13
+   +   ×   +
48 - 33 = 15   10 + 18 = 28
=   =   =   =
85   27 + 63 = 90   45   41
-   -
26 + 48 = 74   28   47
=   +   =   +
27 - 1 = 26   10 + 17 = 27
-   =   +   =
4   14 + 74 = 88   74
=   =
23   49 + 49 = 98

256.

10 ÷ 2 = 5   42 - 28 = 14
+   ÷   -
36 - 15 = 21   22 + 35 = 57
=   +   =   =   +
40 - 38 = 2   2 × 6 = 12   9
-   =   =   +
17   49 + 17 = 66   17 + 47 = 64
=   -   ×   =
23   40 + 44 = 84   3   73
=   +   =
36 + 9 = 45   51
=
89

257.

49 - 48 = 1   24
+   +
42 + 30 = 72   23 + 33 = 56   2
=   -   -   +   =   +
91   2 × 34 = 68   17 + 80 = 97
=   =   =   =
10 + 28 = 38   91   99
-
8 + 33 = 41   4 + 9 = 13
=   -   +   -
2   16 + 49 = 65   6
=   =   =
28 + 17 = 45   69   3

258.

23 + 34 = 57   34 - 33 = 1
-   +   -
31 - 7 = 24   23   16   10
=   ×   =   =   +   ×
10 - 3 = 7   58 + 10 = 68   9
+   =   =   =
36 + 13 = 49   31   6 + 84 = 90
=   +   +
46   29 + 12 = 41
=   +   =
22 + 42 = 64   72
=
43 + 33 = 76

259.

40 - 17 = 23
÷
17 - 15 = 2   47   50
=   +   -   +
7 + 1 = 8   32   2
+   =   =   =
33   29 - 23 = 6   37 + 15 = 52
=   +   -   -
40   46 - 42 = 4   22 + 11 = 33
=   +   =   =   +
75   17 - 2 = 15   49
=   =
46 + 13 = 59   17 + 43 = 60

260.

12 × 2 = 24   7 + 8 = 15
×   +
26   25 + 18 = 43   36
=   +   =   +
8 + 52 = 60   5 + 50 = 55
-   =   +   =
3   6 + 85 = 91   2 + 91 = 93
=   ×   =   +   -
5   8 × 12 = 96   20 + 22 = 42
=   +   =   =
48   25   22   51
=
6 + 31 = 37

261.

42 - 41 = 1   24 ÷ 12 = 2   14
-   +   +   +   +
11 + 23 = 34   17 + 23 = 40
=   =   =   =   =
26   30 + 28 = 58   29 + 25 = 54
-   ÷
9   14 × 2 = 28
=   =
17 - 15 = 2   35   11
+   +   ×
11 + 50 = 61   9
=   =   =
26   3 + 96 = 99

262.

16 + 15 = 31   35 - 19 = 16
-   +   ×
14 - 11 = 3   32 + 25 = 57   3
=   +   =   +   -   +   =
2   28 + 34 = 62   18 + 30 = 48
=   =   =   =
33 + 39 = 72   94 - 7 = 87
÷   -
11 + 47 = 58
=   +   =
3 + 11 = 14
=
58

263.

12 × 5 = 60   8 - 5 = 3
+   ×   ×
12 - 2 = 10   17 + 9 = 26
=   ×   =   =
36 - 17 = 19   80   85
=
33 + 5 = 38   31 + 35 = 66
+   -   +
19   15 + 6 = 21   40 - 38 = 2
+   =   +   =   =   +
8   20   19   10   75   23
=   =   =
27 - 2 = 25   61

264.

23 + 5 = 28   39 + 20 = 59
-   +   +
10 + 35 = 45   40
=   =   =
13   6 + 73 = 79
÷
6 + 44 = 50   29
=   +   +   +
18 - 1 = 17   36 ÷ 12 = 3   46
-   =   =   +   =   -
7   25 + 61 = 86   11 + 32 = 43
=   =   =
11   25 - 2 = 23   3

265.

39 - 30 = 9   13   33 + 15 = 48
+   -   +   +
22 + 32 = 54   10 × 7 = 70   45
=   +   =   +   =   =
61   15 ÷ 5 = 3   8 + 85 = 93
=   +   =
47   47   20 - 15 = 5
=   +
26 + 26 = 52   29 + 32 = 61
-   +   =
17 + 9 = 26   66
=   =
9   55

266.

2 × 29 = 58   2 + 46 = 48
+   +   +
20   6 - 2 = 4   36
=   +   =   =
41 + 49 = 90   34 + 50 = 84
-   =
19   2 + 96 = 98   12
=   +   -   ×
22   41 + 43 = 84   2 × 3 = 6
=   +   =   ×   =
43   38 - 14 = 24   72
=   =
2 + 81 = 83   48

267.

48 - 41 = 7   3 × 15 = 45   37
-   +   +   -
30 + 50 = 80   36 - 32 = 4
=   +   =   =   +   =
13 + 11 = 24   83 - 51 = 32   33
=   =
32   14 + 74 = 88   64
+   -   -
5   7 + 3 = 10
=   =   ×   =
37 - 7 = 30   78
=
4 + 90 = 94

268.

37 × 2 = 74   38 - 20 = 18   27
+   -   +   -
18 + 19 = 37   4 + 4 = 8
=   +   =   =   +   =
28 + 20 = 48   1   24   41   19
+   =   =
24   28 + 67 = 95   49 - 45 = 4
=   +   -
52   36 - 9 = 27   38
=   +   =
5 + 64 = 69   11
=
15 + 78 = 93

269.

10 + 32 = 42   35   24
+   +   +
9 + 21 = 30   4 × 14 = 56
=   +   =   -   =
19   15 + 24 = 39   7   80
=   -   =
44 - 36 = 8   20 - 7 = 13
-   =
25 - 9 = 16   39   33 + 29 = 62
=   +   -   -
19   19 + 14 = 33   28
=   =   =
28   30 ÷ 6 = 5

270.

27 + 19 = 46   15 - 7 = 8
+   +   ×
50   15 + 50 = 65   14
=   +   =   =
9 + 69 = 78   18 + 80 = 98
+   =
36   3 + 93 = 96   16
=   +   +
45   35 - 7 = 28   7 + 45 = 52
=   ×   +   +   =
38   7 + 41 = 48   68
=   =   =
20 + 49 = 69   55

271.

11 ÷ 11 = 1
+   ×
12 + 40 = 52   30
=   -   =   +
23 + 29 = 52   6 + 33 = 39
=   =   +
37 - 11 = 26   36 - 30 = 6
-   =
3 × 25 = 75   33 + 12 = 45
=   +   -   +   +
34   9 + 29 = 38   20
=   =   =   =
12 + 34 = 46   71   32

272.

25 - 24 = 1   32 + 50 = 82
-   +   -
12 × 5 = 60   10 + 27 = 37
=   ×   =   =   +
25 - 12 = 13   92   40   41   4
+   =   =   +
25   32 + 65 = 97   26 + 68 = 94
=   ÷   +   =
50   16 - 15 = 1   11   98
=   +   =
20 × 2 = 40   39 + 37 = 76
=
55

273.

2 + 11 = 13   7 + 36 = 43
-   +   -
9 + 18 = 27   28 - 26 = 2
=   +   =   =   +
35 - 2 = 33   34   8   15
+   =   =
28   47 + 51 = 98   8   41
=   +   +
63   4   4 × 22 = 88
=   +   +   =
40 + 51 = 91   3 + 96 = 99
=   =
45 + 50 = 95   25

274.

9 × 8 = 72
+   +
15 - 7 = 8   48 + 6 = 54
=   =   +   ÷   +
24 + 15 = 39   48 - 40 = 8   6
=   =   +   =   +
47 ÷ 47 = 1   23 + 62 = 85
+   =   =
32   15   13 + 50 = 63   91
+   =   +
12 + 62 = 74
=   =
44 + 43 = 87

275.

45 ÷ 45 = 1
-
24 + 13 = 37   21 ÷ 3 = 7   6
=   +   -   ÷   +
21   22 - 4 = 18   3 + 16 = 19
=   +   =   =   ×   =
36 + 35 = 71   3 + 1 = 4   25
-   =   =
5 × 15 = 75   24 + 40 = 64
=   ÷   -
31   15   33
=   =
1   14 ÷ 2 = 7

276.

3 - 2 = 1   26
×   +
25 - 7 = 18   12 + 49 = 61   38
=   +   =   +   +
75   32 + 6 = 38   22 + 34 = 56
=   -   =   =
41 - 39 = 2   22 + 71 = 93   94
-   =   -   -
6   4   11 + 42 = 53
=   =   -   =
35   25 - 11 = 14   40
=
36 - 8 = 28

277.

28 + 33 = 61 | 11 + 7 = 18
+ | + | +
38 + 16 = 54 | 39 - 32 = 7
= | × | = | + | =
71 | 2 + 48 = 50 | 30 | 25
= | =
11 + 21 = 32 | 32 | 20 + 62 = 82
+ | - | + | +
14 | 14 ÷ 7 = 2 | 22
= | = | + | = | =
25 + 7 = 32 | 34 | 42
=
18 + 21 = 39

278.

35 × 2 = 70 | 28 + 19 = 47 | 16
+ | + | - | +
9 + 22 = 31 | 13 + 27 = 40 | 16
= | - | = | = | =
44 | 21 + 20 = 41 | 25 + 7 = 32
= | +
1 | 4 + 26 = 30 | 6
+ | = | +
24 + 17 = 41 | 18 + 55 = 73
+ | = | - | =
44 | 45 | 10 | 79
= | =
68 | 39 - 31 = 8

279.

28 + 4 = 32
+
19 - 12 = 7 | 16
= | + | +
48 + 23 = 71 | 10 | 43
= | = | +
43 + 40 = 83 | 19 + 7 = 26 | 7
+ | - | + | + | =
14 | 20 + 35 = 55 | 13 + 37 = 50
= | = | + | = | = | +
57 - 20 = 37 | 74 - 20 = 54
= | =
27 + 72 = 99 | 91

280.

45 + 32 = 77 | 50 - 41 = 9 | 20
- | + | + | - | +
22 - 2 = 20 | 49 ÷ 7 = 7 | 22
= | = | = | = | =
23 | 2 + 97 = 99 | 44 - 2 = 42
+ | +
22 - 4 = 18 | 34 | 5 | 24
= | = | + | ×
31 - 24 = 7 | 5 + 78 = 83 | 4
+ | = | =
23 | 8 + 88 = 96
=
54

281.

28 - 10 = 18 | 3 × 27 = 81
- | + | × | + | -
19 × 3 = 57 | 29 - 4 = 25
= | = | = | = | =
9 | 12 + 75 = 87 | 31 + 56 = 87
+ | -
3 + 2 = 5 | 8 + 49 = 57
= | + | + | + | =
15 | 10 + 14 = 24 | 23 | 30
= | = | =
45 - 12 = 33 | 32 | 72

282.

36 + 16 = 52 | 2 + 10 = 12 | 36
+ | × | + | +
37 - 18 = 19 | 35 - 2 = 33
= | - | = | = | + | =
53 | 7 + 38 = 45 | 9 | 69
= | =
6 + 11 = 17 | 9 | 11
+ | +
28 | 45 - 7 = 38 | 4
= | - | = | +
2 + 34 = 36 | 47 + 47 = 94
= | =
42 - 9 = 33 | 98

283.

44 - 3 = 41 | 29 + 12 = 41
+ | + | +
13 + 23 = 36 | 22 + 37 = 59 | 42
= | + | + | + | = | =
57 | 44 - 38 = 6 | 12 + 71 = 83
= | = | =
21 + 67 = 88 | 28 + 49 = 77
+ | -
41 + 10 = 51 | 28
= | + | = | +
62 | 14 + 37 = 51
= | =
24 | 79

284.

44 + 32 = 76
- | -
22 - 13 = 9 | 41
= | = | × | -
22 - 19 = 3 | 12 + 21 = 33 | 43
= | × | = | -
12 | 30 - 27 = 3 | 25 + 8 = 33
- | + | = | + | =
6 | 15 + 21 = 36 | 24 - 14 = 10
= | = | = | ×
6 + 45 = 51 | 49 | 4
=
2 + 56 = 58

285.

28 - 24 = 4 | 15 - 13 = 2
+ | ×
31 - 2 = 29 | 24 - 20 = 4
= | + | + | =
55 | 11 + 44 = 55 | 10 | 8
= | ÷ | = | +
40 - 27 = 13 | 2 + 79 = 81
- | - | = | =
26 + 12 = 38 | 22 | 2 + 91 = 93
= | = | + | ×
14 + 15 = 29 | 39
= | =
67 | 78

286.

8 + 10 = 18
+ | +
34 - 16 = 18 | 36 + 44 = 80
= | + | = | + | ÷
42 | 25 + 36 = 61 | 44
= | = | =
33 + 41 = 74 | 97 | 1
÷ | -
3 + 37 = 40 | 40 + 45 = 85 | 48
= | = | + | + | +
11 | 9 + 34 = 43 | 49 - 46 = 3
= | = | =
11 + 83 = 94 | 51

287.

29 + 13 = 42
-
32 | 11 + 38 = 49
+ | = | - | -
11 × 2 = 22 | 10
= | = | =
43 - 27 = 16 | 39 - 24 = 15 | 50
+ | + | +
32 - 24 = 8 | 38 + 40 = 78 | 47
= | + | + | ÷ | = | =
8 + 51 = 59 | 48 | 4 + 93 = 97
= | = | =
19 + 67 = 86 | 10

288.

19 + 26 = 45 | 19 + 29 = 48
+ | - | ÷
42 ÷ 3 = 14 | 29
= | + | = | =
13 + 68 = 81 | 5 | 1
+ | =
9 | 15 + 84 = 99 | 46 - 39 = 7
= | + | - | - | +
22 | 10 + 3 = 13 | 15 + 24 = 39
= | + | = | = | =
25 | 50 - 19 = 31 | 15 | 46
=
41 + 53 = 94

289.

5 + 32 = 37 32 - 5 = 27
\+ + -
45 48 + 15 = 63 23
= = + =
8 + 77 = 85 22 - 18 = 4
× = -
7 24 50 - 37 = 13 48
= - = -
56 19 37 - 5 = 32 29
= + = -
5 + 30 = 35 2 + 16 = 18
= =
14 + 72 = 86 11

290.

22 + 27 = 49 30 ÷ 5 = 6
\+ + +
35 - 7 = 28 40
= = =
57 + 20 = 77 35 + 11 = 46 29
\+ - + -
35 - 20 = 15 45 - 21 = 24
= = = + =
39 + 55 = 94 20 + 56 = 76 5
\+ - =
30 + 21 = 51 97
= =
69 43

291.

39 - 6 = 33 22 - 2 = 20
\- + ×
31 + 46 = 77 14 19
= + = =
8 28 7 + 29 = 36 38
= + -
11 + 74 = 85 23 + 29 = 52
\+ = = -
50 + 42 = 92 6 20 + 25 = 45
= - = +
61 3 × 9 = 27 9 40
= =
50 + 39 = 89 65

292.

24 - 12 = 12
\+ -
16 - 6 = 10
= = +
40 - 6 = 34 6
= +
23 + 21 = 44 43 - 39 = 4 6
\- + ÷ × =
12 + 7 = 19 29 3 × 4 = 12
= = + × = =
11 + 28 = 39 3 + 13 = 16
= =
29 + 58 = 87

293.

39 + 24 = 63 7 + 34 = 41
\+ + +
49 - 22 = 27 43 + 38 = 81
= × = = -
73 4 34 77 21
= =
6 + 88 = 94 17
\+
25 25 + 48 = 73 38 48
= + + + ×
39 + 31 = 70 50 + 5 = 55 2
= = = =
3 + 95 = 98 3 + 93 = 96

294.

34 - 7 = 27
\+ +
23 + 31 = 54
= = -
57 - 38 = 19 36 44
= + ×
25 + 10 = 35 48 + 2 = 50 2
\- + - = =
5 31 - 21 = 10 2 + 86 = 88
= = + = ×
20 + 41 = 61 38 24 - 9 = 15
= =
45 + 37 = 82 48

295.

32 + 10 = 42
\+ +
26 + 19 = 45 30 20
= = - - +
58 - 29 = 29 20 20
= = =
43 + 16 = 59 30 + 10 = 40
\+ +
35 9 - 7 = 2 41 - 23 = 18
\- = + = -
29 52 23 + 48 = 71 7
= = =
6 + 24 = 30 49 - 33 = 16

296.

50 - 32 = 18
\- ×
47 × 2 = 94 38 21
= = - - +
3 + 64 = 67 24 - 12 = 12
= = = +
35 - 8 = 27 14 + 33 = 47
\+ =
49 4 14 + 45 = 59
= + × +
35 + 57 = 92 7 + 34 = 41
= = =
2 + 96 = 98 79

297.

43 + 46 = 89 36
\+ - -
41 + 34 = 75 15 + 43 = 58
= = - =
84 - 12 = 72 45 + 21 = 66
= -
30 ÷ 10 = 3 18 44 41
\- - = + +
19 5 7 + 27 = 34 40
= = - = =
11 - 5 = 6 3 + 78 = 81
=
2 ÷ 2 = 1

298.

23 + 17 = 40 12
\+ ×
10 + 37 = 47 28 - 23 = 5
= - + + =
27 11 + 37 = 48 20 60
= = =
28 20 + 26 = 46 76 43
\- ÷
8 × 4 = 32 37 + 27 = 64
= = - - +
20 + 5 = 25 32 - 18 = 14
= = =
35 ÷ 7 = 5 45

299.

37 - 3 = 34 32 + 49 = 81
\+ + ×
19 + 44 = 63 2
= = =
22 3 + 95 = 98 19
\+ +
33 - 14 = 19 7
= + =
38 8 + 36 = 44 16 + 10 = 26
\- + = + ×
6 11 12 + 58 = 70 2
= = = =
32 - 19 = 13 86 - 20 = 66

300.

6 + 45 = 51
\+ -
48 + 6 = 54 23
= = + -
54 - 39 = 15 17 - 2 = 15
= =
38 + 31 = 69 12 - 4 = 8
\+ - + +
47 8 × 10 = 80 9 2
= = + = = +
85 - 23 = 62 92 - 13 = 79
= =
39 + 33 = 72 81

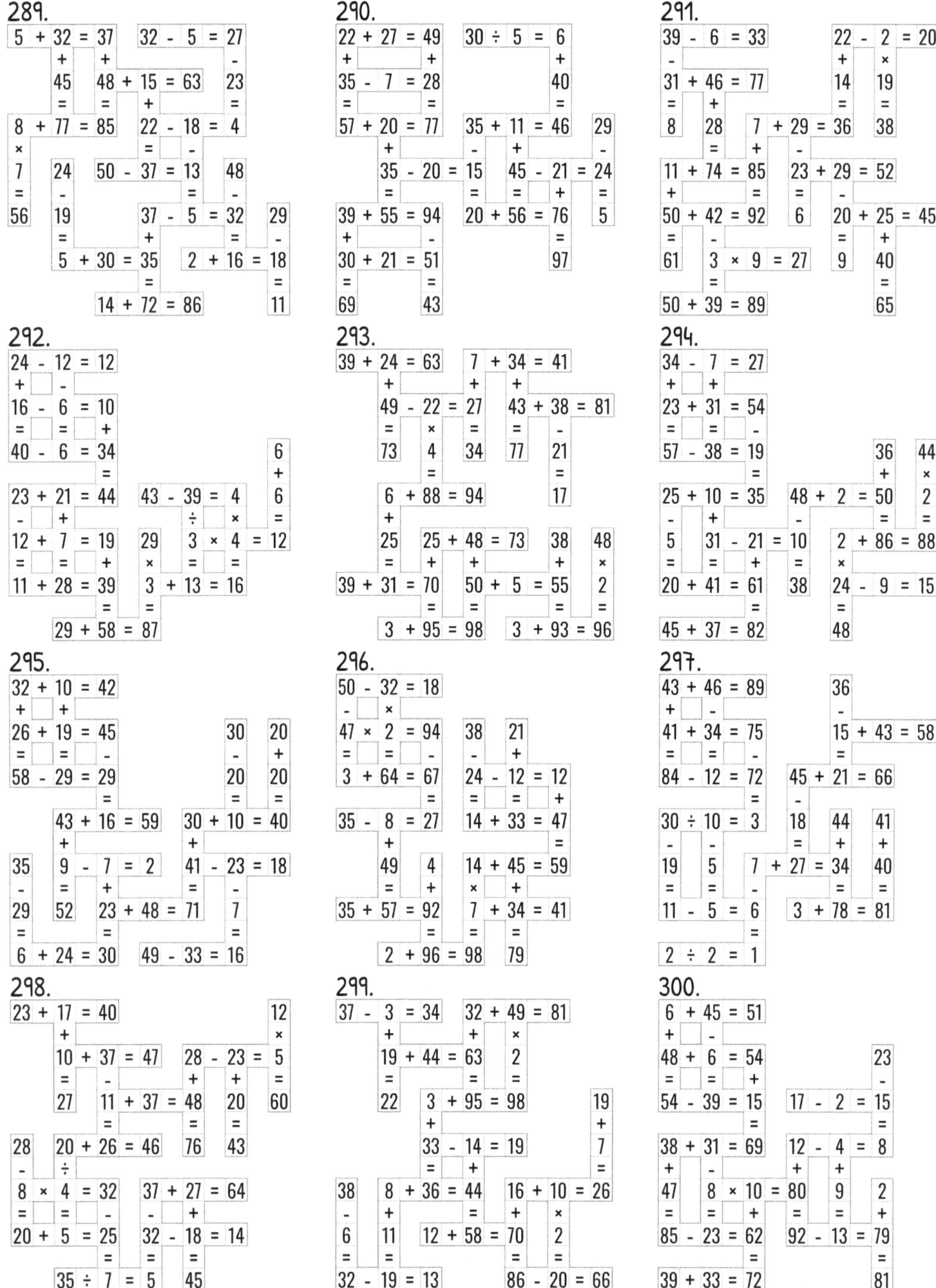

www.ingramcontent.com/pod-product-compliance
Lightning Source LLC
Chambersburg PA
CBHW062221220526
45471CB00009B/3298
9798320969572